朝鮮科学史における近世

洪大容・カント・志筑忠雄の自然哲学的宇宙論

任 正爀 著

思文閣出版

朝鮮科学史における近世※目次

朝鮮科学史における近世
――洪大容・カント・志筑忠雄の自然哲学的宇宙論――

まえがき

宇宙論は人々をひきつけてやまない科学分野である。夜空に輝く星の向こうにはいったい何があるのだろうか、あの星たちにも人間と同じような生命体が存在するのだろうか。さらに宇宙の果てには何があり、なぜ宇宙は存在するのか。一時の宇宙論ブームの陰には、現代科学がこのような疑問に答えてくれるかも知れないという期待があったのではないだろうか。たしかに、現代科学はビッグバン以後の宇宙の生成発展の明確なシナリオを描いただけでなく、われわれが住む宇宙も数ある宇宙の一つに過ぎないかも知れないという可能性を明らかにした。実証性が科学に課せられた要請とするならば、宇宙論はその限界に近づいたといえなくはない。

そのような宇宙論が自然科学の課題として提起されるようになったのは、いつ頃からだろうか。おそらく、それは一八世紀ドイツの哲学者イマヌエル・カント以降といえるのではないだろうか。もちろん、それ以前にもデカルトやニュートンも宇宙論を唱え、遠い昔ギリシャの哲人たちも宇宙に関して思いを巡らしていた。しかし、それらもカントのように、それ以前に得られていた自然科学知識を総合し、この宇宙の構造と生成消滅を体系的に論じたものではなかった。現在、カントの星雲説と知られている宇宙論こそは、後にエンゲルスがその著者『自然弁証法』で指摘したように、初めて宇宙に歴史性を持ち込んだ、現代宇宙論の先駆をなすものといえる。

同じ頃、東アジアの朝鮮で、やはり宇宙の構造と生成を論じた一人の学者がいた。

星のそのまた向こうに星があり、宇宙空間は果てしなく、星たちも限りなく……銀河は様々な星の世界が凝集して一つの世界を形成し、空界（宙）で旋回する大きな環をなし、その中には数千万の世界を包括し、太陽と地の世界もその中の一つに過ぎぬ。これが宇宙空間の一つの世界である。しかし、地球での主観がこうで、地球から見える範囲外に銀河世界のようなものが幾千億か知れず、われわれの小さな目を信じて軽率に銀河を一番大きい世界と規定することはできない。

これは洪大容（一七三一―八三）という人が書いた『毉山問答』という哲学的物語の一節である。洪大容は一般にはあまり知られていないが、朝鮮史および実学に関心を持つ人のなかでは「地動（転）説」を唱えた知る人ぞ知る人物である。地動説といえば誰もがコペルニクスを想い浮かべるが、朝鮮でも同じような説を唱えた人がいたのである。さらに、彼はその地転（動）説を契機として、無限宇宙論を展開している。さらに同じ頃、日本ではニュートン力学を初めて紹介した蘭学者・志筑忠雄（一七六〇―一八〇六）が、『混沌分判図説』で独自の太陽系形成論を展開していた。

一八世紀洋の東西の宇宙論、その本質は自然哲学というべきものであるが、本書は洪大容を軸に原典を紐解きながらそれを解き明かそうというもので、次の三つの問題意識による七章から構成されている。

まずは、洪大容の無限宇宙論とはどのようなものであり、それは朝鮮の宇宙論発展史においてどのような意味を持つのか、ということである。第二に洪大容の無限宇宙論は朝鮮科学史においてどのような位置を占めているのか、第三に洪大容の無限宇宙論は一八世紀の自然科学でどのように位置づけられるのかというものである。以下、各章の内容について簡単に述べよう。

まず、第一章「科学史における近世――朝鮮と日本の比較検討――」は、洪大容が活動した朝鮮後期が科学史的にどのような時代であったのか、を日本と比較しながら考察したものである。周知のように東アジアでは「近代科学」と呼ばれるものは発展せず、西洋科学史における近代は存在しない。では、同時期の朝鮮や日本の科学史をどのように規定すべきなのか、第一章ではそれを「近世」とし、朝鮮と日本を比較しながらその特徴を考察し、この時期の科学史の基本内容を整理したものである。『韓国科学史学会誌』第二五巻第二号（二〇〇三）に掲載されたものを基に、実学の形成と展開について加筆したものである。

洪大容は朝鮮実学派の代表的人物として知られている。では、実学と宇宙論とはどのような関係にあるのか？第二章「学としての朝鮮実学の形成について」は、日本における朝鮮実学研究を概観し、朝鮮実学とはどのようなものであり、洪大容はそこではどのような位置を占めるのかを考察したもので、『実学史研究Ⅷ』（思文閣出版、一九九二）に掲載されたものである。

洪大容については、当初、その地転説が注目されコペルニクス説との関係が議論の中心となり、その研究が一面的になったことは否めない。第三章「湛軒・洪大容の地転説と『毉山問答』」は、その研究経緯を整理し、本書の基本事項として洪大容の略歴と『毉山問答』の基本内容を簡単に述べたものである。『科学史研究』一七六号（一九九〇）に掲載されたものをより詳細に、かつ近年の研究状況について加筆した。

洪大容の『毉山問答』を一読すれば、地転説は彼の宇宙論の一部であることがすぐにわかる。そこで、次に提起される課題は『毉山問答』に基づく洪大容の宇宙論に関する詳しい検討である。第四章「「天円地方」説から無限宇宙論へ――朝鮮における独自的な宇宙論の発展とその終焉――」は、朝鮮の伝統的宇宙観と西洋の宇宙観を比較して朝鮮における宇宙論発展の条件を指摘し、それを順次解決した金錫文（キムソンムン）と洪大容の宇宙論について述べたものである。本書の中心といえる章であるが、『科学史研究』一八〇号（一九九一）に掲載された「朝鮮における独自的宇宙論の発展について」に、その後に得られた知見とともに朝鮮の天文学の重要事項と洪大容以降の宇宙論について加筆したものである。

この論考によって全体的な流れを把握できたと思っていたのだが、重要な問題が残されていた。それは、洪大容や金錫文の宇宙論に対する中国の宇宙論の影響である。実際、彼らが用いた概念の多くは中国宋代の学者たちによって提示されたものである。では、それらが朝鮮に導入された当初にはどのような展開があったのか、それを考察したのが第五章「朝鮮前期における気一元論および象数学的宇宙論の展開について」である。『朝鮮大学校学報・日本語版』第九巻（二〇一〇）に掲載された二編の論考「朝鮮中世の哲学者徐敬徳の宇宙論について」と「一七世紀朝鮮の儒学者張顕光の宇宙論について」を一つにまとめたものである。二人の宇宙論の考察によって、朝鮮朝時代における宇宙論の一つの系譜が明らかになったと考えている。

著者は洪大容の宇宙論は朝鮮科学史におけるもっとも優れた理論的業績と考えているが、では、世界的にはどうなのか。そこで同時代のカントの宇宙論との比較検討を思い立った。ところが、カントの宇宙論は一般に星雲説としてよく知られているが、日本では詳細な検討はなされていなかった。そこで、まずカントの著作を詳細に検討して、その宇宙論の具体的内容を明らかにした。それが『朝鮮大学校学報・日本語版』第二巻（一九九六）に掲載された「カント『天界の一般自然史と理論』の検討とその科学史的評価」である。そして、それに基づいて洪大容の宇宙論との比較検討を行ったのが『科学史研究』二〇五号（一九九八）に掲載された「カントと洪大容の宇宙論の比較検討」である。第六章は両者を一つにまとめたものである。

さらに、日本でカントの星雲説と並び称されるものに志筑忠雄の『混沌分判図説』がある。第七章「志筑忠雄『混沌分判図説』の検討とその科学史的評価」は『科学史研究』二一四号（二〇〇〇）に掲載されたもので、志筑忠雄の太陽系形成論をカントの宇宙論と逐一比較しながらその詳細を明らかにしたうえで、洪大容の宇宙論との比較を行ったものである。それらによって一八世紀の宇宙論の本質が自然哲学であり、同時に洪大容の宇宙論は世界的にも評価されるべきものであることを明らかにすることができたと考えている。

一冊の本にするにあたって加筆あるいは削除したが、もともと別個に発表されたものなので重複する所もある。予め了承していただければ幸いである。また、付録として『毉山問答』の原文とその訳文を掲載しているが、それは本書の内容をより正確に理解するためのものであり、この魅力あふれる朝鮮の古典をより多くの人に知ってもらえればという思いによるものである。

さて、本書の目的は一八世紀洋の東西の宇宙論を解き明かそうというものであるが、もう一つの目的は近世朝鮮科学史における重要な理論的業績を明らかにすることにある。残念ながら日本では朝鮮科学史の研究は盛んではなく、一つのテーマによる研究書としては著者が知る限り、自家出版による三木栄『朝鮮医学史および疾病史』（一九五五、のちに思文閣出版から増訂版が出版された）と田村専之助『李朝気象学史研究』（一九八三）、そして最近出版された川原秀城『朝鮮数学史』（東京大学出版会、二〇一〇）のみである。本書がそれに続くものとして、朝鮮科学史の研究を促進させるうえで少しでも役に立てばと願っている。

第一章　科学史における近世――朝鮮と日本の比較検討――

一　はじめに

比較科学史は、科学史研究のなかでも新しい分野である。対象が広範囲におよび世界史的な視野に立った研究が必要となっている今日の基本的方法論といえるが、具体的には次のような課題が提起されている。[1]

①諸文明間の交流、影響関係を明らかにする。

②諸文明圏におけるそれぞれ独立に形成された科学的概念や方法、科学的発見や発明制度などを、その内容を吟味することによって比較する。

③諸文明圏における個々の科学的概念や成果だけでなく、それらを含む諸文明圏を科学的に比較する。

対象をどこに設定するのかは、研究者の問題意識によるが、日本において重要なものに朝鮮・日本の比較科学史がある。[2] 古代に朝鮮から日本に、医学・暦学をはじめとする様々な科学技術が伝来したことは周知の事実であり、また中世における両国の文化文流・歴史的事変は、それぞれの科学技術発展に大きな影響を与えている。これらの内容を具体的に明らかにすることは、課題①の最も重要な問題の一つといえるが、それらは日本科学史の形成と発展に直接関与するものであり、日本にとっては比較科学史を越えた意味を持っている。さらに、課題②についてみれば、同じ東アジアという地域的同一性のなかで、科学技術発展における共通点と相異点を明らかにすることは、それぞれの科学技術史の特性を理解するうえで有意義である。本章では、このような観点から近世における朝鮮と日本の科学技術史的展開を考察し、その特徴を明らかにする。

ところで「近世」という用語は、一般的には現代に近い時代という意味で用いられるが、学術用語としては日本史特有の概念である。(3) ゆえに、科学史の時代史区分として確立されたものとはいえないので、次節ではまずこの問題について考察する。

二　近世の概念

(1)時代史区分としての近世

科学技術史は一般的に古代・中世・近代・現代と区分されるが、それは西洋をモデルケースとしたものなので、そのまま日本や朝鮮に当てはめることはできない。とくに、問題となるのが近代についてである。周知のように西洋においてガリレオ、ニュートンによる力学を基本として形成された近代科学は、朝鮮を含む東洋ではその発展をみることはなかった。さらに、その後の産業革命も東洋では起こることなく、それに従事した科学技術の発展もなかった。東洋で、なぜ近代科学が発展しなかったのかという問題は、中国科学技術史においてこの問題に初めて取り組んだジョセフ・ニーダムにちなんで「ニーダム問題」と呼ばれている。(4) ただし、このような方法論は西洋近代科学を絶対的基準としているという批判を免れない。しかし、現在、多くの国々が西洋近代科学を受け入れている状況を想起する時、そこに至る科学史的過程を見るうえで有効であると著者は考えている。

ニーダム問題の追究は、同時に西洋科学史において近代に相応する時期を東洋でどのように規定するのかという問題を提起する。しかし、この問題を正面から取り上げた研究は少なく、日本に関しては著者が知る限り湯浅光朝によるものだけである。(5) 湯浅は、一九七四年に日本で開催された第一四回国際科学史学会において、日本史では近世という独自の区分が採用されていることを前提に、近世とほぼ一致する時代を擬近代と表現して日本科学史を古代・中世・擬近代・近代と区分することを提唱した。湯浅は、その後、擬近代をプリ・モダンと表現して一五四三年の鉄砲伝来から、近代を一七四四年の『解体新書』の出版からとした。前者に関しては、日本史では通常、安土・桃山時代、江戸時代を近世としているが、鉄砲伝来はそのはじまりとほぼ一致し、それが西洋文物の最初の伝来であり、織田信長がそれを強力な武器として天下統一を果たしたことを考え合わせる時、その意図は理解できる。

それに反して、後者は少々無理があるのではないだろうか。湯浅が『解体新書』の出版を近代の起点としたのは、これが文字による西洋近代科学の最初の紹介という理由による。彼は、日本で近代科学が形成された過程を「科学革命」と規定し、それを『解体新書』の出版から開国、開国から明治維新、明治維新から帝国憲法公布までの三段階に分けている。そして、その第一段階の始まりを近代の起点としたのである。しかし、明治以降を近代とする日本史の区分とは大きく離れており、一般に受け入れられるかは疑問である。事実、現在までも湯浅の提案は採用されてはいないようである。

著者は、できるならば一般史と科学史の時代史区分を一致させるほうが望ましいと考え、江戸時代を日本史および日本科学史の近世と捉えている。そして、「近世」という用語をそのまま借用して、朝鮮後期(一七―一九世紀の開国以前)を近世と規定した。(6) それは、朝鮮後期は江戸時代と時期的にほとんど一致し、両者の比較研究が可能となるという利点を考えてのことであった。むろん、その中身が問題であるが、近世科学技術史は中世科学技史の問題点を克服しながら近代への準備を行う過渡的段階である。その具体的展開には近代化に向けての肯定的側面と否定的側面があり、それがそのままこの時期の特徴となって現れるだろう。視点を変えれば、その特徴によって近世を性格づけることができる。このような問題設定は日本についても有効であり、それが江戸時代を近世とする根拠である。戦国時代に終止符を打ち、対外的にも朝鮮との友好関係を築くのは江戸時代になってからのことであり、時代史をここで区切るのは一般にも受け入れやすいと思われる。そして、結果的に日本は近代化に成功し朝鮮は失敗したが、その要因の追究は科学史のみならず一般史における重要な課題であり、比較科学史的見地からの考察が有効となるだろう。

(2) 中世科学の特徴と近代科学との差異

近世科学技術史は中世科学技術の問題点を克服しながら近代への準備を行う過渡的段階であるとしたが、では中世科学技術の特徴と問題点はどのようなものであり、近代科学とはどのような点が異なるのかをまず明らかにしなければならないだろう。

朝鮮において中世科学技術が最高点に達したのは一五世紀前半の世宗時代（一四一八―五〇）である。一三九二年に李成桂によって創建された朝鮮王朝も第三代の太宗時代には政権も安定し、次の世宗時代には文化的にも隆盛を誇るようになるが、その中核にあるのが科学技術である。それは中世の最高水準に達し、近代科学へと移行する最終段階の様相を示していた。ゆえに、ここでは世宗時代の科学技術的業績から中世の特徴と問題点を抽出しよう。(7)

世宗時代の科学技術の特徴は、まず、すべての分野で以前に蓄積された科学的知識と技術的経験を検討・整理し、一定の体系へと理論化する努力がなされたことであり、それらが朝鮮固有なものへと改善・発展させられたことである。その具体的な例として、天文学分野の暦書『七政算・内外編』の編纂を挙げることができる。『七政算』は当時の最高水準の天文学書といえるが、一六四三年に朝鮮通信使の製述官として来日した螺山・朴安期（パクアンギ）が貞享暦の作成者である渋川春海に伝えた内容もこの『七政算』であったといわれている。(8) 医学分野では、郷薬に関する調査・検討が深まるとともに、朝鮮固有の医学の確立を目指した『郷薬集成方』の編纂刊行とそれまでの東洋医学を総合整理した『医方類聚』の編纂がある。農学でも、一四二九年に朝鮮固有の農法を調査・整理した『農事直説』が刊行されている。さらに、言語学分野では、現在ハングルと呼ばれている朝鮮の固有文字「訓民正音」の創製がある。

次に、世宗時代の科学技術の特徴は、「測雨器」の発明利用や印刷技術の発展など科学的知識の蓄積や分析に必要な技術が発展したことである。とくに、測雨器による降雨量の正確な測定とその記録は気象学の始まりといえるものである。また、大量の金属活字の鋳造と組版技術の確立は『朝鮮王朝実録』をはじめとする出版文化の基礎となった。

もう一つの特徴は、それらが王の主導のもと強力な官僚機構によって発展させられたということである。世宗は優秀な人材を広く求め、彼らを「集賢殿」という科学技術を担当する官僚期間の一員に登用し、その組織力によって自身の科学技術政策を実践した。そこでは、国家的目的から大規模な事業が行われ、膨大な量の科学技術的知職が蓄積された。ただし、その国家的目的とは常に実用的なものばかりではなく、同時に王の威信を高めるための政治的な意図があった。例えば、正確な天文暦書の配布は「天」という絶対的な支配者に代わって王が政治を行うことの権威づけの意図があり、また医学も民にいわゆる「仁政」を施すための手段であった。

世宗時代の科学技術発展の一つの要因はその官僚制度にあるが、それはその時代の科学技術の内容と性格をかんがみると、その発展において官僚制度が効果的であったということである。科学を活動面からみれば、実験・調査・観察などによって得た知識を、整理・分析・総合し、概念や仮説をつくり、それを実践によって検証し、物質的世界の本質的連関（法則）を明らかにし、それらの基本的法則に基づいて関連する諸現象を説明する理論体系をつくりあげる過程といえる。この過程の初期的段階、すなわち実験・調査・観察そして整理・分析・総合が世宗時代の科学技術の特徴であったが、それはまさにこれらの活動が中世科学の基本課題として提起され、その作業を最も効果的に遂行できる社会制度が、世宗時代のような中央集権的官僚制度であったということである。この基本課題と封建的社会制度に基づく実践方法によって、世宗時代の科学技術の性格を「中世」的と規定できる。それに続くところの、概念や仮説をたて、それを実験的に検証し法則を明らかにするという方法や活動は、まさに近代科学において提起されたものであり、それを支えたものが当時の西洋の歴史的背景と思想および社会制度である。

また、中世科学技術と西洋近代科学の特質として、前者が地域性および民族性を強く反映するのに対し、後者は汎用性が強いといえるのではないだろうか。現在、多くの国々が西洋近代科学を受け入れているのは、社会経済生活が西洋化したこともそうだが、西洋近代科学そのものが汎用的性格を持っていたからだろう。世宗時代の科学技術の地域性および民族性は、それらが朝鮮固有のものへと発展改善されたことに如実に表れている。反面、王とその官僚機構による科学技術には、いくつかの問題が生じる。それは、当代の王によってその発展が左右されるということであり、その官僚機構が封建的身分制度によって成立したものである限り、その目的は国家権力の強化にあり、科学技術が支配層の独占物となりがちで、一般大衆から科学者・技術者は生まれにくいということである。これは科学を「一つの制度」（具体的な内容は次節で述べる）とした場合の問題点であるが、西洋近代科学の形成は市民社会の成熟がその背景にあったことを想起すれば、この点はニーダム問題の答えの一つを与えるものとなるだろう。

これまでニーダム問題の答えの一つとして、しばしば洋の東西の自然観の違いが指摘されてきた。西洋では自然に対する客観的立場を貫くことによって力学が追究され、結果、近代科学は自然を一定の法則に従って動く機械とみなす機械論的自然観を確立した。これに対して中世および東洋の自然観は、形而上の要求を形而下の自然

	中世科学	近代科学
自然観	宗教・教義的	機械論的
基本課題	実験・調査・観察 整理・分析・総合	概念・仮説の定立 実験的検証・数量化 法則の確立・理論化
遂行母体	封建的身分制度に基づく官僚制度	市民社会 学会
目的	王権の強化	産業革命に従事
特質	地域性、民族性	汎用性
問題点	個人に左右 大衆化を阻害	利益優先

にそのまま反映させた結果としての自然観である。例えば、自然現象を天や神の意志とする宗教的自然観、また道徳的規範である「理」の根拠を自然に求める儒教的自然観がそれである。自然観の変遷も近世科学史における重要事項となるだろう。

ここまで述べた中世科学と近代科学の対比を図に表しておこう（上表参照）。すでに述べたように近世は、その図表の中世の項目が近代へと移行する変革期として捉えることができる。

さて、ここまで無造作に「近代化」という用語を用いてきたが、ここで著者が考えるところの「近代化」について科学技術を含めて政治、経済、教育などについても述べておこう。まず、近代科学技術は文字通り近代科学、すなわち力学・熱力学・電磁気学を基礎としていることである。近代以前の動力源は、おもに人力と家畜による生物学的エネルギーおよび水力・風力など自然発生的なものであったが、近代科学によって蒸気機関・電力が主流となった。そして、力学的原理を適用した様々な機械類が生産手段の飛躍的発展をもたらし、産業革命を推進させた。政治的には、何よりも封建的身分制度が解体され封建的君主制度から大衆の意志がより反映される制度、例えば議会制民主主義制度へと移行し、その機構が整備された。経済的には封建封的身分関係に基づいた農業から都市を中心とした商工業が発展し、都市への人口集中化と都市建設が進んだ。教育においても、封建的道徳教育から実用重視の内容へ一新され、その機会の均等化が図られた。これらが、著者が念頭に置く「近代化」の指標である。

近年はその内実の反省から、近代化とは単に西洋化・資本主義化ではなく、またそれは「より望ましい」という価値と必ずしも同一化されてはいないが、歴史的には朝鮮や日本の近代化は、まさに西洋化・資本主義化、それを是とする価値観で推進されたことは事実であり、「開化」という用語は、それを端的に表している。このことを認めたうえで、現代的観点から「近代化」の内実を再検討しなければならない。

三　近世科学技術史の特徴

(1)西洋科学知識の伝来と受容

周知のように東洋では近代科学が発展せず、西洋からの伝来である。では、それはどのような過程を経てどの程度消化されたのか、が問題となる。西洋科学知識の伝来が近世における朝鮮・日本の科学史の主要特徴であることには異論はないだろう。

朝鮮に西洋に関する情報が本格的に伝え始められたのは、朝鮮後期になってからのことである。一七世紀初頭、「実学」の先駆者といわれる李睟光（リスグァン）は、中国で出版された西洋の自然科学書を研究し、その著書『芝峰類説』で西洋文物について言及している。本格的な西洋知識の伝来としては、一六三一年に鄭斗源（チョンドウォン）が中国より火砲、千里鏡（望遠鏡）、自鳴鐘（時計）などの機械とともに天文学書を持ち込んだことがよく知られている。また、一六四四年には仁祖の世子・昭顕が北京でアダム・シャールと会見し、天文書、天球儀などを贈られている。その後も燕行使などを通じて、西洋科学知識の情報と漢訳書が伝来し、一時は「西学」として盛行した。しかし、一八〇一年の「辛酉教獄」と呼ばれる天主教弾圧事件以降に西洋科学知識への接近は身の危険を伴うようになり、西学は衰退せざるをえなかった。

西洋科学知識の水準の高さと合理性を認め、最も大きな影響を受けたのは実学者たちである。より正確にいえば、それに刺激された知識人たちが西洋科学知識を積極的に取り入れながら実学を展開したのである。この点は、次項でより詳しく述べることにする。

日本への西洋文物の伝来は一五四二年の鉄砲伝来から、西洋科学知識の紹介はフランシスコ・ザビエルの来日による布教活動から始まる。戦国時代にあって武器の伝来が最初というのは、日本の西洋科学知識の受容において宿命的な感じがしないわけでもない。すでに、刀鍛冶の技術が高い水準に達していた日本で鉄砲製造は困難なことではなく、すぐに広まり戦のあり方を大きく変化させたことはよく知られている。

当初、西洋知識の紹介はスペイン、ポルトガルの宣教師たちによるもので、「南蛮学」と呼ばれた。彼らは人々の関心を引くために物珍しい西洋科学知識の紹介に努めたのである。なかでも「地球説」の紹介は重要な位置を占め、それを含む西洋天文学は知識人たちに大きな影響を与え、それが西洋科学の有効性認識の一つの要因となった。後に、キリシタン弾圧と、禁書令、鎖国によって、西洋科学知識もおもにオランダを窓口とし導入され、「蘭学」と呼ばれるようになった。(9) 初期の蘭学はオランダ人との通訳を行った通詞たちによって展開されたが、とくに彼らは長崎商館の医師から西洋医学を中心とした知識を吸収した。

その後、徳川吉宗による諸般の改革とともに青木昆陽や野呂元丈らが蘭学研究の命を受け、禁書令の緩和によって漢訳西洋書籍の研究も進み、蘭学発展の転機を迎えた。そして、杉田玄白、前野良沢らによる『解体新書』の翻訳によって蘭学が大きく花開くことになるのである。この頃の蘭学は天文学および医学を中心として展開されるが、その理由は、前者は人々の自然観に大きな衝撃を与えたものであると同時に、農耕社会における天文暦書の重要性の反映である。後者は、医学が人間社会と普遍的な関連性を持つものであるとともに、江戸時代の為政者が戦国時代を生き抜いた武士階級であったこととも関連していている。

地域的には江戸、長崎、さらには京坂でそれぞれの特性を帯びながら活発に展開された。[10]江戸の蘭学は諸藩の藩医を中心とした医学と幕府天文方による天文学が発展した。長崎では語学力の水準を高めた通詞たちが洋書の翻訳に取り組み独自の蘭学を展開した。とくに、本木良永の訳書『天地二球用法』は日本に初めて地球説を、志筑忠雄の『暦象新書』はニュートン力学を紹介したことで知られている。また、京坂では成熟した町人文化を背景として、市井の私塾において蘭学が発展した。その後、蘭学は都市部だけではなく、地方にも蘭医がかなり浸透していた事実が明らかになっている。

蘭学は幕末になって国防と関連した重要事項となり、オランダのみならず、イギリス、フランスなどからも西洋科学知識を取り入れるようになり、「洋学」と呼ばれるようになった。日本へ初めて伝来した西洋文物が火縄銃であったことを宿命的な事実と表現したのは、幕末の洋学への移行とその中心内容がやはり軍事科学であったことが念頭にあったからである。対朝鮮関係において、天下統一を果たした豊臣秀吉が余勢をかって朝鮮を侵略した事実、幕末期に軍事力を強化した西南諸藩が明治維新を実現させた後に、「富国強兵」政策をとり、朝鮮植民地化への道を歩み始めたことを想起する時、その意味するところは理解されよう。

かつて、ジョセフ・ニーダムは、中国は官僚的封建主義で日本は西洋と同じ貴族的軍事封建主義であり、むしろ日本で近代科学が起こらなかった理由はあまり見当たらないと述べたことがある。[11]彼自身は、それ以上に詳しいことは追究しなかったが、日本が朝鮮や中国に先んじて近代化を果たし得た理由が、近世における西洋科学知識の受容とそれを受け入れる社会背景があり、とくに軍事科学としての洋学の発展が当時の日本が武士階級を為政者とした国家であったことの反映であるならば、これはニーダムの指摘を正当化するものとなるだろう。

西洋知識が日本には直接的に、朝鮮には中国を通じて間接的に伝わったが、それは近代化の一つの分岐点といえる。それによる情報量と語学力の差は大きかった。また、日本では、しばしば「和魂洋才」といわれるように、西洋の科学技術と宗教・思想を分離して摂取したが、朝鮮ではそれを分離できず弾圧の対象となり、西学が衰退したことにも要因があった。朝鮮の知職人たちが技術と宗教の両面を受け入れたのは、儒教の正統性を保持し異質なものを徹底的に排除しようとする社会体制と風潮に対する反発があったからと思われる。

(2)学問の大衆化と制度としての科学

「科学」は歴史的に多くの変化を受け入れてきたものであり、あらゆるところで他の社会的活動とつながっているために、内在的定義は困難である。イギリスの物理学者バナールは、その著書『歴史における科学』で科学の定義は外延的展開が唯一の方法であるとし、科学は一つの制度として、方法として、累積的に伝承される知識として、生産の維持と発展の主要な要因として、宇宙と人間に対する信条と態度を形成させる最も強い影響力として見ることができると指摘した[12]。バナールは、科学はそれに従事する人たちに職業を与える制度であり、いつの時代も科学者は、後援者・同僚・一般大衆と密接な関係を持たずにはいられず、「制度としての科学」は社会的事実であり、社会における一定の任務を遂行するために、ある一定の有機的に結びつけられた人たちの組織であるとした。「制度としての科学」は、当時の社会制度と身分関係を直接的に反映するが、その変化発展は科学史の主要な内容となるだろう。

では、近世において朝鮮と日本で実際に科学技術発展を担ったのは、どのような人々だったのだろうか。朝鮮の支配階級は両班と呼ばれる貴族たちであるが、文班と武班に別れ、文班が実際の政治を取り仕切り、武班は発言力が弱かった。そして、科学技術の実際の担当者も文班に属しており、これらの点は武士社会の日本と大きく異なる。とくに、朝鮮では「中人」と呼ばれる人々の存在が特徴的である[13]。

中人とは両班と常民との中間に位置する身分階層で、おもに語学・医学・天文学・地理学・算学・書学・法律学・絵画などの技術分野を担当する封建官吏たちのことである。中人という呼称は、彼らがおもにソウルの中央部に集まって暮らしたので「中村居人」、これを略して「中人」と呼ばれるようになったといわれている。当時、封建官吏登用試験である科挙は文科、武科、生員進士試験、雑科に分かれていたが、中人は雑科に及第した者たちである。雑科には、漢学・蒙学・女真学・倭学からなる訳科、天文地理学の陰陽科、医科・算科・律科・画学・楽学などが含まれていた。

中人階層は朝鮮封建社会特有の身分階層であるが、時代とともに拡大し社会的にも法的にも固着するようになった。朝鮮時代に中人階層が形成された理由として、まず両班たちの技術に対する蔑視を挙げることができる。朝鮮封建政府は「抑仏崇儒」政策を進めたが、その結果、両班たちは儒学だけが正学であり、技術分野の学問は雑学として蔑視した。それは、技術官吏の品階（等級）が低く押えられ、また科挙の科目を「雑科」としていたことに如実に表れている。さらに、本来、官職に就く道が閉ざされていた両斑の庶子およびその家系の者に技術職に限ってそれを認めたことから、両班たちの技術官吏たちへの蔑視はますます強くなった。その後、「雑科」を志す者たちは学問の特性もあって世襲的なものとなり、婚姻関係も同じ技術官吏同士で結び中人という特殊な身分層を形成するようになった。

彼らの技術官吏としての該当分野の理解度、および実務能力はどれほどのものなのかは、朝鮮近世科学技術の水準を示すものとなる。その一端を一八二〇年に刊行された『書雲観志』を通じて見てみよう。書雲観とは王立の天文台で、後に観象監と呼ばれた。『書雲観志』は全四巻から構成されているが、第一巻には、官職の推挙、観員の登用試験と試験科目、教育、褒章と懲罰、勤務当番と規範などが記されている。最後の「規範」によれば、観測対象として、彗星、地震など八種の異常現象と、日食、月食、流星、雷、霧などを含む二五種の普通現象に分けて、それらを観測・記録する方法を対象別に述べている。このような整然とした観測規範は長い間の経験を科学的に整理・総合して得られた新しいものであり、世界的にみても類を見ないものであった。なお、第二巻は各分野の職務の説明、第三巻は故事の記録、第四巻は天文暦法の基本テキストと儀機の説明となっている。書雲観の官員は雑科に及第した中人たちが登用されており、その内容から見ても彼らの実務能力はかなり高い水準にあったことを知ることができる。

また、数学分野でも実学者たちが儒教的思考から完全に抜け出ることができず数学に精神修養を求めるなど、形而上学的傾向があるのに対して、中人数学者のなかで純粋数学的展開があったという興味ある指摘がなされている。[14]とくに、一八五五年に刊行された李尚爀（リサンヒョク）の『算術官見』は「各等辺形捨遺」、「円客三方互求」、「孤線求弦矢」、「弦矢求孤度」、「付録：不分線三率法解」などの項目で彼自身の研究内容を著した数学書であるが、その独創性は高く評価されている。

中人は雑科に合格して、技術官吏に登用されるのであるが、そのためには彼らに技術教育を施さなければならない。技術教育の対象が中人階層に限定されていたというのは近世社会の特徴であるが、それは学問の大衆化を阻害する要因にもなった。

この点は日本と比較することによってより明確になる。近世日本の科学技術は武士階級に属する学者をはじめとして都市部の商人や町人、さらには農村の一部人士によって発展した。とくに、朝鮮の支配層が技術を強く蔑視していたことに反して、日本の支配階級である武士はもともと武器や築城など、身分性格上技術との関わりは深く、さらに領内の河川管理や殖産発展のためにも技術への関心が強かった。一部の大名が博物学をはじめとする学問に大きな興味を持ち、領内で学問振興を奨励したことはよく知られている。武士階級のみならず商人をはじめとする町人たちのなかで蘭学が盛行したことも特徴的である。さらに、幕末期には武士のなかでも軽士層および準士族層が洋学の軍事科学化を担い、地方村には相当数の蘭医が進出、彼らのなかには在所で寺小屋を開く者も多く教育面でも大きな役割を果たした。これらを総じて見れば近世日本では広範な範囲で科学技術の吸収と普及が行われていたといえるだろう。ところが、同時代の朝鮮では新しい知識の摂取に努めたのは実学者と中人階層に属する人たちで、常民および賤人たちにとって学問は無縁な存在であった。西洋科学知識も、それを取り入れた実学者たちの業績も一般に知られることはなかった。これらは、結局、学問の大衆化に大きな影響を与え、優れた人材輩出の可能性を小さくした。前節で近代科学の形成の背景に市民社会の成熟があるとしたが、その具体的内容の一つは教育機会の均等化と人々の知識欲の拡大、すなわち学問の大衆化である。明治維新以降、日本の近代化がいち早く行われた理由の一つはまさにこの点にあり、これはニーダム問題の答えの一つといえるだろう。しばしば、朝鮮はタテ社会で日本はヨコ社会といわれることがあるが、学問分野にもそれは顕著に表れている。

(3)近代的工業の発生・発展

近代科学の形成発展と蒸気機関をはじめとする急速な技術進歩にともなう生産力の発展が、一八世紀後半のイギリスにおける産業革命の要因となったことは周知の事実である。同時に、それは当時のイギリスの社会経済的状況がそのような生産力の発展を要求したということであるが、同時代の朝鮮や日本ではそのような社会経済的変化はなかったのだろうか。朝鮮では一八世紀以降、鉱業分野での資本主義的生産関係の発生が指摘されている。(15)

この時期になって鉱物の商品化が急速に進み、鉱山開発が盛んとなり、それを中心とした都市が形成され近代的な鉱山道路網が拡大した。鉱業は収益性が高く貨幣資本を蓄積した商人たちがこの分野に積極的に進出、同時に土地を失い零落した農民たちが商品流通と交通運輸が発展した鉱山に集まった。その結果、両者の間で資本主義的雇用関係が発生した。また、分業が進み、その細分化と専門化は鉱店人（労働者）たちの技術と熟練を高めた。このように鉱業分野では資本主義関係の発生によって、近代的な技術発展の可能性があった。しかし、産業革命のような劇的な変化は、結局、朝鮮では起こらなかった。その理由は、やはり近代科学が形成されなかったからである。それだけでなく、西洋近代科学知識の吸収・消化さえもまったく不十分であった。ニーダム問題の答えとして、すでに洋の東西における自然観の違い、学問の大衆化を挙げたが、さらに当時における技術発展の社会経済的要請の有無を指摘できる。ニュートンによる力学形成が当時の社会経済的要請に沿うものであったことは、科学史の古典的著作ゲッセン『ニュートン力学の形成について』[16]において指摘されて久しい。力学の形成に続く蒸気機関の理論的基礎となる熱力学の発展は、近代科学と産業革命が同じ脈絡にあることを示している。

朝鮮で産業革命が起こらなかった理由は、次に、イギリスのように蒸気機関や紡績機の発明に見る技術者・職人たちと資本家との結びつきがなかったことである。これは、朝鮮時代の技術者が中人階層に限定されていたこともそうだが、要は蒸気機関のような機械的動力を必要とするほどの社会経済的要請がなかったということである。市場の拡大は国内的には限界があり、また国外に求めることも鎖国政策の下では無理なことであった。

次に、日本について見ることにしよう。すでに蘭学によって西洋科学知識をある程度、吸収・消化していた日本は幕末期に製鉄、造船、武器製造などの工業を発展させた。とくに、洋式兵器製造の工業化は、高島流砲術を完成させた高島秋帆の武雄鍋島に始まって佐賀本藩・薩摩・箱館・韮山・水戸・長崎製鉄所、そして維新前夜に至って江戸・関口鋳砲物、横浜・横須賀の両製鉄所と、幕藩営を主軸として展開した。同時に、民営形態による洋式鋳砲、製鉄が登場していたことも指摘されている[17]。

それらは初期機械制工業段階といえるが、それらの工場組織に多数の武士・職人が参加しており、維新以降の本格的な機械制工業の導入・移植に必要な技術者・技能者、労働者がそのなかで訓練育成された。これは、日本が東アジア諸国でもいち早く近代化＝資本主義化を達成するための前提条件となった。また、軍事分野を中心とした近代産業の発展は、明治維新以降の日本の進路を決定するうえでも重要な要因となった。資本主義はその性格上、市場拡張を自己の至上課題とするが、明治維新前後に軍事力を保持していた日本が朝鮮に進出したのは必然的結果であった。幕末期に洋学者として登場し、明治期日本を代表する知識人である福沢諭吉が、当初にはアジアの連帯を唱えながらも、最終的に「脱亜論」を主張する歴史的背景がここにある。福沢諭吉との関係が深かった朝鮮開化派、なかでも金玉均（キムオクキュン）をはじめとする急進派が近代化のモデルケースとしたのは日本である。彼らは「甲申政変」によって革新政権を樹立、朝鮮の近代化を企図したが、当てにしていた日本の援助を受けることができず三日天下に終わった。その要因は、すでに述べたように江戸時代にすでに近代化の要件を備えていた日本に対して、朝鮮では大衆レベルでそのような準備がなされていなかったからである。

その後も、朝鮮では近代化に向けて様々な改革が試みられたが、日本の植民地に転落して、結局、それは実現しなかった。では、日本の植民地化がなければ朝鮮の近代化は可能だったのか？　著者は充分可能であったと考えている。ただし、ここに大きな問題が横たわっている。前述のように近代化を単に西洋化・資本主義化とのみ捉えるならば、その覇道的性格上それをいち早く果たした日本に対抗する論理はない。金玉均らの改革が失敗した本質的要因は、まさにこの点にある。(18)その時点で、すでに近代化の内実に関する深い洞察が求められていたのである。

四　実学の形成と展開

前節で近世科学技術史の特徴として挙げた三項目は、ある意味で近世科学技術の条件あるいは背景に関するものである。では、内容的に近世全体を包括し、西洋近代科学と比較しうる学術的展開とはいったいどのようなものなのだろうか。そのキーワードとなるのが実学ではないだろうか。

実学という概念は、幅が広く研究者によっても差があるが、虚学に対するアンチテーゼとして提唱され、経験科学の発展と西洋科学知識の消化のなかで展開された諸学といえるだろう。そして、その指標として実証性・合理性・実用性などが挙げられる。ここでは、日本と朝鮮それぞれの実学について考察した後、ニーダム問題と関連して実学の自然哲学的側面について論じることにしたい。

(1)日本の場合

日本実学に関する研究は盛んであるが、なかでも最も精力的に行っている実学資料研究会は、「実学とは、生活機能を高める社会経済の動態を誘発継起させる作用をなす諸学の総称[19]」という共通認識のもとに多様な研究を行い、叢書『実学史研究』を随時刊行し、すでに一〇巻に至っている。また、日本と中国の代表的研究者たちによる論文集『日中実学史研究[20]』は、日本と朝鮮の実学を比較検討するうえで示唆に富む文献といえるだろう。

日本実学の概念および形成と展開に関して様々な見解があるが、ここではその研究をリードしてきた杉本勲、源了円の論稿をもとに、その展開と特徴を簡単に整理して、著者の考えるところを述べてみたい。その前に、以下の記述のために江戸時代の時期区分について確認しておこう。江戸幕府は一六〇三年に開かれるが、その時から一六六二年の寛文以前までを初期、以降一七一六年に徳川吉宗が将軍となる享保以前までを中期とする。その後、一八二〇年頃までを後期、それから明治までを幕末維新期、そして一八六八年から明治時代となる。

杉本は実学を実体としての「実学史」と実学観に関する「実学思想」の区別があると主張、その著書、『体系日本史叢書(19)科学史[21]』、『近世日本の学術――実学の展開を中心に――[22]』で「実学らしい実学」の実体として技術学・経験科学を取り上げて、その発展過程の検討を行った。そして、近世日本の学術発展は総体的に見て強弱の差はあるが、実学ないし実学思想の展開過程を指向しているとしている。

杉本は以下のように近世実学の特徴と発展段階を指摘している。[23] まず、近世実学の特徴は現実性・実用性・実証性・実理性が段階的に順次、実現されていく過程であるとして、この四つの性格要素は江戸後期になるとおおよそ出そろうが、完全に実現した段階は明治初期の近代的実学思想の成立によるとしている。杉本は、江戸初期の仏教を虚学と批判し儒教を実とする朱子学の展開を実学思想の第一段階と位置づけ、次に朱子学のアンチテーゼとして唱導され、客観主義の立場から経験と実証、実利主義を主張した古学の台頭を第二段階としている。時期的には江戸中期となるが、杉本はこの時期は農業をはじめとする産業が大きく発展し、それに付随する技術の発展と、その知識を総合整理して書物としての形をとることによって「技術学」が確立されたことを強調し、これらを利用厚生の実学として、もっとも実学らしい実学としている。さらに、それに続いて技術学と関連して天文・暦学・数学・測量・本草・医学などの自然科学分野、および地理・歴史・文献・経済・政治・法律などの人文系科学分野も、産業経済の発展に呼応して画期的に勃興したとする。

一八世紀にはいって徳川吉宗が殖産興業、実学奨励策を大幅に採用、さらに西洋科学知識の積極的な導入によって蘭学が勃興し、思想的にも荻生徂徠（おぎゅうそらい）が経験主義・実証主義的実学を主導する。これが第三段階である。一八世紀は、和洋の実学の混淆期であったが、一九世紀になって法則探求の近代科学的特質を持つ蘭学が主流となる。この蘭学の実学としての性格が、従来の現実性・実用性・実証性に加えて実利性と実理性を兼ね備えたものであるとして第四段階としている。

杉本は、近世実学の特徴である現実性・実用性は第一段階で、実証性は第二、三段階で、実理性は第四段階で実現したと主張し、さらに幕末維新期になると政治的変革を目標とする実践的性格が加わり第五段階となり、最後に明治期に近代的実学によって実学が完成、それが第六段階であるとしている。杉本は、第五段階では後述する源の見解に従い洋儒兼学の実学、儒教改革の実学、政治改革の実学、の三つのタイプの実学が展開されたとし、第六段階では福沢諭吉の実学観を白眉としている。

杉本は実学思想に関しては、『近世初期実学思想の研究』[24]、『実学思想の系譜』[25]の著者である源了円による研究を高く評価し、自身の研究にも反映させているが、源の研究は中国と朝鮮の実学をも視野においたもので本書にとっても重要である。次に、源の研究をみることにしよう。

源了円は実学の形成をおおよそ五つの時期に分け、その特色を次のように指摘している[26]。まず、第一期は近世初頭の藤原惺窩(せいか)から寛文頃までの江戸初期、第二期は寛文から荻生徂徠の出現までの江戸中期である。この時期の実学は、人間の内面的真実を追究すれば、それが経世済民につながるという人間の内面に基礎をおく実学であるが、第一期は「心学」的傾向が強く、第二期は経験主義的合理主義の傾向が強い。第三期は荻生徂徠から一八二〇年頃までの江戸後期である。この時期は、実学者の関心が内面的なものから外面的なものに移ったが、実学の性格をそのようなものに転換させたのが荻生であり、彼によって実証主義的な実学観が成立した。第四期は一八二〇年代から明治維新までであるが、国家的危機、社会的変動を背景として実践的性格を強め、洋儒兼学の実学・儒教改革の実学・政治改革の実学がこの時期の思想と政治運動を担う武士たちによって形成された。そして、第五期は明治以後で、近代的実学が支配した時期である。この近代的実学とは、実証的・合理的方法に立脚した生活に役立つ学問で、支配者と被支配者との先天的な関係を前提として、支配者が被支配者のために配慮するような経世済民の実学ではなく、人民自身が指向する自分たちの社会生活に有用な実学である。

このように源は各時期の日本実学の特色を考察し、さらに中国や朝鮮の場合と比較において日本実学思想の全体的特色を次のように指摘している。第一に、前述のように非常に短い間にいろいろな考えが出てきたことである。第二に、朝鮮の実学者たちは、自分たちの学問に関して「実学」という用語をほとんど用いていないが、日本の儒学者たちは積極的に自身の学問こそ「実学」と主張し、日本実学思想の展開は自覚的であったことである。第三に、日本の実学者のほとんどすべてが終始、経世済民・経世致用の問題への関心を持ち続けたことである。第四に、実学思想の担い手が多様であったことである。中国では実学思想の担い手が士大夫階級であり、朝鮮では両班階級および中人階級であった。これに対して、日本では儒者たちだけでなく武士、商人、農民らにも及んでいたことである。そして第五は、実学は朱子学を出発点としてその変容・修正・批判のうえに展開されているが、そこにも中国や朝鮮とは異なる日本独自の特色がある。それは、中国の場合は朱子学がほぼ原型を残して教条化し、朝鮮の場合は主理派と主気派に分かれたが、現実には前者が圧倒的勢力を持ち、後者の系譜に属して実学思想を展開させた人々は改革の主導権を握ることができなかった。ところが、日本の場合は同じ様に二つの傾向の朱子学に分かれたが、それぞれの展開を見せたということである。

以上、杉本、源両者の見解を簡単に整理したが、それに対して著者が考えるところを述べてみたい。まず、実学形成の時期（段階）区分を杉本は六つ、源は五つと異なるが、その要因は蘭学の認識にある。杉本は、一九世紀以降の蘭学を実学の重要段階と捉えたが、源は蘭学をそれほど強調していない。それは、杉本が「実体としての実学」として経験科学・技術学に、源は日本思想史における実学思想の展開に、それぞれ基本視点を置いているからである。この点を除けば両者の見解は、ほぼ一致しているといってもいいだろう。

次に、両者とも実学の始まりを朱子学の形成からとしているが、これは朝鮮実学と大きく異なる。朝鮮王朝では建国当初から儒学を国学として朱子学が盛行、李滉（退渓）、李珥（栗谷）をはじめ優れた学者が輩出しその研究を深めた。なかでも、「理」が一次的か、「気」が一次的かという理気論争は概念全般に関する精密化と、概念の理解に対する鋭敏な批判的な感覚を養う上で肯定的な役割を果たしたが、反面、実践と遊離した抽象的な論争にエネルギーを浪費しただけでなく、政治的な党争と結びつき時に流血を伴う惨憺たる結果を招くようになった。後述するように朝鮮実学の形成は、このようにスコラ化した朱子学への批判があった。ゆえに、朱子学を出発点とした日本実学と、それを否定することから始まった朝鮮実学とは、思想史において占める位置が大きく異なるといえるだろう。

この点と関連して、源は朝鮮の場合は主理派と主気派に分かれ、後者は改革の主導権を握ることができなかったと指摘したが[27]、著者は源がいう主理派こそ朱子学の伝統に固執する批判の対象となった人たちであり、主気派こそが後に実学の担い手となっていく人たちと考えている。この問題は、実学をどのように考えるのかという基本視点とかかわるものであるが、朝鮮実学、日本実学を歴史のコンテクストのなかでどのように捉えるかによる見解の相違といえるだろう。ただし、朝鮮実学は一つの思想潮流に終わり、源がいうように改革の主導権を握ることができなかったことは事実である。また、蛇足であるが、源は中国の場合と比較して日本実学の特色一つとして短期間にいろいろな考えが出てきたことと指摘したが、朝鮮前期に展開された朱子学を朝鮮実学に含めないとすれば、日本の近世三〇〇年に対し朝鮮時代五〇〇年を想起する時、その特色は朝鮮との比較においても妥当性を持つ。

次に、杉本も源も明治以降の近代的実学を実学の最終段階としているが、この点について述べることにしたい。杉本は、この近代的実学の白眉として福沢諭吉の実学論を挙げているが、その根拠となっているのは丸山真男の有名な論文「福沢諭吉における〈実学〉の転回について[28]」である。ここで丸山が、福沢諭吉は「倫理を中心とする実学」から「物理を中核とする実学」への転回を行ったと指摘したことはよく知られている。ゆえに、蘭学を法則探求の近代科学的特質を持つとして実学の第三段階と位置づけた杉本が、福沢諭吉の「物理を中核とする実学」を高く評価するのは、当然といえる。源も、丸山の指摘は日本が「極東儒教文明」から「近世西欧文明」へと思想的帰属関係を変えようとした学問的表現であり、優れた洞察にみちていると評価しているが、同時に近世における実証的・合理的・実用的実学の系譜を見落としていると指摘している。(29)これも源の思想史的な視点からは自然なことであった。

源は、明治以降の実学は実利的性格の強い実証的・合理的実学で、この近代的実学こそ日本の近代化を推し進める動力であったが、同時に実用性の方向づける普遍的な文化の原理を見失い、絶対化された国家と産業主義との結合の下に近代的実学の支配する社会としての道をひたすら歩んでいったとも指摘している。(30)この源の指摘は、日本が軍国主義へと向かう一つの必然性を示唆するものであり、前節で福沢諭吉が「脱亜論」を唱える歴史的背景について述べたが、源はその思想的要因を指摘したものといえるだろう。もし、実学に普遍的価値を求めるならば、福沢の実学観を含む近代的実学も批判の対象としなければならないだろう。

(2)朝鮮の場合

朝鮮実学研究の端緒は植民地時代に遡る。日本の植民地統治下で御用学者たちによって歪曲された朝鮮研究に対抗して展開された民族の自我確立のための「朝鮮学」を標榜する白南雲（ペクナンウン）、安在鴻（アンジェホン）、鄭寅普（チョンインボ）、文一平（ムンイルピョン）らが朝鮮後期の学者たちの業績に注目し、彼らの学問を「実学」として高く評価したのである。安在鴻・鄭寅普校正による丁若鏞『與猶堂全書』、洪命熹（ホンミョンフィ）校正による洪大容『湛軒書』が刊行されたのも、この頃のことである。とくに、一九三八年一二月〜一九三八年六月まで『東亜日報』に連載された崔益翰（チェイクカン）の「『與猶堂全書』を読む」は、当時の最も詳細かつ体系的な研究で解放後に『実学派と丁茶山』(31)という単行本として出版されている。解放後の本格的研究としては一九五二年に『歴史学報』に掲載された千寛宇「磻渓・柳馨遠研究」(32)が嚆矢で、その後に数多くの研究がなされた。(33)

ただ、その研究は思想史的側面からのものが多く、科学史的側面に注目したものは現在でもあまり多くない。

そんななかで一九六〇年代の李容泰による「茶山・丁若鏞の自然科学思想[34]」をはじめとする一連の論文は、実学派の自然科学的業績に初めて焦点を合わせたものとして高く評価される。現在、この方面の研究をもっとも精力的に行っているのは朴星来で「洪大容の科学思想[35]」などの論文は科学史的視点による研究として重要かつ興味あるものである。本項では、まず朝鮮実学形成の歴史的背景について述べた後、その展開過程を簡単に整理しよう。

壬辰倭乱（一五九二—九七）とその後の清国の侵攻などにより、国土は荒廃し人々の生活も貧困化するが、にもかかわらず両班貴族たちは権力闘争に明け暮れていた。そのような状況下で朱子学の空理空談を廃し、国を富強にし人々の生活向上に役立つ学問を追究する学者たちが登場する。それが実学へと結実するのである。

一五世紀末頃から始まった「勲旧派」と呼ばれた建国当時や王位交代時の功臣およびその子孫たちと、「士林派」と呼ばれた地方の中小地主階級・士豪などを基盤とする新進官僚との政権争奪をめぐる権力闘争は一六世紀中頃、一応、士林派の勝利に終わる。しかし、政権についた士林派どうしの争いが始まり、最初は東人（改革派）、西人（保守派）に分かれたが、その後も分裂を重ねながら党争を繰り返すことになる。これらの権力闘争は知識人たちに様々な影響を及ぼしたと考えられる。まず、官僚体制が弱体化するとともに、封建官僚としての学者の地位が不安定となり、積極的な科学技術行政が難しくなる。人材の登用において、本人たちが慎重になると同時に、権力闘争に批判的な知識人たちは在野にあって学問を追究する意思を持つようになるだろう。また、時代が下がるにつれて、両班階級のなかに永久没落層が増加し、彼らは学問によってその存在を示そうと努力する。これは、朝鮮時代全体を通じての知識人の社会的地位と意識を特徴づける重要な要因といえる。また、官僚体制のなかにそのような知識人たちの役割が低下するにつれて、医学、算学、訳学など与えられた実務のみを担当する人たちの役割が高くなる。前節で言及した中人階級の形成にはこのような歴史的背景があったのである。

朝鮮実学形成の要因として、このような体制に批判的あるいは永久没落的両班知識人の登場と、彼らのスコラ化した朱子学の批判および現実問題への志向、そして前節の西洋近代科学技術の伝来が挙げられる。

朝鮮実学は、内容的には次章で詳しく述べるように「学としての実学」と「機能としての実学」に分けられると著者は考えているが、前者には自然哲学、認識論倫理思想、文学、民俗学、歴史学、経世思想、教育思想、軍事思想などが、後者には東医学、地理学、農業技術などが含まれる。

次に、その展開過程であるが、おおよそ形成期（一七世紀）、成熟期（一八世紀）、衰退期（一九世紀）、そして開化思想への移行期（開国前後）の四段階に分けることができる。まず、形成期には先駆者といわれる金堉(キムユク)、李睟光らが西洋知識の積極的な導入を図り、創始者といわれる柳馨遠(リュヒャンウォン)、洪万選(ホンマンソン)、韓百謙(ハンペクキョム)らが土地問題、農業問題、歴史地理問題を取り上げた。

成熟期になると柳馨遠の実学を受け継いだ李瀷(リイク)をはじめとする安鼎福(アンジョンボク)、申景濬(シンギョンジュン)、李重煥(リジュンファン)、柳僖(リュフィ)、鄭尚驥(チョンサンギ)らが経世致用派を、朴趾源(パクチウォン)、洪大容、朴斉家(パクチェガ)、李徳懋(リドンム)、柳徳恭(リュドクコン)らが利用厚生派を形成した。前者はおもに農業問題を、後者は都市の商工業問題を積極的に取り上げた。利用厚生派は北学派とも呼ばれたが、それは彼らが、両班貴族たちが野蛮視する清国であっても、優れた科学技術は積極的に受け入れるべきであると主張したからである。そして、丁若鏞(チョンヤギョン)が経世致用派・利用厚生派の両方を総合した実学を完成させる。

その後、前述のように「西学」に対する弾圧によって実学も衰退するが、それでも金正喜(キムジョンフィ)、金正浩(キムジョンホ)、崔漢綺(チェハンギ)、徐有榘(ソユグ)、李圭景(リギョギョン)らによって実学の伝統は受け継がれていった。なかでも、崔漢綺は中国で出版されていた漢訳西洋書籍のほとんどを入手し、その内容を積極的に紹介して、近代への橋渡しを行った人物として評価されている。そして、開国前後に朴趾源の孫である朴珪寿(パクキュス)が開国論を展開、中人出身の呉慶錫(オギョンソク)、劉鴻基(リュホンギ)らが日本の情報を金玉均をはじめとする若い封建官吏たちに伝達して、その影響によって彼らは開化派を形成するのである。

朝鮮実学は「実事求是」の学風を確立し諸般の社会改革案と科学技術施策を提案し、朝鮮近世科学史発展において一定の役割を果たした。彼らが残した著作はこの時期の科学史における貴重な業績である。また、思想的にも一部の学者において中華事大思想を克服していることと、気一元論に基づいた自然哲学を展開したことなどが肯定的特長として挙げられる。

しかし、朝鮮実学は全体的に実現性に乏しく一つの先進的思想潮流に終わった。「実学派」という呼称はそれを端的に表している。これは、前述のように近世日本の学術が実学を中心として展開したこととは極めて対照的である。また、実学＝実学思想といわれるように、学としての側面が強く、機能（実体）としての実学に乏しかった。これは、この方面の研究があまり深く行われていないことにも原因がある。とくに、これまであまり強調されてこなかったが、実学の一部としての中人階級による科学技術に関する研究が重要となるだろう。

(3) 気の哲学と宇宙論

西洋で近代科学が発展していたその時代、日本や朝鮮の実学者たちはどのような思惟方法によって自然に関する理解を深めていったのだろうか？　それは気の哲学であり、その結実が洪大容と志筑忠雄の宇宙論である。

前項で朝鮮実学の形成要因としてスコラ化した朱子学の批判と現実問題への志向を挙げたが、個々の学者たちにとってとるべき道は二つあった。それは、朱子学のスコラ化の最も大きな要因である「理気論争」に決着をつけて前に進むか、あるいは初めからそのような問題に立ち入らず焦眉の現実問題に目を向けるかである。前者の代表的な人物が洪大容である

洪大容は、「気」とは自然の根源的存在であり、「理」とはそれに付随する運動の理致であると考え、宇宙の生成と様々な自然現象の説明を試みた。朝鮮前期までの伝統的宇宙論は蓋天説あるいは渾天説であり、その本質は地球を面とする天動説である。そこから脱皮するためには、まず、地球説を確立し、同時に引力の存在を認めな

ければならない。洪大容は、無限の宇宙空間に「気」が充満し、それが凝集して地球をはじめとする星が創られ、それらが回転しながら空間に浮かんでいるとする。その回転によって球形の地球上でも万物が定着できる「上下の勢」（引力）が生じるとともに、琥珀が藁を、磁石が鉄を引き付けるように、もともと同じ部類のものは引き付けあう性質を持っていると主張する。

しかし、宇宙空間にはもともと上下前後左右はなく、一様無限である。ゆえに、地球は宇宙の中心とはなりえず一つ一つの星もすべて同等な世界であり、銀河はそれら星が集まり大きな環をなしたもので、宇宙にはそのような銀河が無数に存在すると主張する。さらに、洪大容は天動説も地転説も運動の相対性から観測においては同等であるが、すべての天体を動かす天動説よりも地球一つの自転を考えることの合理性を強調している。以前まで、洪大容の地転説に関してコペルニクス説と関連しての独創性が議論の的となっていたが、彼の本領は宇宙論にあり、地転説はその重要な構成要素で、その論理展開は独創的なものである。

次に志筑忠雄であるが、源了円は日本実学における主気派の系譜に言及したが、具体的には朱子学の基盤に立ちながらも、西洋自然科学を受容した人物である山片蟠桃（やまがたばんとう）、佐久間象山らを挙げている。彼らに先立ち、また彼らに学問的影響を与えた人物が蘭学者志筑忠雄である。すでに言及したように杉本勲は蘭学を実学の重要な構成内容であると強調したが、蘭学の代表的研究者である吉田忠も、実学の主要特徴を実証性と実用性とするならば一部の蘭学者は蘭学を実学と認識していたと指摘している(36)。

前節で長崎通詞であった志筑忠雄が著した『暦象新書』は、日本に初めてニュートン力学を紹介したものであることはすでに述べた。この書は、イギリス人ジョン・キールが書いた『天文学・物理学入門』の蘭語訳本を訳したものであるが、単なる訳ではなく随所に自身の見解を書き述べている。とくに、最後に附された『混沌分判図説』は気の理論をベースにニュートン力学の概念を用いて展開した太陽系形成論である。

彼は、太初には気が充満しており、何らかの契機によって全体に動きが生じるとする。そして、運動し始めた気には濃淡があり、密度の濃い場所での運動には勢いがあり、その他の場所での運動を吸収し、それが全体の原動力となって回転が生じる。気は回転しながら縮むが、それに従い回転速度も増加し、同時に遠心力が増大して求心力と平衡した位置で第一天が定まり、同様にして内へと順次、各天が定まる。そして、各天での気が凝集してそれぞれ太陽系の天体となるのである。気の凝集は引力がその要因であるが、志筑忠雄はニュートン力学における重力や電磁気力は、気による相互作用として理解していた。このように、志筑忠雄は根本素材としての気の存在を前提として、ニュートン力学の諸概念を援用しながら太陽系形成論を展開したのである。

洪大容も志筑忠雄も気の哲学によって独自の宇宙論を構築したが、思弁的要素が強く科学理論にまで至っていえない。というのも、その「気」が確かに万物を形成する原子論的概念であるが、実体が明確ではないからで強いていえば「場」のようなものであり、それをモデル化して法則を数量化することは容易ではなく、思弁的にならざるをえない。

ここで、ニーダム問題と関連して力学形成に必要な数学はどのようなものであったかを確認しておこう。物体の運動は時間経過による状態の変化であり、その考察には関数概念の確立とその数学的表現が必要である。座標系を導入した解析幾何学によって関数をグラフに表示することができ、逆に実験などで得てグラフから関数を決めることができる。さらに、その関数を微分あるいは積分することによって別の力学量を求めることができる。関数概念、解析幾何学、微分積分学、これらが力学形成に必要な数学といえるが、東洋では微分積分学に近い数学の発展はあったが、関数概念と解析幾何学が欠けていた。

ある量と量との関係を表す関数概念が確立されなければ、その背後にある法則を追究しようという問題意識は出てこない。あるいは、逆にそのような問題意識がないから自然界の量と量とを関係づけようとする発想が出てこないのかもしれない。そもそも自然現象に法則が存在し、それを数量化しうるというのは、客観的かつ機械論的自然観の反映であり、人間を自然に一体化させる思考を常とする東洋的自然観とは根本的に異なっている。これは、ニーダム問題の答えとして、すでに第二節で言及したとおりである。

これまでニーダム問題の答えとして、自然観の差異、学問の大衆化、技術発展の社会的要請の有無を指摘したが、それとともにここに法則の数量化と数学的内容の問題点が加わった。学問の大衆化、技術発展の社会的要請の有無は、社会全体に関するものであるが、自然観と数学に関しては個々人の裁量が大きな要素となる。自然の諸現象を根本素材の変化・発展として捉える科学的立場、すなわち客観的自然観の確立は物質的性格を強めた気の哲学によってある程度可能であったが、逆にそれに固執する限り自然法則の数量化はむしろ困難となった。東アジアにおいてもっともニュートン力学に精通していた志筑忠雄でさえも気の哲学を払拭することができなかったというのは、それほどに歴史に深く根付いたパラダイムであったということなのだろう。

五　おわりに

本章では比較科学史研究の方法論について簡単に言及した後、朝鮮と日本の近世科学史の比較検討を行った。まず、科学史の時代史区分として「近世」を設定することの意味を述べ、それをどのように捉えるべきかについて問題提起を行った。時代史区分としての「近世」の問題は、南北朝鮮と日本との共通の歴史認識を持つうえでも重要な意味をもっているが、乗り越えるべき問題も多い。その意味で科学史的にそれを追究することの意義は大きいといえる。

次に、近世科学技術史の特徴として西洋科学技術の伝来と受容、学問の大衆化と制度しての科学、近代的工業の発生・発展の三項目を挙げ朝鮮と日本を比較した。そこでは、随時ニーダム問題について考察したが、日本は朝鮮と比べて解決の諸条件を備えており近代化への土台を構築したが、朝鮮の場合はそうではなかったことが明らかになった。なお、近世科学技術史の特徴がその三項目に尽きるのかということについては、議論の余地が残されている。

次に、近世学術の最も重要な展開と思われる実学を取り上げ日本と朝鮮を比較し、日本の場合は実学が近世学術の主要部分を構成したが、対照的に朝鮮の場合は一つの思想潮流として終わったことを指摘した。日本実学は蘭学・洋学をも取り込み近代化を促進させる原動力となり開国以降の近代科学との連続性を持っているが、朝鮮実学は開化思想に影響を与えたのみで時代を拓く力にはなりえなかった。

また、実学の展開と関連して洪大容と志筑忠雄の宇宙論について言及したが、逆にそれは彼らの宇宙論の学問的背景を実学に求めるという意図によるものでもあった。ただし、ここでは彼らの宇宙論について簡単にしか触れていない。その詳細な分析とともに、同時代のカントの宇宙論との比較によって、その科学史的意味を明らかにすることが本書における基本課題である。

（1）伊東俊太郎「総説」（『比較科学史の地平』、培風館、一九八九）、一–九頁。
（2）任正爀「朝日比較科学史研究の現状と課題」（『朝鮮科学文化史へのアプローチ』、明石書店、一九九五）、七一–八二頁。
（3）朝尾直弘編『日本の近世(1)』（中央公論社、一九九一）、七–五二頁。
（4）ニーダムの研究業績と人物像については、中山茂・松本滋・牛山代編『ジョセフ・ニーダムの世界』（日本地域研究所、一九八八）が詳しい。
（5）湯浅光朝『コンサイス科学年表』（三省堂、一九八八）、二–四頁。
（6）任正爀「朝鮮科学技術史の時代史区分」（『朝鮮史の諸相』、雄山閣出版、一九九九）、一五八–一八一頁。
（7）任正爀「朝鮮科学技術史の特徴と基本性格」（『朝鮮科学技術史研究』、皓星社、二〇〇一）、九–四四頁。

(8) 中山茂・石山洋『科学史研究入門』(東京大学出版会、一九八七)、一〇六頁。
(9) 佐藤昌介「蘭学の勃興とその特質」(『科学史』、山川出版社、一九六七)、二四六-二六〇頁。
(10) 佐藤昌介「蘭学の普及と発達」(同右)、二六一-二八八頁。
(11) 中山茂・松本滋・牛山代編『ジョセフ・ニーダムの世界』(日本地域研究所、一九八八)、一九四-一九五頁。
(12) バナール(鎮目恭夫訳)『歴史における科学』(みすず書房、一九六七)、一二-一二九頁。
(13) 任正爀、前掲書(7)。
(14) 金容雲・金容局『韓国数学史』(槙書店、一九七八)、二五二頁。
(15) 全錫淡・許宗浩・洪憙裕「朝鮮後期金属加工業の形態について」、前掲書(7)、二八九-三一六頁。
(16) ゲッセン(秋間実・他訳)『ニュートン力学の形成について』(法政大学出版局、一九八六)。
(17) 大橋周治「製鉄」(『幕末の洋学』、ミネルヴァ書房、一九八四)、一二七-一四八頁。
(18) 任正爀「朝鮮開化派の近代化と福沢諭吉」(『朝鮮近代科学技術史研究』、皓星社、二〇一〇)、七五-九四頁。
(19) 実学資料研究会編「刊行にあたって」(『実学史研究Ⅰ』、思文閣出版、一九七九)。
(20) 源了円・末中哲夫共編『日中実学史研究』(思文閣出版、一九九一)。
(21) 杉本勲『体系日本史叢書(19)科学史』(山川出版社、一九六七)。
(22) 杉本勲『近世日本の学術——実学の展開を中心に——』(法制大学出版局、一九八二)。
(23) 杉本勲「実学史研究の一視角」、前掲書(20)、二二五-四七頁。
(24) 源了円『近世初期実学思想の研究』(創文社、一九八〇)。
(25) 源了円『実学思想の系譜』(講談社、一九八六)。
(26) 源了円、前掲書(24)、九一-一〇五頁。
(27) 同右、一〇二頁。
(28) 丸山真男「福沢諭吉における〈実学〉の転回について」(『東洋文化研究』、一九四七、のち『丸山真男集・第三巻』に再録、岩波書店、一九九五)。
(29) 源了円、前掲書(24)、五四四-五五五頁。

(30) 同右、九九－一〇〇頁。
(31) 崔益翰『実学派と丁茶山』(国立出版社、一九五五)。
(32) 千寛宇「磻渓劉馨遠研究」(『歴史学報』二・三号、一九五二－五三)。結論部分の邦訳が田中明編『韓国史再発見』(学生社、一九七五)に収録されている。
(33) 檀国大学校敷設東洋学研究所編『朝鮮後期文化・実学部門』(一九八八)の末尾に植民地期から一九八〇年までの実学に関する文献が網羅されている。
(34) 李容泰「茶山・丁若鏞の自然科学思想」(『茶山誕生二〇〇周年記念論文集』、科学院出版社、一九六二)、一一七－一五九頁。李容泰は朝鮮科学史研究の先駆者の一人であるが、彼の研究業績については『現代朝鮮の科学者たち』(彩流社、一九九七)、四八－五一頁に詳しく記述されている。
(35) 朴星来「洪大容の科学思想」(『韓国学報』二三号、一九八一)、一五九－一八〇頁。
(36) 吉田忠「蘭学と実学」、前掲書(19)、九三－一一〇頁。

第二章　学としての朝鮮実学の形成について

一　はじめに

実学という言葉は、研究者によって様々に用いられているが、それが朝鮮や日本、中国で展開された諸学（もちろんその内容が問題になるが）という点では一致している。それぞれの国においての研究も深まり、現在では朝鮮実学、日本実学という呼称も定着しつつある。それは、その展開がより詳しく把握されるようになったというだけでなく、その結果それぞれの国の固有の実学概念が定立されつつあるという点がより重要である。

著者は「実学」を次のように捉えている。「科学」において、その真実性と有効性ということがいわれるが、それを生産技術的活動さらには社会経済的活動にまで範囲を拡げて、真実性と有効性を追求したものが「実学」ではないだろうか。別な言葉でいえば、前者は「学としての実学」であり、後者は「機能としての実学」である。そのような観点に立てば、「実学とは、生活機能を高める社会経済の動態を誘発継起させる作用をなす諸学の総称である(1)」とする規定は、その有効性＝機能としての実学を強調したものといえる。もちろん、機能としての実学の完成度は、学としての実学を前提とするだろうから、ことさらに後者を述べるまでもないのではという見解も出てくるだろう。しかし、その機能を志向しながら実践されず、学としての実学のみで終わることもありうる。まさに、朝鮮実学は基本的にそのような性格のものであった。朝鮮において実学は実学思想なのである。ゆえに、朝鮮実学研究は、その多様な思想内容と思想史における意義を明らかにすることが重要な課題として提起され、その方法は多くの場合、その著書を通じて実学者と呼ばれる人たちの思想的追究が主要となる。また、その思想的追究は、本来、その機能を意識すべき実学から少し距離を置いた哲学思想や倫理思想へも広がり、結果的にそのことが学としての朝鮮実学の性格を強めることになる。これは、朝鮮実学研究の一つの特徴といえる。ここでは、これまでの朝鮮実学研究の検討によって、右に述べた学としての朝鮮実学の形成と、その内容を考えてみたい。それは、逆に朝鮮実学の概念を定立することにもなるだろう。

朝鮮実学の研究は南北朝鮮で精力的に行われ[2]、日本でも関心が高いが、ここでは主に日本における研究を検討する。日本における研究は南北朝鮮の研究を適宜に摂取して成されたものであり、実学概念の様々な展開を要点的に知るうえで効果的である。

二　朝鮮実学研究の意義

朝鮮実学研究の概観を行う前に、その研究の目的、意義について述べておこう。それをどこに置くのかには、すでに実学をどのように捉えるのかということを反映するものであり、その研究の性格を明確にするうえで有効である。ここでは、初期の研究において示された、研究の目的、意義について簡単に整理しておく。

(1)実践的学問としての意義

朝鮮実学の研究は、朝鮮の植民地時代である一九三〇年代の文一平、鄭寅普、白南雲、安在鴻らから始まった[3]。彼らは、当時の日本帝国主義者の民族抹殺政策に抵抗し、民族の自我確立のために朝鮮歴史研究を精力的に行いながら、とくに朝鮮封建社会の腐敗性を暴露し、民族の自主精神を重んじ、数々の進歩的改革案を唱えた一連の学者たちを高く評価する。彼らにとって実学研究は、朝鮮のおかれた現実＝民族抹殺政策への反抗の具体的行動であり、その精神的武器を提供しようとする実践的目的があった。ゆえに、彼らの学問自体が一つの実学と評する人もいる。現実変革の思想的武器としての実学を強調する立場は、朝鮮実学の初めての総合的研究といわれる崔益翰の『実学派と丁茶山』[4]も同様であり、現在でもそこに意義をおく研究も多い。近年では、李佑成が「実学研究序説」[5]において、次のように強調している。

……まず、実学を開拓しこれに参加していった人々、すなわち実学派学者たちの社会的立場、さらにはその人間自身の姿勢までも明らかにしなければならないだろう。与えられた現実に対する把握の態度、ないしその時代との対決において、実学派の学者たちがどのような姿勢をとったのかを追究していくことによって、実学の性格および方向に関する深い理解への可能性が導き出されるであろうと信じるからである。現実を正しく把握し、時代にすみやかに対処しようとした実学派の学者たちの苦悩にみちた学問的探索をわれわれが追究するということは、まさに今日、われわれみずからの切迫した状況から提起される問題意識である。

(2) 朝鮮近代化における意義

朝鮮解放後、初めての本格的な研究は千寛宇の「磻渓・柳馨遠研究」[6]である。解放後の朝鮮歴史研究の重要課題は、日本の学者たちの植民地史観によって歪曲された朝鮮歴史を正しく定立することであった。とくに、朝鮮の近代化の要因を朝鮮朝末期の西洋資本主義の流入によるとする見解は、日本の植民地支配を肯定するものであり、当然それに対する反証として朝鮮近代化の内在的契機を明らかにしなければならない。まさに、千寛宇の研究はここから始まる。千寛宇の論文は、朝鮮実学の本格的研究の先駆をなすもので、そこで議論された実学の特徴、定義、近代化における役割については、後の研究の問題提起にもなっているので、ここで引用しておこう。

まず、実学の基本特徴について次のように指摘している。

以上、様々な原因から生じた様々な思想傾向を、一括して新思潮と総称してきた理由は、そうした諸傾向が、実際にいくつかの共通な基盤をもっていたからである。その一つは奔放な知識欲を駆使して、批判し、独創し、権威を否定する「自由性」であり、もう一つは経験的・実証的・帰納的な態度すなわち「科学性」であり、他の一つは実際と遊離したあらゆる空疎な観念の遊戯を軽蔑し、現実生活からにじみ出る不満と情熱を土台とする「現実性」である。

千寛宇は、実学の実は自由性を意味する「実正」の実であり、科学性を意味する「実証」の実であり、現実性を意味する「実用」の実であるとし(7)、従来言われてきた実学という概念は、その実正・実証・実用のどれか一つをもったものであれば、その範囲に入れられ、あいまいさを持つと指摘したうえで、実学を次のように定義している。

いますこし正確にいえば考証学を学問の方法とし、社会政策・自然科学・国学・訓詁学・農学を対象とした——その手段の一つとしての北学と、その結果の一つとしての百科辞典派を従えた——学問の一派を、実学と定義してもさして間違いではないと思う。

そして、近代化における実学の果たした役割については次のように述べている。

したがって、それは封建社会の諸現象に対する懐疑と反抗ではあったが、やはり儒教を根底とする集権封建社会の規範のなかで分泌された産物であり、また、実際に保守的行動でそれに忍従したのであった。ただこのような停滞した封建社会を克服し、「近代」をもたらす巨大な別個な歴史的世界との接触を準備する一つの試練をなめていたという意味で、実学は近代精神の内在的な胚盤の役割をなしていたのである。

朝鮮実学に近代への思想的指向を探り、朝鮮思想史において朱子学に対する内在的批判を通じての実学の形成、そして開化思想への発展を論証するというのは、現在でも研究の主要目的となっている。

(3) 朝鮮文化史における意義

朝鮮文化史のなかで、実学の展開を捉えたものが『朝鮮文化史』[8]である。この著書の目的は、前項と同様、歪曲された朝鮮歴史の正しい定立という立場から、とくに民族文化の輝かしい伝統を明らかにするものであり、実学もその観点から高く評価されている。そこでは、実学の展開を科学技術、哲学思想、経済思想、教育思想、文学など総合的に分析し、その歴史的意義を明らかにしている。

(4) 哲学史における意義

実学の哲学思想に注目し、それを哲学史的に位置づけようとする研究が『朝鮮哲学史』[9]である。そこでは、哲学史一般を唯物論と観念論との闘いと捉え、それを朝鮮哲学史において例証しようとする。実学はそのなかでも、とくに優れた唯物論的思想として高く評価されている。実学の哲学的内容については、『朝鮮哲学史』での視点とは異なる研究もあるが、いずれにしろ実学の基底にある哲学的内容の分析を目的とする研究は盛んである。その他にも、様々な目的を持った研究があり、さらにその研究が深まり、新しい意義づけが行われるだろう。私見としては、その科学技術的内容の分析を目的とした研究が少ないように思われること、また、これからは日本、中国の実学との比較研究、さらには世界史的な見地による研究が重要となると思われる。

三　日本における朝鮮実学研究の検討

日本における朝鮮実学研究はそれほど多くはなく、朝鮮実学の形成、概念、評価についての研究としては渡部学、姜在彦、金哲央、小川晴久らによるものを挙げることができる。ここでは、対象をそれらに限定して、その内容を検討する。

(1)朝鮮実学の形成過程と概念規定

渡部は一九六六年に出版された『朝鮮史入門』の「近代朝鮮への思想変革[10]」で、実学の概念、展開などについて、千寛宇[11]、韓㳓劤[12]、李佑成[13]の論文や『朝鮮文化史』の内容を踏まえながら、自身の見解を明らかにしている。渡部は、まず実学研究の意義は前節(2)に尽きるとして、以前の研究では「実学が正学である朱子学から排斥されたという消極的側面だけをここで指摘して、その実学がどうして成立したか、またその後どのように展開したかという、事実的側面への積極的側面が欠けていた」と指摘し、その研究のかなめは、朝鮮民族自身の民族的自覚と自己省察であるとする。そのような観点によって、そこで彼が行った研究者間の実学概念把握の違いと、その展開についての分析は非常に興味深いものがある。

渡部は、前述の千寛宇の実学概念を紹介した後で、それと対置する韓㳓劤の規定を紹介する。

実学の概念についての右のような規定は、ひろく包括的ではあるが、より具体的かつ積極的な歴史的性格の規定が漠然としており、そのため、たとえば李朝初期のいわゆる実学との違いがぼやけてくる。朱子学的実学でも、それなりに実用と実正を求め、また少なくとも文献的実正主義は皆無とは言えない。そこで、韓㳓劤は、李朝後期の新思潮を、とくに実学と呼ぶことに疑義をさしはさみ、中国の場合と比較しながら、別の規定と呼称を提起し、実学を過渡的学風としての経世致用の学であるとする。

さらに、それらに対する李佑成の、実学は「経世致用学」という規定におさまりきれるものでなく、考証学とは、またちがった別の「独自的本来」の実事求是学であること、また千寛宇のいう実学はかつての歴史的学問の名称であり、それと前節（1）の実学とは区別すべきであるという見解を紹介している。

渡部自身は、その概念について明確に述べていないが、『朝鮮文化史』による見解＝「当時の歴史的条件のもとで、先進両班知識分子が、反動的な性理学に対抗し、農民や平民の志向をも反映し、社会生活に役立つ学問を通じて真理を探求しようと『実事求是』のスローガンをかかげて台頭してきた先進的思想潮流」を評価している。ところで、「実事求是」は「事物についてその真実を尋ね求める」という意味であるが、渡部は、それらの見解の違いが、「実事求是」の理解の違い、すなわちその「事物」をどのようなものとしておさえるかによって、実学の性格解釈は分かれてくると指摘する。

それを、文献史的史実とだけ見れば「なにほどか実証的かつ科学的」な過渡性が強調されるが、「事物」を直接的な感官知覚的対象とみれば、たんなる応用科学の封建的摂取の域をのりこえて、実験的観察的帰納的論理の基礎理論をそなえた経験科学ということになる。韓沽劤は、この後者の「実学」的確立には疑問をいだき、前者についても考証学までの徹底確立を見なかったものと解しており、千寛宇は萌芽的にもせよこの両側面ともかなり明確に存していたものとみて、あわせて一括して「実学」としたものであり、李佑成はこれに現実性にたいする主体的自覚ということを基本徴表としてつけくわえようとしている。

渡部が指摘した実学の性格の解釈問題は、研究者間の問題にとどまるものではなく、結局、それを形成した実学者たちの基本的態度の問題に帰着されるものであり、実学形成の要因を分析するうえで重要である。「実事求是」は朝鮮実学の方法論としてある。その方法論とともに、どのような問題意識から認識対象をどこに設定するのかによって、多様な実学が展開される。それは、具体的に個々の実学者の場合を分析しなければならないが、その時に、与えられた歴史的条件と彼らの階級的性格が問題になることはいうまでもない。さらに、「実事求是」の方法論を具体的にどの程度に駆使するのか、たんなる経験レベルのものなのか、それらを要素に分解しそれらの連関を具体的に捉えているのか、その背後にあるものを追究するものなのか、また実践的行為がともなうものか、それによって、それは実験的、観察的、帰納的論理をもつ基礎理論をそなえた経験科学となるのだろう。

渡部は実学展開の契機として、気の思想と陽明学的傾斜を挙げている。

一六世紀に李退渓、李栗谷の二大碩学が出現し、ここに朝鮮の朱子学はその絶頂にたっした。しかし、この過程のなかで、すでにはやくから、正学たる朱子学からの思想的傾斜が生じていた。金時習、徐敬徳は、すでに朱子の理気説に疑いをいだき、「気」を主とする見解をたてた。この二人の主気思想は、実学の基盤となったもので、東医学を媒介として日本の安藤昌益に影響をおよぼした。また、朝鮮では、一六世紀中期には王陽明の書がひそかに伝えられ、明宗朝（一五四六―一六七）には、儒士のあいだで陽明の書をひもとくことが広く行われた。……そもそも朱子は、「性」を純粋の「理」と考えたから、そこでは性はまったく形而上学的な経験を超越する存在となり、具体的な人間心性を捉えることはできない。「心学」としての陽明学は、心即理説をとり、人間個々人の経験的な心的活動を重んじる。したがって、そこからは、当然に知識形成の要因としての感覚知覚を認めるかたむきが生まれ、感覚を認めることになれば、それを担う個的人間の肉体活動や、さらにその刺激対象としての事物が、浮かび上がってくるわけである。陽明学的傾斜と、主気論、さらには実学との思想的連繫は実にこの点にある。

実学展開において主気論を強調するのは『朝鮮哲学史』や『朝鮮文化史』でも同様であり、主気思想を実学の基盤する主張は、実事求是の事物を主気的存在として捉えていることと、それが朱子学の主理論の克服であるということに根拠がある。しかし、それが実学の多様な思想展開にどのように反映するのかについては、具体的な論証が必要である。また、形而上の問題から形而下への問題への質的転換について、陽明学的傾斜を指摘しているが、朝鮮朝時代には朱子学が正学で陽明学は邪学視され、それがどの程度普及し、影響を持ったかについては慎重とならざるをえない。また、その問題転換は必ず陽明学でなければならないのか、他の要因はないのかについては検討を要するだろう。

さて、新段階への思想的指向としての実学に、朝鮮近代化の内在的契機を求めるというのが、渡部の基本問題意識であるが、それについては次のように結論している。

これらを通じて見るとき、そこに、超経験的な理からいっさいを思弁的演繹的に解していこうとするドグマチックな理至上主義、ならびにそれを基礎とする内省観照的な存心修身論から、気的経験的対象をたてて、それに取り組み処理していく人間の肯定、したがって、その人間の具体的な存在にかかわる人間の集団としの朝鮮の歴史・地理・言語・社会経済の問題への指向、そういう知的活動の大きな質的転換を見てとることができる。実学が朝鮮の近・現代における開化思想、愛国啓蒙運動、国権回復運動、民族自決独立運動、革命運動への思想的「赤い糸」となったその内在的必然性を、われわれはここから理解することができるであろう。

渡部の論文は、すでに述べたように、より詳細な検討を必要とするが、朝鮮実学の全体像をつかむうえで優れたものといえる。

日本における研究で、最も総合的といえるのは、姜在彦の『朝鮮の開化思想』[14]である。そこでは、朝鮮儒学史のなかの実学思想、「実学」から「開化」への思想的系譜、朝鮮伝来の西洋書目という三つの章を設け、古典の検討とそれまでの様々な研究を摂取して、朝鮮儒教史の分析から出発して、実学の形成と開化思想への発展の歴史的必然性を明らかにしようとしている。

……本書は朝鮮における近代変革思想としての開化思想とその運動を主題とする研究ではあるが、ここではさらに視野を広げて朝鮮儒教思想の大きな流れのなかから、伝統儒教＝朱子学の「形而上」への偏重と教条性に対して、一八世紀を中心とした「実事求是」による内在批判としての実学思想の形成と展開、一八七〇年代における「実学」から「開化」への思想的転換、その後における開化思想および運動そのものの形成・展開・挫折の全過程について考察したものである。……本書のモチーフは、朝鮮における自生的近代化の不在が他律的近代化＝植民地化を必然としたとする他律性史観に対して、思想的側面から反証したことに尽きるといえよう。

姜在彦の問題意識も渡部と同じで、前節（2）に尽きるが、その実学の形成、概念の理解では、両者において大きな違いがある。ここでは、そのことに焦点を合わせて、姜在彦の研究を検討したい。

まず、姜は朝鮮時代の儒教を朱子学伝来以前の朝鮮儒教、朱子学の伝来と朝鮮朝建国、性理学全盛期の朝鮮儒教、礼訴をめぐる論争と党争の内容で概観し、その特徴を次のように指摘している。

①朝鮮の儒学は朱子学の伝来当初から、孔孟程朱の道統を「正学」（正統）として受け継ぎ、その他すべての思想流派を「邪学」（異端）として、きびしく対決的であった。そのことによって宋学＝朱子学そのものの純化および深化において見るべきものがあったとしても、思想と学問の自由が著しく制約され、一元的に単純化された硬直性を免れえなかった。

②朝鮮儒学が麗末鮮初における「実学」的側面がしだいに捨象されて、その主要な関心が「形而上」的な性理学と形式的な礼論に偏重していった。いうならば現実ばなれした空理空論におちいって虚学化し、そのために知的エネルギーを消耗するに至った。

③学派と党派が癒着することによって学派間の論争が党派の角遂となり、執権派によって他学派＝党派にたいする政治的および思想的迫害が繰り返された。

④一七世紀前半期の二回にわたる「胡乱」（一六二七、三六）の後、清に対する「小中華」的北伐論が、朝鮮

儒学界の潮流として貫徹された。

右のように、朝鮮儒教の特徴を指摘した後で、姜は実学の形成について、次のように述べている。

実学派が新しい学風を構築するためには、朝鮮儒教がもつ以上のようなもろもろの枠組みから自らを解き放つこと、権力をめぐる党争からの思想および学問の相対的自立性を獲得することなしには不可能なことであった。……われわれは先に、朝鮮儒教のあり方に対する儒者内部からの内在批判について垣間みてきた。まさに実学派の新しい学風はこのような内在的批判を踏まえて形成された。……一八世紀を中心とする一七世紀後半期から一九世紀前半期にわたる実学思想は、すでに虚学化して現実ばなれした朝鮮儒学の欠陥を内在的に克服し、それに代わって当該時期の歴史的現実を省察し、その諸矛盾からの脱出口を切り拓くための変通思想として登場したのである。……実学思想は、伝統朱子学に対立した思想としてあるのではなく、むしろその「分流」または一種の「改新儒教」としてある。

姜が、朝鮮儒学の特徴として指摘したものこそ、ここでいう内在批判の対象となることはいうまでもない。しかし、その指摘は、それが朝鮮儒教＝朱子学そのものではなく、そのあり方についての指摘であることに注意したい。ゆえに、その克服は、朱子学それ自体への肉薄によるものではなく、その枠内の中の変通としてなされることになる。さらに、姜が、儒者内部からの内在批判を垣間みたとするのは、その特徴を指摘しながら、それについての幾人かの、例えば李瀷、丁若鏞といった人たちが、どのような意見を述べたかという内容であった。批判対象の認識は当然の前提ではあるが、それだけでは内在的批判の内容が表面的といわざるをえない。本質的なことは、それに対する問題解決への模索であり、具体的行動である。結果的には、それが実学と結実するのだが、そこに至る過程の分析が充分とはいえない。朝鮮儒教のもろもろの枠組みから自らを解き放つこと、権力をめぐる党争からの思想および学問の相対的自立性の獲得、それが如何になされたのか？　そして、それを実学者と呼ばれる人たちがなしえた要因はどこにあるのか？　この問題の追究が、実学の形成と概念の理解において重要である。とくに、姜が実学を朝鮮朱子学の分流とするのは、その哲学的レベルにおいて、両者には対立する思想的特質はないという考えに基づく。(15)それは、その問題の追究のなかでもそのままなのか？　ここから、先の渡部の場合と大きな違いが出てくる。

……彼ら実学派も、少なくとも一六世紀以来、朝鮮儒教界を二大学派に分けるに至った「四七理気」論争に対する見解からみる限り、退渓・李滉や栗谷・李珥の流派からはみでるものではなかった。さらには実学派の経世思想が、洪大容を例外として、唯物論的な「気」の哲学を共通の基礎として構築されたわけではない。……要するに実学思想とは、学派と党派、華と夷を超えたところで実事求是した思想であり、従来の儒学が現実問題から目をそらして内省化し、虚学化した弊風を内在的に克服した時務策の学的体系としての変通的経世思想としてある。その「時務」とは具体的には「経世致用」であり、「利用厚生」であって、場合によっては「修己」相応に「治人」＝経世の側面を強調した星湖学派を経世致用学派、「書経」にいう「正徳・利用・厚生」の三事のなかで、「正徳」相応に、というよりは「利用厚生」を優先させて強調した北学派を利用厚生派と呼ぶ所以である。つまり彼らは、時務策の学的体系を構築するために、朝鮮の歴史、地理、文化諸般、さらには外国（清国および西洋）の事情および科学技術の研究から「実事求是」するという方法をとった。

姜の規定の基本は、「経世致用」、「利用厚生」の機能としての実学である。実学が朱子学の空理空談を廃して、学問の有効性を取り戻すために、現実問題を重視したという見解は、おそらくすべての研究者において一致する。その時に、渡部はそれが思想的変革の必然的結果であるとし、姜在彦は学問の対象と問題意識の変更と考えた。つまり、朝鮮実学形成の異なった二つのプロセスを提示している。ここでは、前者を思想変革プロセス、後者を問題変更プロセスと呼ぶことにしよう。両者の本質的な違いは、後者はあくまでも朱子学の枠内での問題設定であり、前者は朱子学のスコラ化の原因を朱子学そのものに求めるところにある。そして、その違いの原因は、「気」の哲学の把握にある。渡部は、主気思想が実学の基盤であるとし、姜はそれを否定している。ここで注意したいのは、姜はそれが「実学派の経世思想」においてという制限つきの指摘であること、そして洪大容を例外としていることである。それと関連して、彼は、その注釈で『朝鮮哲学史』について次のように述べている。

> 実学思想の進歩的性格を高く評価する本書では、当然のことながら実学派がいずれも「気」の哲学者であったと一律的に評価し、その哲学思想における「気」の重視が、その社会思想的な進歩的性格を規定したかのように図式的に強調している。……実学派のなかでももっとも「気」を重視した学者は洪大容であって、……彼の天文学は「気」の立場から展開されている。また一九世紀前半期の崔漢綺は、その社会思想の進歩性と気一元論的立場を統一させた学者である。しかし、一般的にいって、それぞれの学者たちの思想的評価は、経世思想の側面からなされるべきで、その進歩性は必ずしもストレートに「気」の重視とつながらない。例えば気一元論であった徐敬徳や任聖周は、社会思想およびその実践において、むしろ現世逃避的な道学者であったはずである。

確かに、姜が指摘するように、気の哲学がそのまま進歩的社会思想に展開されるというのは、図式的であり、それは具体的論証を必要とする。ただ、徐敬徳（ソギョンドク）や任聖周（イムソンジュ）は実学者とはいえず、それをもって実学における気の哲学の重視を否定することはできない。実学者の多くが主気論というのが歴史的事実であれば、やはり実学と気の哲学の関連を考えることは意味がある。

渡部と姜との違いの原因は、「実事求是」の把握にもある。渡部はそれを思想変革において重要な役割を果たす認識論と考え、姜は時務策の学的体系を構築するための手段と考えている。

では、実際のプロセスはどうだったのだろうか？　そもそも、朱子学の空理空談の始まりは「理気論争」にある。「理」とは形而上の法則のようなもので、「気」とは形而下の根源的存在であり、その理と気の相互関係がその端緒であった。ところが、それが後に党争と結びつき、様々な弊害を生むに至ったのは、姜の指摘した通りである。このような状況のなかで、実学者のとるべき道は二通りであった。それは、その論争に決着をつけて前に進むか、あるいはそれには踏み込まず別の問題を追究するかである。そのなかで、朱子学の反省とともにそれを乗り越えるべく思想が発展し、それが現実問題への追究と進むであろうし、また現実問題に対処するなかで、朱子学への反省が必然のものとなっていくだろう。ゆえに、それが対立するものではなく、むしろ影響をおよぼしあうものであれば、その両方を認めることが妥当だと思われる。ただし、個々の実学者においては、そのどちらかの傾向が強く現れるだろう。例えば、理気論争に決着をつける人物として後述する洪大容、崔漢綺を挙げることができる。

ここで、はじめに述べた学としての実学について少し考えてみたい。もともと、著者は、機能を志向しながら、その実践性に乏しかった朝鮮実学は、学としての性格が基本であると述べた。ところが、ここにきて気づくのは、そのなかでも機能を前面に出すものと、そうでないものとに分けられるのではないかということである。問題変更プロセスからは、当然に前者の性格が強くなり、事実、姜の実学規定はそのようなものであった。では思想変革プロセスからは、より学としての性格が強いものが出てくるのだろうか？　その時には、その内容はどのようなものとなるのだろうか？　そのような問題意識を持ちながら、次に金哲央の『人物近代朝鮮思想史』(16) を検討してみたい。

(2)思想変革プロセスの再検討

金哲央の『人物近代朝鮮思想史』は人物の評伝を通じて朝鮮思想史をあとづけようとするもので、その問題意識は、基本的には前節(2)と同じで、哲学的側面では『朝鮮哲学史』と一致している。そこでは、まず序説として、「一八世紀から二〇世紀初期にいたる朝鮮思想史の流れ」と題して、①朝鮮における客観的観念論としての朱子学の成立とその枠内での主理論と主気論の論争、②主気論の具体化としての実学派の思想、③朝鮮における気一元論の最高の達成としての崔漢綺の思想、崔済愚(チェジェウ)の東学思想、④近代化をめざす開化派の思想と反侵略・自主独立の思想という四つの内容で歴史的概観を行っている。表題は、一八世紀からとなっているが、内容は一六世紀から二〇世紀初期までを要領よくまとめている。その取り扱う時代は、先の姜在彦の『朝鮮の開化思想』とほぼ一致しているが、金哲央は実学をはっきりと主気論の具体化としているので、検討内容は当然そのことに集中する。

金は、まず理一元論の成立について述べ、それに対抗する気一元論について次のように指摘する。

しかし、理の絶対性を主張する主理論、理一元論に対して、気の重要性、そして気に基づく人間の感性の重要性を主張する主気論、または気一元論は、気が不完全な物質概念であったとしても、これを一次的と認める理論は、物質の一次性(および人間の感覚の重要な役割)を認めようとする唯物論的な世界観と考えられ、朝鮮思想史における貴重な遺産となっている。なお、この「気」概念の性格であるが、古代から気が物活論的な性格を担っていたとしても、朱子においては気は少なくても、物質世界を構成する物質的気体であることは否定できず、主気論の主張は朱子学の枠内であったとしても、気の役割を重視する唯物論的な思想の観念論的な思想に対する闘いと、認めないわけにはいかない。

金は、朝鮮で初めて徹底した唯物論的な「気」の立場を貫き、体系的な気一元論を展開した徐敬徳についてふれた後、李滉と奇大升（キデスン）による理気論争、そして李珥の見解について述べ、次のようにまとめる。

> ……数百年にわたるこの論争によって、物質概念と気の概念についての認識を深め、概念全般に関する精密化と、概念の理解に対する鋭敏な批判的感覚が養われた反面、実践と遊離した抽象的な論争に多くのエネルギーを浪費して、生産とか科学技術の発達に無関心となったため、貴重な民族文化遺産を生かすことができず、不毛な空理空論に終わることが多かったのである。

そして、実学派の登場となるのだが、まずその時代背景について、次のように述べている。

> 一六世紀までに朝鮮で達成された唯物論的な思想（気一元論、さらに主気論も含めて）の成果を受けつぎ、新しい時代の要求に応じてそれを発展させたのは、やはり実学派といわれる人びとであったといわねばならない。一六世紀末の豊臣秀吉の侵略につづき、一七世紀の二七年、三六年と二度にわたる清の侵略を受けて、社会の生産力ははなはだしく破壊され、人民の生活は極度に零落した。現実のこの極度に達する苦痛を前にして、良心的な学者は、自らの学問に対し深刻な反省をせざるをえなかったし、これまでの抽象的な空理空談ではなく、国を富強にし、人民生活の向上に役立つ実行のある学問をめざし、批判と検討が加えられることになった。一方、一七世紀に入って商品貨幣関係が発展し、農民の階級分化の過程を促進させたし、土地兼併の促進、一部両班の没落と中人層の社会的進出、高利貸を兼ねた商業資本の成長は、社会の階級対立を激化させ、また支配階級内部での軋轢は絶頂に達していた。このような情況は、社会の矛盾を解決し、人民の生活を安定させることを緊急に提起していた。実に、「実学」は当時の朝鮮に課せられた時代的要求であった。

さて、これに続いて主気論がどのように実学へと展開されるのかが、重要なところなのだが、そこでは、実学者の多くが気一元論の立場にあったことを確認して(17)、次のように述べている。

実学派においても気一元論、あるいは主気論が大勢を占め、唯物論への傾向が貫かれていることを見たのであるが、彼らが抽象的な原理論にとどまることを避けて、エネルギーの大部分を合理的な社会をもたらすための社会の改革案の作成、生産力を高めるための自然科学・技術の研究、民族的自覚を高めるための国学の研究などに力を注ぎ、自らの原理を具体化していることに、かえって彼らの唯物論的な傾向がよく現れていると思われるのである。

その例として洪大容を取り上げ、彼が、従来の理気論にしばられ、学者が自然の合法則性の研究および実事に力を入れない現象を非難し、学問の内容も実際に役立つ実学とならねばならないと力説したこと、そして、気の立場から科学思想を展開し、朱子学の読経主義に反対し、知識と実践を統一することを主張したとする。しかし、これだけでは、主気論の実学への展開、つまり実学者が現実的問題に自らの原理を具体化しているというその内容が、充分とはいえない。それについては、金哲央は崔漢綺の思想の分析に、重きを置いている。彼は、崔漢綺の業績について次のように述べている。

崔漢綺は朝鮮における気一元論の伝統をつきつめ、①独特の気の哲学を大成し、②これに基づいて人間の教育・選抜・登用理論を展開したばかりではなく、③気の運化の法則を明らかにし、それに基づいて生産力を高めるための高度の科学技術思想を展開し、④さらに、気の理論に基づいて独自の経験主義的認識論を展開した。

気の哲学がどのように、実学へと具体化するのかについては、同論にある次の内容がわかりやすい。彼は、世界の根源的な実在は物質的な「気」であるといいながら、この気はそれ自体によって存在し、時間的・空間的に無限のものであり、この気によって自然界の生命体も無生命体も発生し運動するのだと主張する。彼は自分の書斎を気和堂といったように、気こそ彼の自然観・歴史観・政治的見解のすべての基礎であり、「大気運動」の準則（法則）にのっとってのみ、人びとの理想的な生活の建設とその発展も保証することができると説いている。……世界が気によってなりたち、具体的な気の発現として形体の気を設定し、人間も別格ではなく、社会も物質的な気によって構成されるゆえに、気の発展法則をよく認識し運用すれば、社会もりっぱに管理運営（統民運化）できるのだとする、きわめてラジカルで科学的な主張をするに至るのである。

さらに、理気論争についての崔漢綺の見解を次のように指摘している。

また、崔漢綺はこうした気一元論の立場にたって、観念論者が世界の始源と主張する精神的な実体としての「理」の立場に反対した。彼は徐敬徳をはじめとするわが国の唯物論者の見解を継承して、気と理の相互関係について、唯物論の立場にしっかりと立っている。彼はあくまで理は「気の条理」であると考え、したがって理は気より独立した実体となることはできず、それは気に内在する気の運動法則にすぎない。……このように彼は、気と理の関係を常に運動する物質とその運動法則との関係としてとらえ、わが国に長期にわたり継続されて来た理気論争に正しい解決を与えている。

さて、ここにきて思想変革プロセスの輪郭が、かなりはっきりしてきたように思われる。さきに、それは理気論争に決着をつけるものとしたが、まさに洪大容、崔漢綺は気一元論によってそれを解決している。崔漢綺については、先述の金が指摘した通りであり、洪大容については、彼の著作『心性問』から、次の文を引用しておこう。

だいたい理を論ずる者が必ずいうのは、実体はないが理があるという。実体がないといいながら、あるというのはどういうことなのか？　理があったとして、実体がないのに、どのようにその存在を述べることができるのか？(18)

次に、彼らは、その気を物質的存在として捉え、その共通の基盤のうえに、自然と社会の構造を考え、その変化発展の論理・運動法則を追求する。ここで学としての実学が形成される。そして、それを媒介として現実問題の解決方法を探り、機能としての実学へと向かう。洪大容、崔漢綺こそ思想変革プロセスの具現者といえる。さきに、気の哲学が実学形成の基盤ではないとした姜在彦が、彼ら二人を例外とせざるをえなかった理由はここにある。

次に、学としての実学の具体的内容を考えてみたいが、その前に洪大容、崔漢綺は実学者として特別な位置を占めているということを、別の角度から述べておきたい。

(3) 実学者の階級的性格

朝鮮実学は、一七世紀から一九世紀初期にかけて展開され、その担い手たちは先進的両班知識人たちである。実学を展開した人たちの階級的性格は、当然にその内容に反映されるだろう。とくに、李佑成の「実学研究序説」[19]は実学規定とともに、それを展開した実学者を「士」という概念で分析した興味深いものである。

李が、そこで行った実学規定は、その内容を三つの流派に大別し、その流派の主な人物を基準としてその形成時期を分けるもので、次のようなものである。

①第一期（一八世紀前半）

李瀷を大宗とする経世致用派。土地制度および行政改革機構その他の制度上の改革に重きを置く流派。

②第二期（一八世紀後半）

朴趾源を中心とする利用厚生派。商工業の流通構成および生産機構、一般技術面の革新を指標とする流派。

③第三期（一九世紀前半）

金正喜に至り一家をなすようになった実事求是派。経書および金石・典故の考証を主とする流派。

李佑成によるこの規定は、一七世紀から一九世紀前半におよぶ実学の多様性と歴史性の二つを見事に整理した規定として、近年、一般に広く採用されている。しかし、異論がないわけではなく、例えば、姜在彦は前述の『朝鮮の開化思想』で、「経世致用学派としての星湖学派は一八世紀前半から後半を包括するものであり、利用厚生学派としての北学派は一八世紀後半に限定されるものであって、それを一八世紀の前半と後半に機械的に区分したことへの疑問がある。むしろ一八世紀前半期の中葉から後半期にかけて、星湖学派と北学派を包括した学派としての実学の展開期としたほうが適切であろう」と述べている。ただ、姜の疑問とするところは、その時期区分の問題であって、基本内容の機能を志向する実学という点では一致している。著者は、それについて意見を持っているが、それは後で述べることにして、ここでは李が規定した第三期の実学は「学」を重視するものであるが、著者がいう思想変革プロセスからの学としての実学とは区別されるものであるということを指摘しておく。[20]

さて、李が右のように基本内容を学派に区分して考えたことの理由について述べておこう。それは、その実学者たちの階級的性格に関連するが、朝鮮後期になると支配階級である両班階級のなかでも、世襲的特殊執権層と永久没落失権層に分化する。李は後者を「士」と呼び、彼らは農・工・商の庶民と両班階級の二つをまたがる特異な存在と考える。そのなかの良心的な士は、被支配階級である農・工・商の利益を擁護または代弁しながら、一方では執権層である閥閲層に対して痛烈な攻撃を加える。実学という学風は、まさにこのような良心的な士の批判意識によって形成されたとする。彼は、実学者の多くがソウルおよび近畿地方（京畿道）の出身であることの理由と実学の形成を結びつけて次のように指摘している。

……ソウルおよび近畿地方の没落した士たちは、彼らの置かれた地理的・環境的条件の不利のために、言いかえれば、ソウルでは執権層の豪華な生活のおごりの風潮のなかで没落した士たちの生活の維持はさらに困難であり、近畿地方は土地がやせてせまく、生産が貧弱なうえに産物の大部分がソウルの特権層に吸収されてしまうために、近畿一帯の住民たちの生活はさらに悲惨となり、この地方の士たちは最後の身分すら維持できないほど切迫した実態におちいっていたわけである。このような、有様から、ソウルおよび近畿地方の士たちは、どの地方よりも、まず自分自身の問題とともに、政治・社会的現実の改造と農・工・商に関する問題、すなわち経世致用の学と利用厚生の学を成立させることができ、さらには自我の自覚にともなう民族文化への主体的認識と、実証的精神によるあらゆる事物への客観的な考察が可能あったのである。実学はこのようにして形成されたのである。

李のいう実学形成は問題変更プロセスであるが、前述の姜在彦の場合よりも、実学者と呼ばれる人たちが、それを形成できた理由をその生活環境と結びつけて、はっきりと述べている。さらに李は、経世致用派は近畿地方の学派であり、利用厚生派はソウルの学派であるという。というのは、前者はその地方での農民たちの生活の安定に主眼を置いたために、土地問題などの経世致用の性格が強く、後者は都市庶民層の市民的生活要求を充足させることに主眼があったから商業問題や技術問題など利用厚生の性格が強いというわけである。李の規定は内容の整理とともに、それと実学者の階級的性格との関係を直接的に示してわかりやすい。

しかし、著者がそれに対して意見をもつのは、実学の基本内容を右のように規定した時、それに取り込めない部分があるということである。より直接的に述べれば、李の規定では、洪大容と崔漢綺の位置がないということである。洪大容は朴趾源と同じ利用厚生派に属するとされるが、それでは彼の実学の内容を正確に把握したとはいえないだろう。また、崔漢綺についても時期的には第三期となるだろうが、それではいかにも便宜的といわざるをえない。むろん、それはあくまでも基本内容に関する規定であり、洪大容や崔漢綺の実学を特別な例として取り扱うことも可能であろう。しかし、洪大容と崔漢綺は朝鮮実学の代表的人物として、あまりにもよく知られている。ゆえに、彼らの学的業績をその基本内容に含めないわけにはいかない。彼らの存在は、朝鮮実学の性格自体を変えてしまう。さきに彼ら二人が特別な位置を占めるとしたのは、このような理由からである。

四　おわりに

以上のように朝鮮実学の形成には思想変革プロセスと問題変更プロセスの二つが混在し、前者から学としての性格が強い実学が形成されることを明らかにした。具体的には、理気論争を気一元論によって解決し、その気という概念を基にして、自然と社会の構造とその変化発展の論理を追究するなかで、学としての実学が形成されるということである。

次に、その内容であるが、まず自然と社会を気という概念で捉えるというのは、すでに事物をどのように認識するのかという認識論が入っている。気を形而下の客観的存在とし、その変化発展で事物を捉えることは唯物弁証法的な認識論といえる。また、気という概念を根源的な物質的存在として考えると、それによってすぐに展開可能なのは様々な自然現象の解明である。それは現代のように実証的かつ経験的な自然科学ではなく、抽象的な思弁的原理に基づいて自然を説明するもので、「自然哲学」と呼ぶべきものである。その詳しい内容については第四章および第六章で改めて論じるが、この自然哲学と認識論は学としての実学の基本内容となるだろう。その他、人間観や社会歴史観などの哲学的内容がそこに含まれると思われる。その詳細な内容は、洪大容や崔漢綺をはじめとする個々の実学者の検討によって明らかになるだろう。

最後に、いままで述べた朝鮮実学の内容を図式化しておこう。はじめに述べたように、朝鮮実学も機能としての実学と、学としての実学に分ける。ただし、前者の根底には後者があることは、いうまでもない。次に、右に述べた自然哲学、認識論など、狭義の意味の学としての実学と、機能を前面に出すものとに分ける。後者には様々な社会改革案を含む経世思想や教育思想、軍事思想などがある。また、そこではその中間に位置するものとして、倫理思想、文学、民俗学、歴史学などを挙げた。これらは、実学形成の思想変革・問題変更の両プロセスの影響を受け、その混在のなかで展開されたものといえるだろう。例えば、倫理思想はその本質は人間観の問題であり、狭義の学としての内容であるが、その具体的展開は経世思想的内容を持つものである。

朝鮮実学
- 機能としての実学――東医学、地理学、農業技術、その他
- 学としての実学
  - 自然哲学、認識論
  - 倫理思想、文学、民俗学、歴史学
  - 経世思想、教育思想、軍事思想

機能としての実学に、そこでは具体的には東医学・地理学・農業技術などを挙げているが、その他にも様々な分野があると思われる。朝鮮実学は学としての実学が基本であると述べたように、生活に密着した機能としての実学は、いままで深く研究されなかったのではないだろうか。とくに、東医学などは朝鮮実学の範疇から除外されていたと思われる。しかし、機能としての実学は朝鮮実学の重要な構成部分であり、これからはそれらについての研究が一つの課題だろう。

（1）　実学資料研究会編『実学史研究Ⅰ』（思文閣出版、一九八二）。
（2）　一九六六年までの研究動向をまとめたものに、宮原兎一「李朝後期実学の研究動向」（『朝鮮学報』四九号、一九六七）がある。近年では『朝鮮後期文化――実学部門』（檀国大学校出版部、一九八八）の文献目録が詳しい。
（3）　小川晴久「朝鮮実学とその担い手たち」（『日本の科学者』二二巻、一九八七）。
（4）　崔益翰『実学と丁茶山』（国立出版社、一九五五）。
（5）　李佑成（鶴園裕ほか訳）「実学研究序説」（『韓国の歴史像』、平凡社、一九八五）。

実学者名	理気説への関心 及び業績	主理・主気の傾向、 その強度
李睟光	別無　別無	主　理(弱)
柳馨遠	有？　散逸	主　気(弱)
朴世堂	回避　有	主　気(弱)
李瀷	有　　有	主　理
安鼎福	有　　有	主　理
洪大容	有　　有	主　気
朴趾源	回避　別無	主　気
朴斉家	回避　無	主　気(弱)
丁若鏞	有　　有	主　気
金正喜	回避　無	―――
崔漢綺	多　　多	主　気(強)

(6) 千寛宇「磻渓柳馨遠研究」（『歴史学報』二－三号、一九七〇）。結論部分の邦訳が『韓国史再発見』（学生社、一九七五）に所収されている。

(7) ただし、のちに千寛宇は「朝鮮後期実学概念再論」（高麗大学校民族文化研究所編『韓国文化史大系』六、一九七〇、邦訳『韓国史再発見』所収）で次のように訂正している。「そうした字義・名称の分析はすべて「実」の字義に拘泥し、各時代ごとに流動的に変化する実学の内容を画一化し膠直させるきらいがあり、それがどれだけ実学の実体を明らかにするかは疑わしい」。

(8) 社会科学院歴史研究所編『朝鮮文化史』（一九六五）、邦訳『朝鮮文化史』（朝鮮文化史刊行会、一九六六）。

(9) 鄭鎮石・鄭聖哲・金昌元（宋枝学訳）『朝鮮哲学史』（弘文堂、一九六二）。

(10) 朝鮮史研究会編『朝鮮史入門』（三省堂、一九六六）。

(11) 千寛宇、前掲書(6)。

(12) 韓沽劤「李朝実学の概念について」（『震檀学報』一九号、一九五八）。

(13) 李佑成「実学とはなにか」（『新東亜』一九六六年八月号）。

(14) 姜在彦『朝鮮の開化思想』（岩波書店、一九八〇）。

(15) 姜在彦はこれについて朴忠錫「李朝後期における政治思想の展開」（『国家学会雑誌』第八八巻九－一二号、第八九巻一－二号）を参考文献としてあげている。

(16) 金哲央『人物近代朝鮮思想史』（雄山閣、一九八四）。

(17) 金哲央は同右で、尹絲淳「実学思想の哲学的性格」（『亜細亜研究』五六号、一九七六）から、実学者たちの主気論に対する見解の分類表を引用している（右表）。そこでは、李瀷が主理論であるが、金哲央は彼は「たてまえ」として正統的な朱子学の立場をとったが、陽明学に共感し「心即理」の立場に立っていたと述べている。

(18) 凡言理者必曰無形而有理　既曰無形則有者是何物　既曰有理則豈有無形而謂之有者乎

(19) 李佑成、前掲書(5)。

(20) 朝鮮実学は一八世紀に全盛期を迎えるが、一九世紀に入り実学者が西学＝洋学を受容するなかで、天主教に入信する者が多くなり、弾圧の対象となる。後には、天主教だけでなく、科学・技術をふくむ西学全般が禁圧される。実学の第三期はこのような状況下で、金石学などの研究のなかで実学精神を生かそうとする。ゆえに、この時期に学が重視されたのは、自己の思想変革の結果ではなく、社会歴史的制約によるものといえるだろう。

第三章　湛軒・洪大容の地転説と『毉山問答』

一　はじめに

湛軒・洪大容は一八世紀、朝鮮王朝時代の実学者である。「実学」とは、有用の学問（実用之学）を研究し、事物に関する研究を通して真理を探求する（実事求是）という意味と解釈するならば、そのなかには当然、自然科学的内容も含まれる。天文学・数学に対する造詣も深い洪大容は朝鮮の有数の科学者といえる。ただし、ここでの科学者とは自然に関する探求を深めた者という意味で、今日の科学思想家も含まれる。

洪大容が「地転（動）説」を唱えたことは周知の事実である。しかし、その内容の本質がどれだけ正しく理解され、また一般に知られているだろうか？　一つの科学史的史実が定説として確立されるまでには、かなりの時を要する。洪大容のように死後一五六年もたって著作集が出版され、またその時期が植民地時代となると、その業績を発掘するところから始めなければならない。

洪大容が地転説を唱えたことが知られるようになったのは、実は彼の著書によってではなく、やはり一八世紀の朝鮮の実学者・朴趾源の『熱河日記』中の『鵠汀筆談』によってである。そして、その内容を原典に即して検討することなく、コペルニクスの地動説と関連して、洪大容の地転説が独創か否かが論点の中心となり、その評価が一面的になってしまったことは否めない。近年、原典に依拠した研究が深まり、実は地転説を含むところの宇宙論にこそ、その本領があることが明らかになった。ここでは、南北朝鮮と日本におけるこれまでの研究を概観し、洪大容の人物像と『毉山問答』の基本内容について述べることにしたい。

二　南北朝鮮における研究

(1)植民地期の研究

朴趾源は『鵠汀筆談』で次のように書いている。

天の被造物に方形の物はありません。カの足、カイコの尻、雨粒、涙、唾、どれをとっても円ばかりです。いま、あの山河、大地、日月、星の群れは、みな天の創造物ですが、方形の星、稜角の星は見たことがありませんから、地の球形が疑問のないことは証明できます。小生は、西洋人の著書を見たことがないけれども、かつて地の球形は疑いないと申しました。大体、その形は円、その徳は方、仕事は動、性情は静なのです。もし大空が、この地を安置して、動かず、回転せず、ひとりぼっちで空に懸かっているなら、腐った水、死んだ土は、たちどころにくずれ、くだけてなくなり、とても久しい間、多くの負載を定着させ、黄河・漢水などの河川が維持して水を洩らさないことはできますまい。いま、この地の球面はそれぞれの面が境界をひらき、さまざまな者が足をつけていて、私と同じように、天を頂き、地に立っています。西洋人は地は球であると確定しましたのに、球の回転のことだけは言っておりません。これは、地が球であり得ることはわかりましたが、円が必ず回転することは知らないのです。……わが朝鮮の近世の先輩で金錫文という人物が、三個の大きい球が空に浮いているという説を考え、小生の友人洪大容が、地転の説をたてました(1)。

これに続いて朴趾源は、金錫文は自分よりも一〇〇年も前の人であり著書がないこと、洪大容もまだ著書がないと書いている。この一文によって、洪大容が地転説を唱えたことが、一般に知られるようになった。ところが、この文章が、朝鮮の地転説を論じるときに必ずといっていいほど引用され、かえってそのことが、後述するように洪大容の地転説の内容が正確に伝わらない一因となった。朴趾源の『熱河日記』は朝鮮民族独特の自立せる風格をそなえた民族文学を創造したと評価されているものであり、初めは写本として伝わった。一九〇一年に不完全な形ではあったが活字本として初めて出版され、一九一〇年、一九三二年にも出版されている。一方、洪大容の著作はその写本を彼の子孫が保管していたが、その存在が一般に知られたことが記録として確認できるのは一九一〇年のことである。この年に崔南善（チェナンソン）が主導した朝鮮光文会の「刊行書目概要」に、洪大容の著書である『湛軒日記』、『毉山問答』の題名を見ることができる。(2) また、その著作集の重要性については、鄭寅普や文一平らによって強調された。鄭寅普は一九三一年に書いた『朝鮮古書解題』のなかで洪大容の著作集『湛軒書』について、最も重要なものは『毉山問答』、『林下経倫』、『籌解需用』、『燕記』の四つであり、そのなかでも『毉山問答』が洪大容の本論であるとしている。この『毉山問答』こそ、洪大容が地転説を含む宇宙論を唱えた著作である。そして、その内容について次のように紹介している。

地球説、地転説、日月星辰に関する考究、風雨虹暈の所以、葬師誣妄の弁、仙人誕怪の解、五行否定説などが順々に論じられ、誰もがその究思の綿密さに驚かざるを得ない。且、地転説のようなものは泰西のものを見る前に自創したものである。(3)

文一平も実学の新概念を規定し、一種の体系化を図ったといわれる論文「実事求是の学風」で次のように書いている。

しかし、西洋新学でいえば茶山よりも三〇年長の先輩として、『籌解需用』という数学三巻を著述し、また西洋人より先に地転説を主張したという湛軒・洪大容がいる。湛軒の友人である燕岩・朴趾源はこの地転説を借りて、黄金文運を誇る乾隆時代の清儒たちを驚かせたというエピソードもあり、洪大容は朴趾源を敬服さ

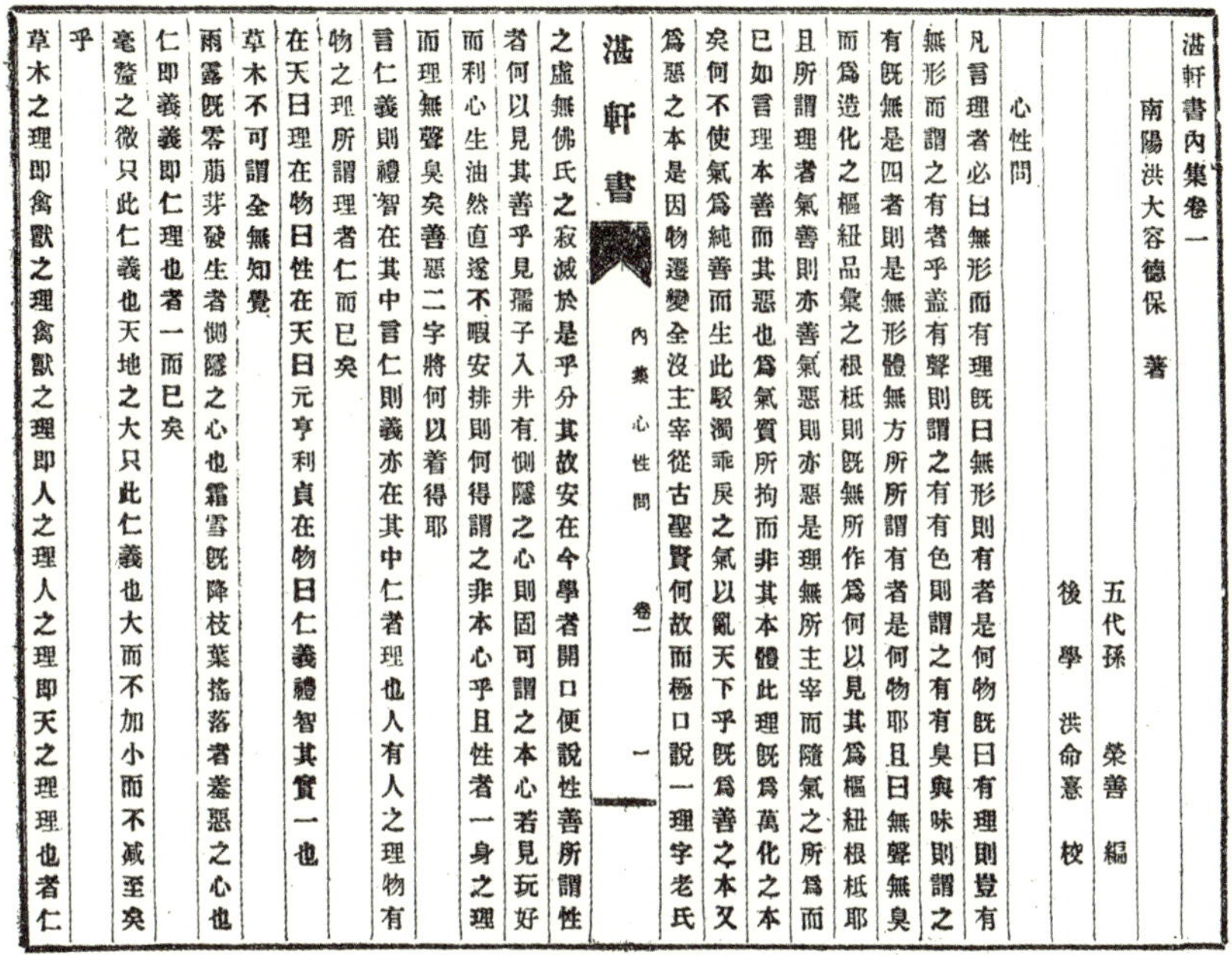
湛軒書內集卷一
南陽洪大容德保 著
五代孫 榮善 編
後學 洪命憙 校
心性問
凡言理者必曰無形而有理既曰無形則有者是何物既曰有理則豈有無形而謂之有者乎蓋有聲則謂之有有色則謂之有有臭與味則謂之有既無是四者則是無形體無方所所謂有者是何物耶且曰無聲無臭而爲造化之樞紐品彙之根柢則既無所作爲何以見其爲樞紐根柢耶且所謂理者氣善則亦善氣惡則亦惡是理無所主宰而隨氣之所爲而已如言理本善而其惡也爲氣質所拘而非其本體此理既爲萬化之本矣何不使氣爲純善而生此駁濁乖戾之氣以亂天下乎既爲善之本又爲惡之本是因物遷變全沒主宰從古聖賢何故而極口說一理字老氏

湛軒書　內集 心性問　卷一　一

之虛無佛氏之寂滅於是乎分其故安在今學者開口便說性善所謂性者何以見其善乎見孺子入井有惻隱之心則固可謂之本心若見玩好而利心生油然直遂不暇安排則何得謂之非本心乎且性者一身之理而理無聲臭矣善惡二字將何以着得耶
言仁義則禮智在其中言仁則義亦在其中仁者理也人有人之理物有物之理所謂理者仁而已矣
在天曰理在物曰性在天曰元亨利貞在物曰仁義禮智其實一也
草木不可謂全無知覺
雨露既零萠芽發生者惻隱之心也霜雪既降枝葉搖落者羞惡之心也
仁即義義即仁理也者一而已矣
毫釐之微只此仁義也天地之大只此仁義也大而不加小而不減至矣乎
草木之理即禽獸之理禽獸之理即人之理人之理即天之理理也者仁

新朝鮮社版『湛軒書』

せるほどの実学派の代表的人物の一人である。その著述は家蔵の湛軒書十五巻の写本があり、そのなかの『林下経倫』、『毉山問答』の二編を見れば、湛軒の実学が一目瞭然である。(4)

鄭寅普、文一平は一九三〇年代の朝鮮を代表する歴史学者である。当時、彼らは一般大衆に「朝鮮心」を鼓吹するという意図のもと「朝鮮学」の構築を目指しており、その延長線上で洪大容の実学を高く評価したのである。そして、一九三九年に五代孫の洪栄善(ホンヨンソン)が保管していた草稿をもとに小説『林巨正』の作者である洪命熹校正による活字本が新朝鮮社から刊行された。(5)付録として収録した『毉山問答』(原文)もこれによっており、旧漢字を新漢字に直したが、改行はそのままである。

彼らの後を受けて、その研究を深めたのは洪(ホン)以燮(イソップ)である。彼はその著書『朝鮮科学史』の第五編「西欧的科学の受容、李朝封建科学の止揚」のなかで〝事実求是的地理学派の最大の役割は地動説の原理発見であり、その説は英祖時代の学者朴趾源（燕岩）により、北京の学人にまで伝えられた〟として、前述の『鵠汀筆談』の内容を引用している。そして次のように結んでいる。

金錫文の三丸説、洪大容の地転説は朝鮮に於ける独自的発見であったが、それはそれなりに熱河日記中の一節に記され、現代人の興味を引くばかりでより発展させ得なかった。[6]

この著書は一九四四年に日本語で出版されているので、これによって初めて洪大容の地転説は日本にも紹介されたといえる。ただ、そこには『毉山問答』からの引用は一切ない。洪大容の地転説を朝鮮での独自的な発見とするならば、当然それについての原典『毉山問答』を検討すべきであり、またコペルニクスの地動説との比較をも念頭におくべきであったろう。しかし、『毉山問答』については註の参考文献にもあげていない。洪以燮は洪大容の著作集の『湛軒書』の存在を知らなかったわけではなく、事実、別な章で〝彼の著述湛軒書によれば彼自身科学者としての考えを持ち、地動説を考究したり『籌解需用』なる数学書を著したりした〟と書いている。[7] また、鄭寅普は洪以燮の師に当たる人物であり、文一平の論文についても、朝鮮実学についての初めての研究論文と評価しているのであるから、[8] 彼が『毉山問答』の重要性を認識していなかったとは思われない。洪以燮の著書は本格的な朝鮮科学史研究の始まりとなったもので、今日でも必ず引用される古典的労作であるが、そこで『毉山問答』を強調せず『鵠汀筆談』のみを取り上げたことは、後の研究に影響をおよぼすことになる。

(2) 解放後の研究

解放直後の一九四六年、洪以燮は『朝鮮科学史』のハングル改訂版を出版しているが、そこでは金錫文、洪大容の地転説について改めて次のように書いている。

金錫文の〈三丸説〉と洪大容の〈地転説〉は朝鮮学者の独自的な発見であったが、それが今日まで『熱河日記』の一節に記伝され、今に至っては現代人の興味を引くだけで、それを学理として発展し実践に役立つことがなかったことから、朝鮮の科学の天才的な点があったということのみで、それが世界史から分離されたのは、あまりに固陋な小華の世界にすべてのものを規定しようとする朝鮮人の停滞的な性格に帰結した産物といえる。(9)

前半は日本語版と同じであるが、後半に若干厳しい批判がつけ加わっているのが注目される。おそらく、それは植民地転落の教訓を得ようとする洪以燮の気持ちが表れたものだろう。

さて、南北朝鮮において洪大容の宇宙論を最初に論じた論考は、一九五九年の『歴史研究』に掲載された孫永鐘「湛軒・洪大容の先進的思想について」(10)である。内容は、生涯と活動、自然科学とくに天文学分野における研究成果、湛軒の唯物論的哲学思想の三節から構成され、その第二節で『毉山問答』を引用しながら彼の宇宙論を論じている。ゆえに、この論考が原典に基づく洪大容の宇宙論に関する最初の研究といえるものである。

これに続いて一九六一年に出版された鄭鎮石・鄭聖哲・金昌元『朝鮮哲学史』(11)でも、『毉山問答』を引用しながら洪大容の地転説、宇宙論を紹介し、その独創性を高く評価している。この本は朝鮮哲学史に関する最初の通史であり、本書でもしばしば取り上げる一九世紀の学者・崔漢綺は、この本によって初めて紹介された人物である。

一方、南では一九六〇年の千寛宇「洪大容の実学思想」(12)が最初の論文で、やはり洪大容の地転説の独創性を強調している。そして、一九六六年に全相運がその著書『韓国科学技術史』で〝李朝時代にあった地動説は西欧学者たちとは別の独自的な発見〟(13)と主張した。ただし、両者ともその後に自身の見解を変更している。とくに、全相運については次項で改めて言及することになるだろう。

洪以燮の『朝鮮科学史』がこの分野の研究の嚆矢といえるものならば、全相運の著書は研究を本格化させる契機となったものである。当初、朝鮮科学史の研究は優れた業績の発掘に重点を置いており、その評価は西洋科学史を基準とする場合が多かった。洪大容の地転説はまさにその典型といえるものであり、それを高く評価するのはある意味で自然であり、また一般の関心も高かった。一九七五年に韓国科学史学会が、洪大容の地転説に関するシンポジウムを開催したのはそのことを物語る(14)。

ところが、同じ年に洪大容の地転説評価において重要な閔泳珪の論文「一七世紀李朝学人の地動説」が発表された(15)。そこでは、朴趾源が『熱河日記』で三丸空浮説を唱えたとした金錫文の著作『易学二十四図解』の全文を紹介し、その検討によって朝鮮の地転説の初めての提唱者は洪大容ではなく、金錫文であることを確認した。さらに、それに続く李龍範の論文「金錫文の地転論とその思想的背景」では、洪大容の宇宙論は金錫文を模倣したと主張するに至った(16)。もっとも、李龍範の主張は表面的に類似している点を過大に評価したもので、彼ら二人の宇宙論は根本的に異なっている。この点については次章で明らかになるだろう。

七〇年代までの研究では、コペルニクスの地動説が近科学の幕開けとなった科学史上あまりにも画期的な出来事なので、研究者の視点がどうしてもそこに向かってしまったということがある。同時に、従来から朝鮮実学研究はその思想面に重点が置かれ、科学技術については政策論が対象となったが、それ自体への追究は弱かった。その枠を打破するうえで大きな役割を果たしたのが朴星来、金泰俊らの研究である。

朴星来は一九七八年の「韓国近世の西欧科学の受容」という論文で、李瀷、洪大容、丁若鏞、崔漢綺ら実学者たちがいかに西洋科学を受容し、それが彼らの思想形成にどのような影響を与えたのか考察した(17)。また、一九八一年の論文「洪大容の科学思想」では、『毉山問答』の全面的な検討を行い、洪大容を地転説のみならず、さまざまな自然現象の分析においても新しい思想を導入した独創的な科学思想家であったと評価した(18)。

さらに、一九八七年には金泰俊著『洪大容評伝』が出版され、洪大容の生涯とその思想形成過程の詳細が明らかになった[19]。とくに、そこでは一八世紀世界の特質を洪大容の燕行によって明らかにするとともに、ソンビ（士）としての洪大容の思想的特質をその時代のなかで位置づけてみせた。これらの研究は、従来の地転説の独創性云々という枠を完全に取り払い、洪大容研究の重要性を改めて印象づけるものであった。

　このような段階を経た九〇年代に、文重亮、全勇勲、林宗台、朴権寿ら韓国科学史学界の中堅たちによって、洪大容、金錫文をはじめ徐敬徳、張顕光（チャンヒョングァン）、徐命膺（ソミョンウン）、崔漢綺など、朝鮮王朝時代全般にわたっての宇宙論に関する研究がなされた。特徴的なことは彼らの宇宙論を通じて自然認識の体系を明らかにするとともに、その思想的背景を追究するという点にある。いずれも興味ある研究であるが、それらについては該当箇所で改めて取り上げることにしたい。

　そして、この分野のもっとも新しい研究として二〇〇六年に発表された金永植「朝鮮後期の地転説再検討」がある[20]。そこでは改めて、金錫文、李瀷、洪大容、朴趾源らの地転説がどのようなものであったかを確認し、当時までの中国出典の地転説、西洋出典の地転説を検討して、彼らがそれらを受容した可能性を検討した。そして、その可能性は大きいが、それを自身の宇宙論に取り入れてその体系を形成しており、それ自体は充分に独創的なものであったと主張している。基本的に本書における著者の見解と一致しているといえるだろう。

三　日本における研究

　日本でもっとも早く洪大容の地転説に注目したのは、朝鮮気象学史研究で知られる田村専之助である。彼は論文「李朝学者の地球回転説[21]」で、朴趾源の文をまず紹介し、洪大容が朴趾源に対して自分に代わって地転説を著述せよと要請したことから、先の朴趾源が展開した内容は洪大容のものと同一としている。ゆえに、ここでも洪大容の『毉山問答』の検討はなく、その著書の存在についても言及していない。田村は、洪大容とコペルニクスの説を比べて次のように書いている。

なにはともあれ洪大容等の業績についてみると、まず太陽、太陰、地球を同じ仲間とみたこと、これはコペルニクスはもとより、ギリシャの学者達とも同じである。つぎには、見かけの現象にとらわれず、敢然と地球は回転すると主張したことであるが、これはコペルニクスの『天体の回転について』の第四章にみられる〝球のなしやすい運動は回転である。〟と同じである。

田村は朝鮮に西洋科学が導入された道すじは中国を通じてのものであるが、その担い手となった宣教師が地動説を伝えたとは考えられず、朴趾源の証言もあることから、〝この自転説は李朝学者の独創であるとしなければならない〟とした。田村のこの論文は、洪以燮の『朝鮮科学史』では紹介程度に留まっていた内容に対し、コペルニクス説との比較とその独創性の問題、朝鮮王朝社会における地転説の占める位置などを検討したものであり、とくに日本で洪大容の地転説の存在を知らしめるうえで意義あるものであった。そして、一九六二年に前述の『朝鮮哲学史』が翻訳出版され、『毉山問答』に依拠した洪大容の地転説と宇宙論が日本で初めて紹介された。実際、後述する小川晴久はこの『朝鮮哲学史』によって洪大容を知り、その研究を始めたという。

洪大容がコペルニクスの地動説を知らなかったのかという問題を論点として、その独創性に疑義を唱えたのが藪内清の「李朝学者の地転説」である。[22] 藪内はまず朝鮮で西洋文物がどのように受け入れられたのかを著述し、次に一七〜一八世紀に中国でコペルニクスの地動説がどのように伝えられていたのかを検討して、一八世紀後半にはコペルニクスの地動説が漢訳の書物を通じて知ることが可能であったことを明らかにしている。また、この節の初めに引用した朴趾源の文章に対しては〝朴趾源が説くところの地転説は地球の自転にとどまって、太陽の周囲を公転することは全くふれていない。地球説及び地転説を立証する上文は、宋学的な表現であって、いかにも古めかしい感じがする〟と書いている。そして、次のように結論している。

洪大容の地転説は多分にイエスズ会士より聞く可能性があり、それを聞き知った朴趾源が特にこれを洪大容の創始として強調したように思われてならない。洪大容にはじまりその創始が強調された地転説は、単に地球自転にふれるだけで、コペルニクスの地動説に比べてきわめて単純なものであった。このような説が一八世紀になってはじめて唱えられたということは、朝鮮が中国を経て間接的に西洋を知るほかなかったことに原因するもので、むしろ朝鮮にとって不幸なできごとであったとさえ思われる。それにもかかわらず、幾人かの学者が、朝鮮人学者の独創として高く評価するのはどうしたことであろうか。

ここで指摘された学者は論文の注を見れば前述の田村と『朝鮮哲学史』の著者たちである。この結論の主旨は、洪大容の地転説は当時中国を通じて知り得た西洋科学知識以上のものではなく、それを高く評価するには値しないということである。このように結論を下すためには、洪大容の地転説について正確に知っていることが前提である。しかし、この論文でも朴趾源が述べた地転説については検討しているが、洪大容説そのものについての検討はなく、『毉山問答』の題名すら出てきていない。また、当時の中国における学術事情の詳しい検討に基づいて、洪大容がコペルニクス説を知り得たと主張しているが、これもやはり洪大容の著作のなかで、彼自身の証言（あれば一番良いが）あるいはその影響を具体的に見いだすことが必要であろう。この論文は後に『中国の科学と日本』[23]という単行本に所収されたので、一般に知られる機会は多かったと思われる。

この論文の影響は小さくなく、全相運の『韓国科学技術史』はそれを参考文献として、この部分の内容を書き直している。前述のように一九六六年に出版されたハングル版では、〝李朝時代にあった地動説は西欧学者たちとは別の独自的な発見〟であり、洪大容、朴趾源の理論は全く東洋的論理の展開方法であったとしていたのが、一九七八年の日本語改訂版では、〝ある人たちは洪大容と朴趾源の説を独創的なものとして評価しているが、おそらく中国にきていたジェスイットらを通じてコペルニクスの地動説に断片的ながら接していたにちがいない[24]〟

と変更している。また、全相運は一九八四年に出版された『科学史技術史辞典』の「地転説」の項目でも同じような説明を与えている。[25]

さて、洪大容がコペルニクス説を知っていたか否かは確認すべきことではある。しかし、より重要なのは、まず洪大容の著書を検討し、彼がどのような社会歴史的状況下で、どのような伝統、科学知識に基づいて地転説を提唱し、その時に彼が持ち込んだ新しい考えは何だったのかを明らかにすることであろう。そのうえでコペルニクス説との比較を行えばよい。ここまでの研究の一番の問題点は、まさに原典の検討という、あまりにも当然なことがなされていないことである。

一九七〇年代になって、『毉山問答』の内容を引用しながら、洪大容の宇宙論を検討したのが小川晴久である。彼は論文「洪大容の無限宇宙論」で、洪大容の宇宙論のもっとも重要な事項を「無限な空間における無限の星界」であるとし、太虚および星界の特徴について述べ、次に洪大容による地球の相対視と太陽系の認識構造について言及した後、洪大容がどのような先行研究を受け継ぎ、そしてどれが彼の独創であるかを考察している。[26] 宇宙無限論については中国の宣夜説との関連を指摘し、さらに中国宋代の学者である張載（横渠）の「太虚即気」説が大きな影響を及ぼしたとしている。また、地球自転説については、先行する実学者・李瀷に地動的観点があったことを確認するとともに、張載の著述からも自転の可能性を読み取ることができたのではないかと指摘している。また、太陽系の構造認識についてはは西洋のティコ・ブラーエの体系と一致することが示されている。

さらに、小川の重要な論考として「地転（動）説から宇宙無限論へ――金錫文と洪大容の世界――」がある。[27] 前述のように一九七三年に金錫文の『易学二十四図解』の存在が確認され、そこに地動説が明確に主張されていることが明らかになった。そこで、小川は次のような問題意識から、その内容について詳しく検討を行った。

両者の説の中から地球が一日に一回転するという主張だけをとりだしたとしても、それは何の実りも結ばない。金錫文の世界に分けいって、いかなる体系の下で、何を契機として地転の主張を創出したのか、その内在的論理が解明されなければならない。洪大容の世界では、地転説が所与としてあり、そこに産みの苦しみがないとすれば、彼の産みの苦しみはどこにあったのか、彼は自力でどの地平を切り拓いたか。同じ地転説であっても、それがどういう宇宙構造（宇宙論）のなかに位置を占め、その一環としてあるかによって、そのイメージが異なってくる。両者の世界はどこが異なるのか。両者の独自な貢献（開拓面、関心の所在）はどこにあり、それらはどう関連しあっているのか、いないのか。先ず両者の世界がそれぞれ明らかにされ、次にその関連が考察されなければならない。

次章で詳しく見るが、金錫文の宇宙構造は一番外に太極があり、以下、八つの天の同心円的構造で、内に行くほど速く公転する。小川は〝自転しながら公転もする地球をほぼ中軸に据えた回転宇宙〟の創出には、地静から地転（動）への発想の転換、第一天から第八天までの構成上の数値の確定、地球から太極天までの体系の総仕上げとその根拠づけという三つの要件とプロセスが必要であったとし、その具体的内容を考察している。さらに、改めて洪大容の宇宙論を検討し、金錫文との宇宙論とは体系がまったく異なることを明らかにしている。

その後、小川はそれらを簡略的に総合した「東アジアの地転説と無限宇宙論」を著し、金錫文、洪大容の宇宙論を紹介し、中国の宇宙論との関連についても言及している。[28] いずれも、彼らの宇宙論を知らしめるうえで重要な論考であるが、朝鮮科学史および一般科学史における位置づけに関する問題意識は希薄である。

また、同じ頃、前述の『洪大容評伝』の著者である金泰俊の東京大学博士論文が『虚学から実学へ——一八世紀朝鮮知識人洪大容の北京旅行』という表題で出版されている。[29]『洪大容評伝』とはその構成が異なるが、その一つの章で『毉山問答』に関する詳しい検討を行っている。そこで、彼が強調した点については次節で改めて述べることにしたい。

さて、日本でもっとも新しい研究は川原秀城『朝鮮数学史』におけるそれである。[30] 川原は洪大容の数学書『籌解需用』と『毉山問答』を中心として洪大容の科学知識の内容とその水準がどの程度のものなのかを考察した。川原は朝鮮の独自的数学を「東算」と表現し、その中心がすでに中国では途絶えた「天元術」であるとする。そして洪大容は天元術を正確に理解しておらず、天文計算において不可欠な球面三角形を学んでいない可能性が高いと指摘した。地転説についても『毉山問答』から周囲九万里の地球が一日一二時間で一周するという記述を引用して、〝単純な主張にすぎず、その理論的根拠についてはほとんど説明がない〟とし、また公転も認められず、〝評価に値する思想上の論理はあっても、精密な科学論理とのべることはできない〟とした。そして、次のような評価を下している。

洪大容は朝鮮朝最初の西洋科学の〈発見者〉であり、その宣伝普及には大きな働きをしたが、その科学知識には不十分なところも多く、明朝期の漢訳西欧科学書の奥義に達していないのみならず、東算の理解も十分ではなく、朝鮮朝を代表する科学者の一人には数えることができない。

しかし、その評価は前述のように『毉山問答』の一部の引用に留まり、全面的な検討に基づくものではない。洪大容の宇宙論全体および宇宙論発展史におけるその位置を明らかにするという問題意識は見られず、その評価は少々拙速ではないだろうか。とくに、科学者を現在のそれと同じ水準で捉えているが、冒頭に述べたように当時においては科学思想家も科学者のなかに入れることは不都合ではないと著者は考えている。

四　洪大容の略歴

洪大容の生涯に関しては金泰俊『洪大容評伝』に詳しいが、ここではとくに重要と思われる事項について述べておきたい。

洪大容は一七三一年、忠清南道天原群修身面長山里にて生まれた。祖父は政府の高官、父も地方の高官を務めた人で、その家門は当時の政権で主流をしめていた西人・老論派に属していた。一七四二年に老論派の代表的学者である金元行（キムウォネン）の門下生となるが、金元行は儒学のみならず、数学・天文学などにも造詣が深く、洪大容の学問形成に大きな影響を与えた。洪大容は科挙を受けはしたが、それほど熱心ではなく自然科学分野の学問に専念したという。

一七六二年に洪大容は羅景石（ラギョンソク）という技術者に製作を依頼した、渾天儀などの天文器具を自宅の庭に置いて私設天文台「籠水閣」を設置したが、それは彼がいかに自然科学に興味を持っていたかを端的に示している。籠水閣の周りは二架の建物で囲まれ、南と西の二方には半間の軒を作ったが、それが「湛軒」という号の由来であり、洪大容がこの籠水閣に強い思い入れをもっていたことがわかる。また、『籠水閣儀器志』という著作でも統天儀・渾象儀・測観儀などについて詳しい説明を行っている[31]。洪大容と同門である金履安（キムリアン）は「籠水閣記[32]」という文章で次のように書いている。

> その形式を見ると渾天儀の旧規格を基に西洋の説を参用したものであるが、構造は儀が二つで環が一〇、軸が二つで盤と機がそれぞれ一つ、丸が二つで輪と鐘がいくつかあり、その周りに人が一人座れるくらいで、その歯車が自動的に動き、昼夜を休みなく回っている。だいたい、その形態はこのようなものであるが、詳細をすべて記録することができない[33]。

単なるモニュメントの枠を越えたかなり精巧な器具であったことがうかがえる。後述するように洪大容はこの儀器を使って何らかの天文観測を行ったが、具体的な内容は明らかではない。

洪大容の人生のなかでもっとも重要な出来事は、三五歳の時（一七六五）に書状官として北京を訪問する叔父に随行したことである。この時、陸飛（りくひ）、厳誠（げんせい）、潘庭筠（はんていきん）ら清国の学者と知り合うが、彼らとの交情は帰国後も続くことになる。現在、唯一残された洪大容の肖像画は、そのなかの一人厳誠が描いたものである。

洪大容肖像画

さらに、洪大容は清の国立天文台である「欽天監」を訪ねイエスズ会士の宣教師・ハルレンシュタイン（劉松齢）、ゴガイスル（鮑友管）の二人と会見を行っている。会見は通訳を介し、あるいは筆談で行われたが、その内容は『劉鮑問答』[34]として残されている。それによれば劉松齢、鮑友管の二人は会見当初はよそよそしい感じであったが、若干うち解け洪大容にいくつかの天文機器を見せ、天文に関する簡単な質疑に応じている。洪大容の宇宙論では西洋天文学的知識が重要な役割を果たしているので、それと関連するいくつかの事項を述べておきたい。

まず、洪大容が両者に五星の観測とその経緯度計算法を質問したところ、『暦象考成』によるもので新しいことは何もないと答えている。次に、洪大容が〝愚かしい私が分をわきまえず渾天儀を作り、いくつかの天象を参考として見てみたが、互いに異なり誤った個所が多いようです。貴堂には良い器具があるはずなので、一度見せてほしい〟と要請したところ、〝観象台の儀器にはそれなりのものがあるが、ここには破損したものしかない〟と答える。それでもぜひ見たいと洪大容がいうと、一つの儀器を見せた。それについて洪大容は次のように記している。

> 褙紙はかなり厚く、正円で直径が一周尺ほどで、上には様々な星宿が描かれ、二つの真鍮環が互いに結ばれ黄道・赤道を成し東西に遊移するようになっており、南極・北極はそれぞれ真っ直ぐな鉄を使用して、南極と北極が上下しないようになっているが、これで歳差を測定するという。[35]

次に、望遠鏡の見学を申し出ると彼らもそれに応じ太陽を眺めたが、洪大容は次のように記している。

> 望遠鏡の構造は青銅で筒を作っているが、その大きさは火縄銃の筒くらい長さが三周尺ほどで両端に玻璃が

はめ込まれている。三脚があり、その上に機（枠）があり、それは象限一直角に動くようになっており、そこに望遠鏡の筒を立てかけて、その機を支える部分は二つの活枢となっており、三脚は常に定立しているが、機が上下左右に自在に動かすことができる。三脚の頭にある垂直線は地平線を定めるためのものである。別途の紙を貼った一寸ほどの短い筒には、一方の端に玻璃が二層になっているが、それで空を眺めると夜中のように暗かった。それを望遠鏡の筒に載せ、椅子に坐り、あれこれ動かし、太陽に向かって片目をつぶって眺めると、日光が円く望遠鏡の筒口いっぱいに見え、ちょうど淡い雲のなかにあるようで、正視しても瞬きすることもなく、非常に小さいものでも見ることができ、本当に奇異な器具であった。(36)

この時、洪大容が〝以前に太陽には三つの黒点があると聞いていたが、今、見えないのはなぜでしょう？〟と尋ねると、劉松齢は〝黒点は三つだけではなく、多い時には八つもある。ただ、それは時には見え、時には見えなくなるが、それは太陽が周るのが球が転がるようなものと同じである〟と答えている。この太陽の自転についての言及が、洪大容の地転説に何らかの影響を与えたのか興味深いが、残念ながらそれを明らかにする資料はない。天文知識に関する問答はそれほど目新しいものではなかったが、それでも、この筆談が洪大容の知的好奇心を大いに刺激したことは想像に難くない。

一七七四年以降、洪大容はいくつかの官職を歴任するが、とくに後の王となる正祖の教育係ともいえる「侍直」となり、正祖から厚い信任を受けた。正祖は英明な王と評価されているが、李徳懋、柳得恭、朴斉家ら後に洪大容や朴趾源らとともに北学派を形成することになる若い学者たちが、科挙を経ずして中央政府の官吏に登用されたのも洪大容の功績といわれている。ちなみに北学派という呼称は、両班貴族たちが野蛮視する清国（北学）からも、優れた科学技術は積極的に受け入れるべきであると主張したことに由来する。

彼の代表的著作といえるのは本書で詳しく述べる『毉山問答』と数学書『籌解需用』、および社会政治を論じた

『林下経綸』であるが、それらは一七七〇年代に書かれたものと推測されている。朴趾源が『鴟汀筆談』で金錫文の「三大丸浮空之説」と洪大容の「地転之論」紹介したのは一七八〇年で、洪大容が他界する三年前のことである。そして、死後一五六年を経た一九三九年に洪命熹の校正による『湛軒書』が刊行されたことはすでに述べたとおりである。

五　『湛軒書』の編目と『毉山問答』の基本内容

洪大容の著作集『湛軒書』は元来一五分冊の写本であったが、活字本は内集四巻二冊、外集一〇巻五冊である。ここで内集・外集という言葉はその内容によって資料を大別して、一般国内的な資料を内集に編入し、国外的な資料を外集としている。

その内容は、まず内集第一巻では経学に関する著者の研究成果を集録し、二巻は史論と彼が世孫翊衛司侍直だった時の日記を収録している。三、四巻は著者の詩文で、とくに四巻後半部の補遺編は湛軒の文集が一度編纂された後、新しく発見された遺稿を追加したものと思われる編であるが、ここには有名な『林下経倫』と『毉山問答』が含まれている。

外集一～三巻には、著者が一七七六年に使節の一員として清国に赴いた叔父に随行した時、中国人文士との問答の抄記を整理して『杭伝尺牘』、『乾浄衕筆談』という編目で収録している。四～六巻は『籌解需用』という数学書であり、七～九巻は中国旅行の紀行文を『燕記』という編目で収録している。この七巻にイエズス会士・劉松齢と鮑友菅との会見内容を記録した『劉鮑問答』がある。最後の一〇巻は『燕記』の残った部分と、朴趾源の洪大容の墓誌銘など著者の行状に関する記録を付録として附けている。

原著は朝鮮漢文であるが、その現代語訳『湛軒書』が一九六〇年にピョンヤンの科学院民族古典研究室によって、一九七四年にはソウルの民族文化推進会の古典国訳叢書として出版されている。[38] ちなみに本書付録の『毉山問答』の日本語訳に際しては、両者を参考として文学作品としての雰囲気を伝えられるように努めた。

『毉山問答』は大きく四つの内容に分けられるので、それらを章として、その基本内容を述べよう。一章は儒学者として型どおりの学問を修めた虚子なる人物が、山中で実翁なる巨人と出会い、彼から〝道術に惑わされれば世を混乱させる〟という戒めを受けた後、改めて「大道」の要とはなにかと問うところから始まる。その問いに対して、実翁は虚子の学んできたものを尋ねたうえで、「大道」[39]を説くためには本源から述べるとし、人間が万物と違うところは心で、その違いは身体にあるとする。それに対し虚子は自分が考える人間の本質を述べ、人間がすべての生物よりも貴いと主張する。これに対し実翁は天から見ればすべて同等で、人間だけが貴いとするのは慢心で、それは「大道」に害を及ぼすと諭す。この天から見ればという視点は実翁の基本的視点で、すべてを相対化する視点として二章以降この立場から様々な問題が論じられる。そうしてみると、すべてを相対化するというのは洪大容の認識の方法論ともいえるもので、それは彼の展開する理論の特有性の一因にもなっている。

二章で虚子は人と万物が発生した根本について問うが、実翁はその根源は天地にあるとし、地転説を含む宇宙論を展開する。その内容については、次章で詳しく述べる。

三章では各世界の形象、実状が論じられる。それは宇宙・地球・太陽・月の実状と、天文・気象・潮水・地理、そして神仙・風水などと多様である。ここで洪大容は「気」をもとにそれらを説明している。なかには雷の説明のように精神的なものと結びつけるなど、その限界も露呈しているが、彼が様々な自然現象の解明に意欲的に取り組んだことは高く評価される。

最後の四章で人間、万物の根本と社会発展、中国の変遷について論じられて、『毉山問答』は終わる。『毉山問答』を通読するとき、その構成の妙、筋立ての面白さに感心するが、これは一つの物語といえるだろう。

『毉山問答』は自然科学的内容に留まらず、彼の社会歴史観、生命観なども反映された、全体として一つの作品というべき著作である。ゆえに、それらすべての連関において洪大容の思想を解明することが必要となる。この点について、金泰俊はその著書『虚学から実学へ』で次のように指摘している。

……この作品はあくまでも一つの作品として理解されるべきだと思う。科学史家が関心を寄せるように、必要な部分だけを抜き出して、それをもって洪大容の思想とすることは正しい方法とは言えない。これは、哲学論文ではなく哲学小説なのだ。この哲学小説の中で作者はたまたま彼の自然哲学と天文学的思考を形象化したのである。しかし、全体的には実翁と虚子の問答あるいは論争を通じて、虚学を解体し、実学精神を闡明したのである。(40)

『毉山問答』は洪大容の思想的営為の結晶といえる著作である。儒学者としてすべての学問を納めた虚子の古い思想が実翁によって解体され、実学に目覚めていく姿はまさに洪大容の思想的遍歴を語ったものだろう。問答形式による叙述はより広範な人たちに伝えようという意図とともに、自身の思索の後を辿る意味もあったと思われる。それらを総合的に分析するためにも各論を深めなければならない。本書における課題の一つがここにある。

(1) 朴趾源(今村与志雄訳)『熱河日記』二(平凡社、一九七八)、一八三―一八四頁。
(2) 千寛宇(田中明訳、畑田巍監修)『韓国史の新視点』(学生社、一九七六)、一〇〇頁。なお、崔南善自身は一九三〇年に書いた『朝鮮歴史講話』(『六堂崔南善全集』第一巻、玄岩社、五三頁)で洪大容を北学論者の一人としてあげているだけである。また、一九三九年の『毎日申報』の「昔年今日」(『全集』第一一巻、六〇九頁)という連載記事で洪大容の略歴を書いている。
(3) 『鄭寅普全集』(延世大学校出版部、一九八四)、二三頁。
(4) 文一平『湖岩全集』二(一成堂書店、一九四八)、六一頁。

(5) 洪命熹（一八八八—一九六八）は、朝鮮の時代小説『林巨正』の作者として、朝鮮文学史上に名を残す人物である。詳しくは拙著『現代朝鮮の科学者たち』（採流社、一九九七）、一〇二-一一六頁を参照のこと。
(6) 洪以燮『朝鮮科学史』（三省堂、一九四四）、四一三頁。
(7) 同右、三八九頁。
(8) 拙稿「日帝時代、明日を見すえた学者たち」（『朝鮮科学文化史へのアプローチ』、明石書店、一九九五）、一三五-一四一頁。
(9) 洪以燮『朝鮮科学史』（正音社、一九四六）、二五五-二五六頁。
(10) 孫永鐘『歴史科学』第五号（一九五九）、四一-六一頁。
(11) 鄭鎮石・鄭聖哲・金昌元共著『朝鮮哲学史』上（一九六一）。宋枝学による日本語訳が弘文堂書房から出版されている。
(12) 千寛宇『文理大学報』第六巻第二号（一九五八）。残念ながら著者は先行研究の文献で知ったが未見であり、頁番号は確認できていない。
(13) 全相運『韓国科学技術史』（科学世界社、一九六六）、四四頁。
(14) 宋相庸「学会三〇年を振り返る」（『韓国科学史学会誌』第一二巻第一号、一九九〇）、一二七-一三三頁。
(15) 閔泳珪『東方学志』一六（一九七五）、一-一七頁。
(16) 李龍範『震檀学報』四一（一九七六）、八三-一〇七頁。
(17) 朴星来『東方学志』二〇（一九七八）、二五七-二九二頁。
(18) 朴星来『韓国学報』二三（一九八一）、一五九-一八〇頁。
(19) 金泰俊『洪大容評伝』（民音社、一九八七）。
(20) 金永植『東方学志』一三三（二〇〇六）、七九-一一三頁。
(21) 田村専之助『科学史研究』三〇号（一九五四）、一三-一四頁。のちに『東洋人の科学と技術』（淡路書房新社、一九五七）に所収。
(22) 藪内清『朝鮮学報』四九号（一九六八）、四二七-四三四頁。
(23) 藪内清『中国の科学と日本』（朝日新聞社、一九七二）。

(24) 全相運『韓国科学技術史』（高麗書林、一九七七）、二七頁。
(25) 伊東俊太郎・坂本賢三・山田慶児・村上陽一郎編『科学史技術史辞典』（弘文堂、一九八三）、六三四頁。
(26) 小川晴久『東京女子大学比較文化研究所紀要』第三八巻（一九七六）、一-一五頁
(27) 小川晴久『東京女子大学論集』第三〇巻（一九八〇）、一-三二頁。
(28) 小川晴久『比較科学史の地平』（培風館、一九八九）、二三九-二六〇頁。
(29) 金泰俊『虚学から実学へ——一八世紀朝鮮知識人洪大容の北京旅行』（東京大学出版社、一九八八）。
(30) 川原秀城『朝鮮数学史』（東京大学出版会、二〇一〇）、一三八-一六四頁。
(31) 『湛軒書』外集巻四。
(32) 『湛軒書』外集巻一〇。
(33) 其制因渾天之旧而参用西洋之説為儀者二為環者十為軸者二為磐若機者皆一為丸者二為輪若鐘者若干　其囲可坐一人其機牙自撃日夜転而不息大略如斯其詳靡得以記焉
(34) 『湛軒書』外集巻七。
(35) 褙紙甚厚正円径不過一周尺余上画列宿両錫環相結為黄赤道使之東西遊移南北極各施直鉄使不得南北低仰以測歳差云
(36) 鏡制青銅為筒大如鳥銃之筒長不過三周尺許両端各施玻璃下為単柱三足上有機為象限一直角之制架以鏡筒其柱之承機為二活枢所以柱常定立而機之低昂回旋惟人所使也　柱頭墜線所以定地平也　別有糊紙短筒長寸許一頭施玻璃両層持以窺天黯淡如夜色以施于鏡筒坐橙上遊移低仰以向日眩一目而窺之日光団団恰満筒口如在淡雲中正視而目不瞬　苟有物毫釐可察蓋異器也
(37) 洪大容『湛軒書』（平壌、科学院出版社、一九六〇）。翻訳作業の中心人物は言語学者として知られる洪起文で洪命熹の子息である。
(38) 洪大容『湛軒書』（ソウル、探求堂、一九七四）。ここには、新朝鮮社版の『毉山問答』の影印が収録されている。
(39) この「大道」についての具体的な説明は原文にはない。例えば、『諸橋大漢和辞典』には、①天地の理法に基づく人類の行うべき道、②宇宙全体、③正しい道とあるが、これは全体を通読して、その意味を考えなければならない。
(40) 金泰俊、前掲書(29)、二二一頁。

第四章　「天円地方」説から無限宇宙論へ
——朝鮮における独自的な宇宙論の発展とその終焉——

一　はじめに

宇宙論の基本内容は大きく分けて二つある。一つは、われわれが住む太陽系およびそれを含む銀河系の形状、そして宇宙全体が一体どのようになっているのかという構造論である。もう一つは、この宇宙はどのように始まり、または創られ、それがどのように発展していくのか、その終わりはどのようになるのかということを課題とする生成進化論である。構造論は、まず身近なところの星の配置の観測から始まり、太陽系、銀河系の構造へと、その内容を深めて行くので、初期の段階は天文学と同じものであり、その発展の一つの条件は天文学の発展である。生成進化論は、現代科学が発達する以前では実証的に研究することは非常に困難であり、ゆえにそれを発展させるためには、哲学的および論理的な思考方法が重要である。

朝鮮においては天文観測の長い歴史とともに、哲学的探求においても優れた伝統があり、それは宇宙論の発展を促すものとなる。一八世紀の実学者・洪大容が地転説を含む無限宇宙論を提唱したことは周知の事実であるが、それは決して偶然なことではないだろう。本章では洪大容の宇宙論を中心に、朝鮮における宇宙論の発展過程を明らかにしたい。

そのために、まず朝鮮の伝統的宇宙観はどのようなものであったかを確認し、それと西洋の伝統的宇宙観との比較から、そこから脱皮するための課題を指摘する。そして、金錫文、洪大容の宇宙論の内容を検討し、その課題がどのように解決されていったのかを明らかにしながら、彼らの宇宙論の特徴と性格を考察する。さらに洪大容以降、伝統的宇宙論がどのように展開されたのかについて言及する。

二　朝鮮の伝統的宇宙観

宇宙論発展の条件として天文学の発展を指摘したが、では、朝鮮ではどのような展開があったのだろうか？この節では、まず、朝鮮語の天＝ハヌルの語源を探り、それを出発点として宇宙観の変遷に留意しながら古代から朝鮮前期までの天文学の発展を辿ってみたい[1]。

(1)天の語源

朝鮮の諺に「天がくずれても突き出る穴がある」というのがある。これは、いかなる困難な状況でも生きるすべがあるという意味であるが、生に対する朝鮮民族の気概とともに、ある種の楽天性を感じさせる諺である。また、天がくずれるという表現から宇宙についての何らかの構造を暗示しているようにも感じられる。「天」は朝鮮語で「하늘」（ハヌル）という。その語源であるが、한（ハン）と、울（ウル）、알（アル）、얼（オル）からなり、ハンは大きいという意味でありウルは領域、アルは卵、オルは心である。そうすると「ハンアル」であれば「大きい卵」という意味となり、「ハンウル」であれば「大きい領域」であり、「ハンオル」は「大いなる心」ということになる。「大いなる心」は別にして、前の二つは、まさにこの宇宙の構造のイメージを反映したものであり、それらは中国の渾天説、蓋天説と類似している。

周知のように蓋天説は「天円地方」説といわれ、天は円い平面、地は四角い平面で対峙したものである。後には、それぞれ平面平行な切断面を持つ球面というように考えられた。渾天説は鶏卵にたとえられるが、卵殻が天、卵黄が地である。この時の地の形は卵黄のような球ではなく、やはり平らで水の中に浮いているという考えである[2]。その諺で用いられる「天」の意味は、すぐにこの宇宙ということではないが、その言葉自体の語源が宇宙構造のイメージを反映したものであるということは、非常に興味深いものがある。

「ハヌル」の語源として、どれが妥当なのかについては様々な見解があるが、著者は「大きい領域」が妥当ではないかと考えている。というのは、蓋天説のほうが渾天説よりも早くから唱えられているが、それは初めに人々が天に対して描くイメージは、頭上の屋根のような「大きい領域」であろうということ、そしてその屋根のようなものが崩れるというのが、その諺の意図するものに近いように思われることである。また、朝鮮の民話に、もともと天地は抱き合うように接していたのを、巨人がそれを持ち上げ、今もそれを支えているという話があり[3]、これも蓋天説に類似した「大きい領域」説に近いものであるからである。天の語源から宇宙の形体を直接結びつけるのは、少し早急すぎるかも知れないが、朝鮮の伝統的宇宙観は蓋天説に類似したものから始まるといえるのではないだろうか。

(2)古朝鮮の石刻天文図

天文学は医学とともに、科学の諸分野のなかでもっとも古くから発展してきた分野である。朝鮮でも、古代の古朝鮮の支石墓の蓋石に描かれた天文図にその発展の痕跡を見ることができる[4]。

支石墓は四方の壁を石で組み大きな蓋石を置いたものであるが、なかにはその蓋石に星を表した穴を彫り、北斗七星やカシオペアなどの星座を描いたものがある。支石墓は、とくに古朝鮮の首都であったピョンヤン付近に多く存在するが、天文図が描かれた支石墓は二〇〇基にものぼる。

その穴の直径は一～一・八センチで、たくさんの星が描かれた場合、その穴の大きさは四～六の部類に分かれており、星を明るさによって分けたものと考えられている。星を明るさによる等級に分けたのは紀元前二世紀頃のギリシャの天文学者ヒッパルコスで、肉眼で見えるもっとも明るい星ともっとも暗い星の間を五等分して一等星から六等星に分けたが、その遥か以前に古朝鮮の人たちには同様の発想があったのである。

さらに興味深いことは、普通天文図は北極星（こぐま座α星）を中心として描くのであるが、それとは異なっており、例えばりゅう座α星を中心としたものがある。北極星は地球の自転軸の真上に位置する星であるが、実はそれは常に同じ星ではなく、地球の歳差運動によって変わる。そして、約五千年前の北極星こそ、りゅう座α星だったのである。ちなみに、α星はその星座で一番明るい星のことである。この事実から、支石墓の年代が判明するが、同時に古朝鮮時代の天文学が客観的事実を正確に反映する高い水準にあったことを知ることができる。

(3) 高句麗の天文学

二〇〇四年に高句麗の遺跡がユネスコの世界遺産に登録されたが、対象となったのは平壌近郊の古墳群と集安周辺の都城関連の遺跡および陵墓郡で、一般の関心が高いのは壁画古墳である。確かに千年以上の時を経ても色あせず高句麗の高い文化水準を伝える壁画は、考古学的にも美術史的にも世界遺産に相応しい。科学史的にも様々な知見を得ることができるが、なによりも注目されるのは石室天上に描かれた天文図である。

これまで確認されている古墳は徳花里、真坡里、舞踊塚、角抵塚など二一基にのぼる。これらの天文図は「星宿図」とも呼ばれるが、星宿とは星座のことで天空を四宮（東西南北）に分け、さらに七等分して二八宿を描く。この天文図が蓋天説に基づくものであることは、改めて強調するまでもない。

「天文」とは天空で起こる現象を意味する言葉で、天文学とは文字通り天文知識が体系化されたものである。

ただし、留意しなければならないのは現代人が考えるところの天文学は近代以降のニュートン力学に基づく科学分野で、古代天文学はそれとは性格が異なるということである。東アジアの天文学は昔から「帝王の学」といわれるが、それは天文が国家と王の安危と関連すると考えられたからである。ある種の占星術であるが、西洋の占星術が個々人の運命を占うこととは極めて対照的である。また、星座の名前も西洋は動物が中心であるが、中国や朝鮮では社会制度と生活を色濃く反映し、例えば兵士たちの市場である「軍市」があり、「廁（かわや）」もある。

その性格上、日食や彗星、流星などの非日常現象の観測が重要となるが、実際『三国史記』、『三国遺事』には、高句麗における一一回の日食と一〇回の彗星観測の記録がある。また、六四〇年の「太陽の光が弱くなり三日後に元に戻った」という太陽黒点と思われる記述や、五五五年の「昼に太白星（金星）が見えた」という記述は、天文観測が日常的に行われていたことを示唆する。さらに一四五四年に完成した『世宗実録地理志』にも、平壌近郊に高句麗の「瞻星台」址があると記されているが、最近、その遺跡が発見された[5]。

さて、天体の異常現象を観測する際、その前提となるのは通常の天体についての知識である。すなわち、恒星の位置を正確に記した天文図が必要となるということである。事実、高句麗には四世紀末〜六世紀初に作られたとされる一四六七個の星が刻まれた石刻天文図があった。残念ながら現物は唐・新羅連合軍との戦火の中で大同江に没したが、驚くべきことにその拓本がほぼ千年間も保管され（その詳細は不明）、朝鮮王朝の太祖・李成桂に献じた人がいた。それをもとに一三九五年に作られたのが有名な『天象列次分野之図』である。そこには、この天文図の由来とともに、現在の星の位置とのズレを校訂し復刻したことが明らかにされている。そのズレは地球の歳次運動によるものであるが、そこから逆算して高句麗石刻天文図の製作年が推定されたというわけである。

ちなみに、現存する最古の本格的天文図は、近年、話題となった奈良のキトラ古墳の天文図で、それは北緯三九度おそらく高句麗の首都であった平壌付近で観測された可能性が高いと指摘されており、[6] この『天象列次分野之図』とどのような関係にあるのかが非常に興味深い。

(4)新羅の瞻星台

新羅の天文学と関連してもっとも有名なのは慶州の瞻星台である。善徳女王時代(六三二—四七)に建立された瞻星台は、現存する世界最古の天文台といわれている。底辺の四角い基壇の上に、円錐状に三六六個の花崗岩で二七段を積み上げ、最上部に「井」字型に加工した石を配置している。高さは約九メートル、中間の真南に向いた窓までが約四メートルで、その下の内部は石と土で埋められている。四角い壇の上に円柱を築くのは東洋の伝統的宇宙観である「天円地方」説を象徴し、また、その形は女性のチマ(スカート)や祭器を置く器台を模したともいわれている。

たしかに、その形体は天文台としては異彩を放ち、そのことから瞻星台は本当に天文台かどうか、学界で熱い論争が繰り広げられたことがあった。もともと瞻星台に関する文献記録は非常に少ない。『三国史記』には瞻星台についての記述はなく、『三国事記』でも「石を加工して瞻星台を築いた」と簡単に書かれている。その後、若干詳しい記述が、朝鮮時代に編纂された『世宗実録地理志』と『東国輿地勝覧』などに現れる。とくに、『東国輿地勝覧』では瞻星台は空洞で人がそのなかを上り下りして、天文を観測したと説明している。そして、近代になって朝鮮総督府観測所長であった和田雄治が一九一〇年の『韓国観測所学術報文』に「慶州瞻星台の説」を発表して、瞻星台を天文台であることを論じた。[7]

解放後に瞻星台をめぐって様々な論議が起こったのも、その記録の少なさによる。仏教の天上界にそびえる須弥山を表した建造物、祭事を行う祭壇、その影によって方向や時刻を知るノーモン説など、当時の『韓国科学史学会誌』を見ると、相手の人格を攻撃するほどに論争がエスカレートしていたことがわかる。見方を変えれば、それほどに瞻星台は朝鮮科学史の重要対象ということなのだろう。現在では、天文学の意味を広く解釈し、また、「瞻」というのは仰ぎ見るという意味であり、それをそのまま受けとめて瞻星台は天文台ということに落ち着いている。(8)

(5)高麗の天文学

高麗の優れた科学技術は多岐にわたるが、まず、第一に挙げられるのが天文学である。高麗時代の天文観測記録は、『高麗史』の「天文志」および「五行志」に記録されているが、そこには日食一三五回、彗星八七回などの記録がある。高麗には「書雲観」と呼ばれる天文観測を担当する部署があったが、開城の宮廷址の近くには天文台の築台が残っている。花崗岩製で四隅と真中の柱によって二階部分の床を支えているが、その床にはいくつかの穴があり、そこに柱を立て上部にも構造物があったと考えられている。新羅時代の慶州・瞻星台が象徴的な形状であったのに対し、高麗のこの天文台は機能を重視したもので、それは観念的なものからより科学的なものへの天文学の発展を物語る。

天文観測は暦書の作成に役立てられたが、とくに書雲観の官吏であった姜保（カンボ）が一三四三年に執筆した『授時暦捷法立成』は、高い水準の天文理論書と評価されている。例えば、そこでは季節によって異なる黄道上での太陽の速さを求めているが、高次補間法と多項式に関する便利な計算式が用いられており、それは一八世紀のイギリスの数学者ホーナーによる方法と類似するものであると指摘されている。(9)

高麗の天文学で特筆すべきは太陽黒点に関する記録で、一〇二四～一三八三年までに三四回が確認されている。一般的には一六一〇年のガリレオによる観測が有名であるが、高麗の観測はそれよりも五〇〇年以上も早い。さらに重要なことは長期間にわたって観測されたことで、その間隔七・三～一七・一年から平均周期が確認できることである。太陽黒点の数が一一年周期で増減を繰り返すことは一八四三年に発見された事実で、これが太陽物理学の基礎となった。高麗の観測記録はそれに先立つものであると同時に、約八〇〇年前の太陽も現在と同じような活動を行っていたことを実証する貴重な資料である。

(6)朝鮮前期の天文学

東アジアでは伝統的に王は天によって選ばれたものが政事を行うと考えられており、歴代の王たちは天体の動きと天象の変化に大きな関心を傾けた。そこで当然のごとく天体観測が国家の重要事業となり、天を象徴する天文図の作成に力が注がれた。すでに述べたが朝鮮王朝の太祖となった李成桂にとって幸運にも、唐・新羅連合軍との戦火の中で大同江に没した高句麗石刻天文図を献じた人がいた。それを基に新たな観測によって修正して一三九五年に作られたのが『天象列次分野之図』である。星座の配列を一二に分けて順に並べた図という意味であるが、この名称は朝鮮独自のものである。

『天象列次分野之図』が高句麗の石刻天文図を基に作られたというのは、そこに刻まれた銘文から判明することである。『天象列次分野之図』には、「論天」と題して蓋天説、渾天説、宣夜説、安天説、昕天説、穹天説の中国古来の六つの伝統的宇宙論が列挙されており、当時、朝鮮の宇宙論がどのようなものなのかを知ることができる。記事を書いたのは当代随一の文人といわれた権近（クォングン）（一三五二―一四〇九）であるが、そこでは正統的宇宙観は渾天説であると規定している。

蓋天説は平面上で星の動きを追うが、渾天説は球面上での星の動きを追うのでより観測に合致することは改めて述べるまでもなく、蓋天説から渾天説への移行は当然のことである。では、朝鮮ではそれはいつ頃のことだったのだろうか？　新羅の瞻星台が「天円地方」説を象徴したものならば高麗時代ということになるだろう。もっとも、歴代王朝は暦書の作成と関連した天文学を重視したが、宇宙の構造には関心は薄く、それを明確に語ったものは見当たらない。権近は高麗時代から活躍した学者であり、少なくともそれ以前には渾天説は確立していたといえるだろう。

　とくに第四代王の世宗時代にはそれに基づく様々な天文観測機器が製作され、朝鮮独自の天文暦書である『七政算』が編纂されている[10]。暦書には、季節の移り変わり、月の満ち欠け、日の出、日没、そして日・月食の日時が記されているが、とくに日・月食をあらかじめ知ることは天の意思によって政治を行うという為政者にとってもっとも重要な事項であった。現在はニュートン力学によって太陽系の惑星の位置は過去から未来まで正確に知ることができ、日・月食がいつ起こるのかも予測することができる。ところが、東洋では太陽や月の動きを観測し、それに基づいた経験則を求めてそれらの位置を予測するために、作成した暦書も時間とともに実際の運行とのズレが生じる。さらに、朝鮮では朝貢関係にあった中国の暦書を用いており、その場所の違いによるズレもあった。

　そこで、世宗は一四三二年に集賢殿の学者に天文理論の研究を、同時に李蔵（リチョン）、蔣英実（チャンヨンシル）らに天文観測器機の製作を命じた。李蔵、蔣英実らは、まず緯度測定器である木製「簡儀」を製作し、それによってソウルの緯度を三八度弱と確認した後、より精密で耐久性の優れた銅製の簡儀を製作する。さらに、蔣英実は天の形象を再現する儀機である渾儀・渾象、懸珠日晷・天平日晷・指南日晷・仰釜日晷などの日時計、夜にも時間を測定できる日星定時儀などを次々と考案・製作している。

　彼らが制作した天文機器によってソウルにおける様々な観測値をもとに、一四四三年に完成した朝鮮独自の暦書、それが『七政算』である。七政とは日月と五つの惑星のことで、『七政算』はその運行を計算する書という意味である。『七政算』は内編と外編に分かれているが、内編は中国の『授時暦』の原理を習得して作成された朝鮮の実情に合う暦書である。外編はアラビアの『回回暦』を検討し天文理論を補充したもので、当時の最高水準の暦書といえる。それは日本にも影響を与えているが、特筆すべきは一六四三年に朝鮮通信使の製術官として来日した朴安期が、岡野井玄貞（おかのいげんてい）に天文暦学の知識を伝えたという事実である。[11]というのも、岡野井玄貞は日本独自の『貞享暦』を作成した幕府天文方・渋川春海の師であり、当然、何らかの影響を与えたと思われるからである。実際、渋川は『天象列次分野之図』と類似の天文図を残している。

『七政算』を執筆したのは、鄭麟趾（チョンリンジ）、鄭招（チョンチョ）、李純之（リスンジ）らであるが、とくに李純之は『七政算』をはじめ一〇巻以上の天文書籍を刊行・校正している。そのなかで、とくに重要なものとして『諸家暦象集』と『天文類抄』をあげることができる。『諸家暦象集』は天文・暦法・儀象・晷漏の四巻ならなり、それまでの天文学的知識を整理したものである。また、後者は星座の様子を詳しく紹介したもので、両書は朝鮮王朝時代に天文学を学ぶ者たちの基本図書となっただけでなく、現代においても天文学史の貴重な資料となっている。

世宗時代は天文学のみならず様々な学術分野での発展があったが、中国の『性理大全』が刊行されたのもこの時代である。そこには中国宋代の宇宙論に関する著述も含まれており、第五章で詳しく述べるように朝鮮の宇宙論の展開に大きな影響を与えることになる。しかし、李純之に代表される天文学者は暦書の作成こそが至上課題であり、宇宙の生成消滅はいうにおよばず、全体的構造については関心が薄い。ゆえに、その展開を担うのは儒学者、実学者といわれる人たちであり、その延長線上に金錫文や洪大容がいる。

三　西洋の宇宙論

前節では、朝鮮の伝統的宇宙観について述べたが、では西洋の宇宙観はどのようなものであったかを簡単に見ておきたい。紀元前六世紀にピタゴラスは中心に地球があり、その周りを太陽、月、惑星が回り、最外殻に恒星が配置されている宇宙を考えていたという。ピタゴラスは世界の調和という考えを重んじ、その球殻間の距離はある有理数と関係しているとした。紀元前四世紀のプラトンは宇宙は神が造ったものであり、それが「完全」になるためには「円」であるという観点から宇宙を考えた。その弟子のアリストテレスも、ピタゴラスと同様な宇宙を考え、さらに一番外に神の世界が存在するとした。そして、それは不動で神聖であり、それより内側の球殻を回転させる原動力になるとした。その後、二世紀になってそれを改良させたものをプトレマイオスがその著書『アルマゲスト』で集大成した。地球を中心として、太陽、月などがその周りを回るという天動説は、その後一五〇〇年間にわたり一般の宇宙観として受け入れられることになる。

これに対し、一六世紀になってコペルニクス（一四七三―一五四三）が地球は太陽の周りを回るという地動説を展開する。彼はその著書『天体の回転について』（一五四三）で宇宙は球であること、地もまた球であること、天体の運動は円であり、地球もまた円運動を行うと主張した。コペルニクスは運動の相対性から天動説を捨てて地動説を唱えることは何の不都合もないとし、地球の運動を仮定すれば、ほかの惑星の運動が地球の回転に関係づけられ、その運動がすべての他の星の基礎として採用されるならば見かけの運動ばかりでなく、すべての星と軌道の秩序と大きさが導き出されることなどを、観測を通じて知ることができるとした。ただし、コペルニクスは宇宙の中心を太陽としている点に留意する必要があるだろう。

コペルニクスにおける地球相対化の観点は、ガリレオ（一五四六―一六四二）によってより身近なものとなる。周知のようにガリレオは望遠鏡を製作して天体観測を行うが、月にも地球と同じように山や谷があり、地上の物質と同じもので造られていると考えた。また、木星の観測を通じて、その周りを小さな星が回り、それが太陽の周りを惑星が回るのと同じであることを知った。そして、ガリレオはコペルニクス説を積極的に支持するが、彼にあっては地球を相対化する観点がより大きなスケールで成り立っている。

ガリレオの宇宙観がキリストの教えと反するとして宗教裁判にかけられたことは有名な話で、彼は何とか死刑を免れたが、自身の説を曲げずに火あぶりにされたのはジョルダーノ・ブルーノ（一五四八―一六〇〇）である。彼は『無限、宇宙と諸世界について』で、この宇宙は無限、諸世界も無数であり、無数の地球、無数の太陽の存在を主張した。これが、宇宙の中心を地球とするキリスト教の教えと真っ向から対立することは明らかである。

しかし、地球中心的な考えを捨てきれず、それと観測をもとに宇宙の構造を考えたのがティコ・ブラーエ（一五四六―?）である。彼はガリレオより少し前の人物であるが、他の惑星は太陽の周りを回り、太陽と月は地球の周りを回るとした。

彼は裕福な人物で、私費で大きな天文台を作るが、その助手にケプラー（一五七一―一六三〇）がいた。ケプラーは火星の観測を担当するが、長い観測の結果、火星の軌道が楕円であると知り、他の惑星の軌道も楕円であると考えた。これはケプラーの第一法則として知られているが、また観測によって、第二・第三法則も発見している。

天体についてのケプラーの法則と地上の運動についておもにガリレオが得た知識を基に、微分積分を用いて一つの理論体系としたのがニュートン（一六四二―一七二七）である。ニュートンの法則はどの天体についても成立し、したがって宇宙空間の特定な場所を選ぶものではない。また、ニュートンの力学は時間と空間が背景にあり、そのうえでの現象を追究する。すなわち、ニュートンの宇宙観は一様な宇宙となる。ゆえに、そこでは宇宙の生成論の面が弱かった。

ニュートンの少し前のデカルト（一五九六―一六五〇）は、無限の宇宙空間に物質が満たされ、それが無数の渦を生じ、この渦のなかから恒星や惑星が生まれたとした。カント（一七二八―一八〇四）は、無数の銀河の存在を考えて宇宙の構造と生成を論じ、「星雲説」を唱えた。また、ラプラス（一七四九—一八二七）もカントとは別の星雲説によって、太陽系の起源を説明しようとした。

さて、以上のように西洋における宇宙観の変遷を概観したが、朝鮮の伝統的宇宙観と比べると、はじめから決定的な差異があることがわかる。朝鮮の伝統的宇宙観の特徴は、天と地を二極に分化し、それを面とし、その統一として宇宙を考えていたことである。これは、西洋の宇宙観、例えばピタゴラスやアリストテレスなどが地球を文字通り球とし、太陽、月、惑星などを構成要素とし、その調和としての宇宙を考えたことと比べると極めて対照的である。また、天と地を対峙させるという考えは、陰陽観念の発生の因と思われるが、それは天と人との対峙でもある。この陰陽観念は宇宙の生成にそのまま適用されている。宇宙論は構造論と生成進化論を基本内容とするが、それらは互いに関連しあい、時には他を規定することもある。西洋での宇宙の調和的構造は、宇宙は神の創造物という考えが背景にあったからである。また、西洋の自然観はあくまでも客観に徹しようとするのに対し、東洋の自然観は人間を自然のなかに含む傾向があり、その結果自然観が主観的になりがちであると指摘されているが[12]、それはまさにこの宇宙観から始まるものである。

そうすると、朝鮮や中国において、その伝統的宇宙観から脱皮するためには、まず地球を文字通り球として認識することが先決条件である。次に、それが正しい宇宙観へと発展するためには、天動説から地動説へと移行したコペルニクスにおいて見られるように地球中心の考えを捨てて、それを相対化しなければならない。また、思想的には古い陰陽観念の克服が必要であり、同時にその宇宙論がより科学的であるためには自然に対しての客観的立場を確立しなければならない。地球説の確立と相対化、陰陽五行説などの古い観念の克服と自然の客観化は、朝鮮における独自の宇宙論発展の課題である。

四　地球説の受容

前節で、朝鮮の独自な宇宙論の構築の一つの契機は、地球を文字通り球と認識することと指摘したのだが、朝鮮で地球説が独自に発展したという事実は今のところはなく、それは西洋の知識の伝達である。では、それはどのような過程を通じて行われたのかを明らかにする必要がある。これは朝鮮での宇宙論の発展過程を見るうえだけでなく、次のような観点からも興味深い。それは、地球説という新しい説を受け入れるのには、どのような思考の発展があり、それがなされたのかという科学的認識の観点である。また、地球説を初めとする西洋の知識がどのような過程を通じて受け入れられたのかという歴史的観点である。地球説は西洋から伝達された知識のなかで最も注目されうるものであった。

朝鮮の場合、西洋の知識は殆ど中国を通じて間接的になされている。一七世紀の始め実学の先駆者といわれる李睟光は中国で出版された西洋の自然科学の書物を研究し、『芝峰類説』という書を著している。そのなかで李睟光は一六〇三年に李光庭（リグァンジョン）と権憘（クォンフィ）が北京からマテオ・リッチの『坤輿万国全図』を朝鮮に持ち込んだことを記述している。この地図は大地を球体として描いており、これが朝鮮への地球説の初めての伝来といえる。

朝鮮に地球説が導入された時に、人々がどのような反応を示したのかということについては、具体的に知られていない。日本では、有名な例として林羅山が「地の下に天があるはずはない」と主張して論争したことが知られている。林羅山は日本の朱子学の代表的人物であり、彼は藤原惺窩の弟子である。藤原惺窩は日本に連行された朝鮮の朱子学者・姜沆（カンハン）から教えを受けている。ゆえに、朱子学が盛んであった朝鮮でも地球説が初めて導入された時には、林羅山と同じような反応を示したのではないかという想像はできる。

地球説の正当性を主張するのに当時、神学校の教科書として執筆されたゴメスの『天球論』では、地球説の正当性の論拠として次のようなことをあげている[13]。まず、日出没の時差や月食時の地球の影が円いこと、海面もまた球状であり落下する水は球状になること、重いものは中心に向かって円くなること、地と海が一つになった球が地球であり、港に近づく舟からは山や塔の頂から見え始めること、東へ東へと航海したものが元の港へ帰り着くことなどである。これらの内容と他の西洋知識、たとえば暦学の正しさと共に地球説は受け入れられたと思われる。金万重の『西浦漫筆』には西洋の知識としての地球説の記述があり、一六六九年に李敏哲(リミンチョル)、宋以頴(ソンイヨン)が製作した渾天儀には地球儀が取り付けられている[14]。一六世紀後半には地球説は承認されていた。

しかし、完全な地球説を確立するためには、球面上で物体がどのように定着するのかという問題、すなわち引力の概念が確立されなければならない。この時点ではそれは当然未解決である。地球説を認めることは、それだけに留まらず伝統的宇宙観の見直し、西洋の宇宙観(プレイマイオスの天動説)の受け入れを促す。また、西洋の宇宙観とことさら意識しなくても、渾天説の体系に地球説を取り入れると西洋の天動説と本質的に同じものになる。そうすると、次の段階への宇宙論の正しい発展は天動説から地動説への移行である。

五 金錫文の象数学的宇宙論

一八世紀の実学者である朴趾源は、『熱河日記』の『鵠汀筆談』で〝朝鮮の近世の先輩で金錫文という人が三個の大きな球が空に浮いているという説を考え、私の友人の洪大容が地転説を唱えた〟と書いている[15]。これに続いて金錫文は自分よりも一〇〇年も前の人であり、その著書はないこと、洪大容にも著書がないと述べている。ところが、洪大容については、その地転説を含む宇宙論その他を展開した『毉山問答』を含む著作集『湛軒書』が一九三七年に五代孫である洪栄善によって刊行された。さらに金錫文の著書については、一九七三年に閔泳珪によって発掘され、一九七五年に木版本『易学二十四図解』が世に紹介された[16]。そこでは、地転説および地動説の

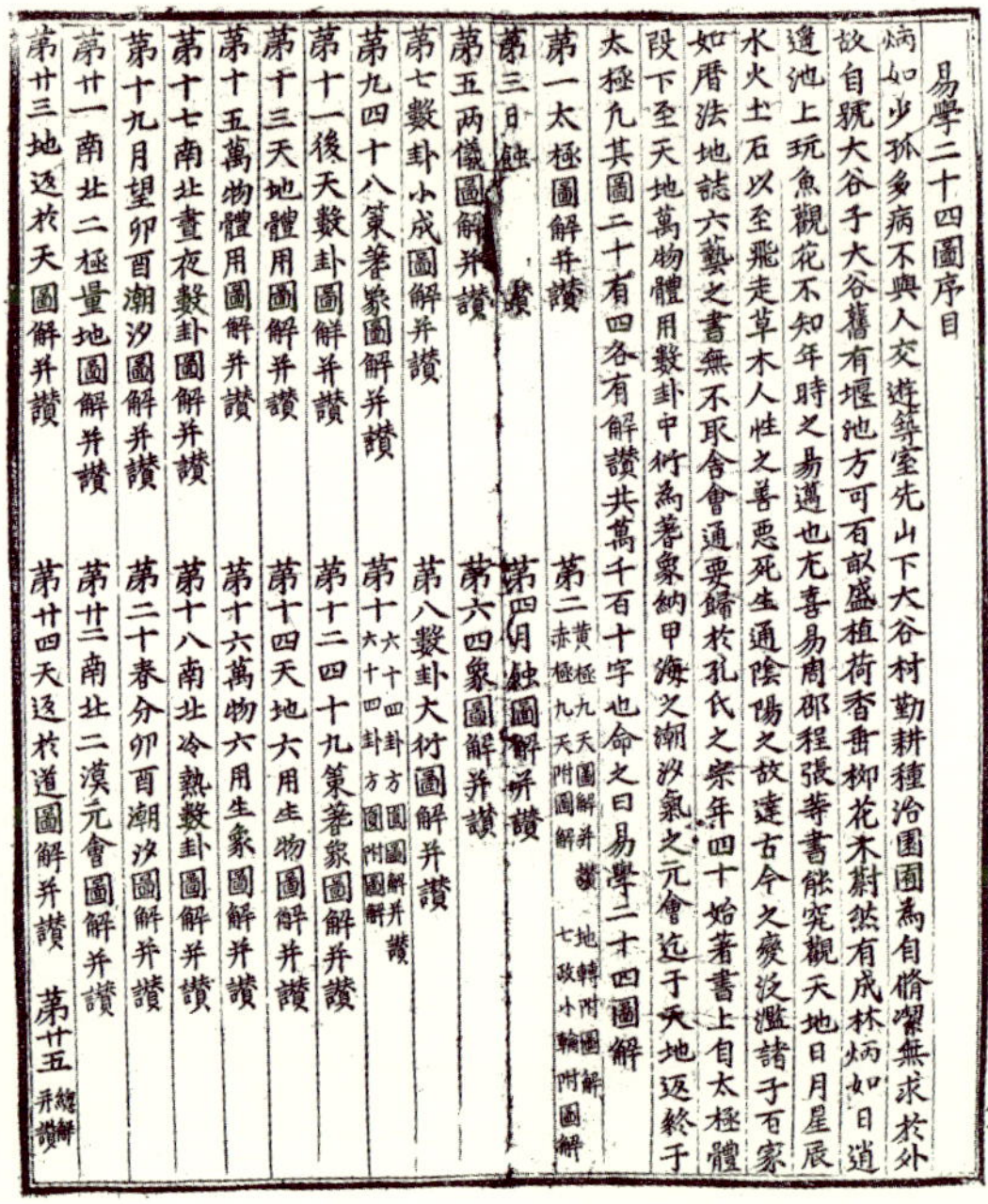
易學二十四圖序目
炳如少孤多病不與人交遊𥫗室先山下大谷村勤耕種治園圃為自修潔無求於外
故自號大谷子大谷舊有堰池方可百畝盛植荷香垂柳花木蔚然有成林炳如日逍
遥池上玩魚觀花不知年時之易邁也尤喜易周邵程張等書能究觀天地日月星辰
水火土石以至飛走草木人性之善悪死生通陰陽之故達古今之變汲濫諸子百家
如曆法地誌六藝之書無不取舍會通要歸於孔氏之宗年四十始著書上自太極體
段下至天地萬物體用數卦中衍為著象納甲海之潮汐氣之元會迄于天地返終于
太極凡其圖二十有四各有解讃共萬千百十字也命之曰易學二十四圖解
第一太極圖解并讃　第二黄極九天圖解并讃 赤極九天附圖解 地轉附圖解 七政小輪附圖解
第三日蝕圖解并讃　第四月蝕圖解并讃
第五兩儀圖解并讃　第六四象圖解并讃
第七數卦小成圖解并讃　第八數卦大衍圖解并讃
第九四十八策筮象圖解并讃　第十六十四卦方圖附圖解 六十四卦大方圖解并讃
第十一後天數卦圖解并讃　第十二四十九策筮象圖解并讃
第十三天地體用圖解并讃　第十四天地六用生物圖解并讃
第十五萬物體用圖解并讃　第十六萬物六用生象圖解并讃
第十七南北晝夜數卦圖解并讃　第十八南北冷熱數卦圖解并讃
第十九月望卯酉潮汐圖解并讃　第二十春分卯酉潮汐圖解并讃
第廿一南北二極量地圖解并讃　第廿二南北二漢元會圖解并讃
第廿三地返於天圖解并讃　第廿四天返於道圖解并讃　第廿五總解并讃

『易学二十四図解』序

明確な主張が成されている。

金錫文が『易学二十四図解』を書いたのは一六九七年で、ニュートンが『プリンキピア』を刊行したちょうど一〇年後のことであり、同じ頃日本では渋川春海が『天文瓊統』を著している。「易学」とは陰陽二気を根源とし万象の変化を考え、これに基づいて宇宙を統観し人事を窮治するという学である。金錫文は『易学二十四図解』の序で次のように書いている。

私はとりわけ易と周濂渓、邵康節、二程子、張横渠などの書を好んで読んだ。天地日月星辰水火土石から鳥獣草木、人間の善悪生死に至るまでを、よく観察考究し、陰陽のしくみ、古今の変化に精通せんと努めてきた。あらゆる学派の説を渉猟してきたつもりだが、とくに暦法地誌六芸関係の書は批判的に吟味し、通じていないものはないといえる。もちろん全ては孔子の学に帰するのだが。そうして四十才になって始めて書を著した。[17]

そうして、太極図をはじめとして二四の図に対する解説を試みる。[18]『易学二十四図解』と名づけた所以である。

それらの題名から明らかなように金錫文は自然科学者というよりも、道学者として宇宙を論じたのである。前章で述べたように金錫文の宇宙論に関して日本で最初に研究を行ったのは小川晴久であるが、ここでは、彼の論考を参考にしながら[19]、金錫文の宇宙論がどのようなものであり、それが朝鮮の宇宙論発展においてどのような意味を持つのかを明らかにしたい。

金錫文が『易学二十四図解』で述べた宇宙の構造は次のようなものである。まず、天心（宇宙の中心）があり、その近くに第一天として地球が置かれている。次に地球から月までを第二天とし、地球から太陽までを第三天とする。第四天は地球から火星まで、第五天は木星まで、第六天は土星まで、第七天は恒星まで、第八天は地球から太虚までで、最後に第九天が太虚の外の太極までである。ここには水星と金星が出てこないが、それは太陽の周りを回るとしている。この太虚・太極とは宇宙万物の元始であるが、彼は太極から太虚が生じ、太虚において気が凝集して万物になると考えていた。太極は周濂渓、太虚は張横渠の哲学の根本概念で、本来それぞれ独自なものだが、金錫文はそれを統合したのである。彼の宇宙構造における特徴は、地球が宇宙の中心ではないこと、またその惑星の配置についてはティコ・ブラーエの体系が参考になっていることである。

また、彼は太極は不動で、太虚内のそれぞれの天が内に行くほど速く回転するとした。例えば、太陽については〝日輪於太虚中其動也益疾一年而一周〟とし、月は〝月輪於太虚中其動也益疾一年而十二周〟であり、地球については〝最下也地質其動也極疾一年而三百六十有六転〟と書いている。このようなことから、小川は金錫文の宇宙論を〝中動外静・外遅中疾の宇宙〟表現している。

ところで、地球については転という単位を用い、その他の星（天）には周という単位を用いていることに注意したい。すなわち、地球を除く他の星については天心に対する公転を考えているのに対し、地球についてはその自転を述べているのである。では、地球の公転については全然考えていなかったかというとそうではなく、彼はその公転周期を恒星天と同じ二五四四〇年としていたのである。この二五四四〇年という数値は当時に信じられていた歳次運動の一周期の値で、実際は地球の自転軸の回転周期だが、当時は恒星が動くものと考えていたのである。

さらに、金錫文は地球自転の速度は一日九万里で、すべての天体も同じ速度で運動するとした。そうすると、その公転周期を与えるとその天体までの距離も決まる。一例として、一番外の太虚天までの距離を見てみよう。まず、一日に移動する角度を「一虚」とするが、虚は一度＝六〇分、一分＝六〇秒という六〇進法で、以下、微・繊・芒・未・塵・忽、そして虚となり、ちょうど一度は六〇の九乗虚となる。そして、一虚の移動は距離にすると九万里なので、それを三六〇倍したものが太虚天の円周となる。そして、そこから半径が割り出せるというわけである。このようにある特定の数値に意味を与え、自然界で存在する数値をそこから算出するような試みを象数学という。ゆえに、金錫文の宇宙論の大きな特徴は象数学的という点にあるが、この点について小川の論考ではほとんど触れられていない。

象数は易学の基本概念であるが、儒学者たちはこの用語を自然界の数理的理致に対する探求行為全般を意味するものとして用いてきた。この象数学による宇宙論は、宋代の邵雍（しょうよう）（康節（こうせつ））が探求したものであるが、その内容については次章で詳しく述べることにして、ここでは著者が考えるところの象数学的宇宙論について簡単に述べておきたい。

まず、象数学であるが、それは「形而上の原理を数の特性に基づいて定式化し、それによって形而下の現象を説明しようとする試み」といえる。また、逆に「形而下の現象に特定の数を見出し、それを原理として確立する試み」も象数学といえるだろう。では、どのようなものが象数なのだろうか？　まず、一である。儒学者たちはしばしばそれを根源的存在である「太極」を意味するものとして用いた。次に二である。これは陰陽の二つの気の存在に起因する数であり、それは太極から派生するものと考えられた。次に四である。これは、四象の四であるとともに、二の倍数である。そして、八卦の八、六四卦の六四も象数である。さらに五行説の五、干支の一二、月の満ち欠けの三〇、その乗である三六〇も象数である。要するに、何らかの特別な意味を付与された数が象数で、それらの象数でもって自然現象を説明しようとする試みが象数学である。その典型といえるのが陰陽五行説で、東アジアの伝統的パラダイムとして君臨してきたことは周知の事実である。

さて、このような象数でもって宇宙について何を語れるのだろうか？　宇宙論の基本内容は構造論と生成論である。構造論においては諸天体間の距離、運行速度、宇宙の大きさなどが特定の数と関連するだろう。まさに、金錫文の宇宙論がそうである。また、生成論においては宇宙の生成消滅の時間などが象数によって与えられるだろう。とくに、この立場に立てば、宇宙の生成消滅の循環論が必然的に浮上することになる。

時間に関する象数は、一年＝一二ヶ月、一ヶ月＝三〇日、一日＝一二時間、一時間＝三〇分、一分＝一二秒を外挿するように、一二と三〇を反復させ、一世＝三〇年、一運＝一二世、一会＝三〇運、そして一二会を一元とする。ゆえに、一元は一二九六〇〇年となる。この一元を周期とする宇宙の生成消滅を考えたのが邵雍の循環論的宇宙である。邵雍は、一元を一二に分けた会を干支の名前をつけ、最初の子・牛・寅会で天地が生成され、最後の戌・亥会で消滅、それが繰り返されると考えた。

では、金錫文はこの点についてどのように考えていたのだろうか？　彼は、天体の運行によって、それぞれの時間を意味づけた。たとえば、一年は太陽の黄道上の運行による季節の変化であり、一運は黄道の長さの増減による地上における太陽の高度の変化であり、一会は公転による地球上の開物・閉物の時間単位である。前述のように金錫文は地球の公転周期を二五四四〇年としたが、それを二会とし三〇周を一元とした。ゆえに一元は七六三二〇〇年となる。邵雍の一元とは約六倍もの差があるが、それは意に介していない。そして、一元を自乗すると約五・八×一〇の一一乗となるが、それが小運である。さらに、それを自乗したものが大運（三・四×一〇の二三乗）であり、さらにその大運を自乗した一・一五×一〇の四七乗をこの宇宙の寿命とした。そして、それが太極によって再び生成されるのである。金錫文は象数学を西洋の天文知識によってより精巧化させたが、ここまでくると、このような数字は象数の枠を越えて次章で言及する術数といえるものだろう。

さて、前述の宇宙構造とその天体の運動から明らかなように、金錫文は朝鮮における地転説の初めての提唱者といえるが、それだけではなく彼は朝鮮で初めて西洋天文学の知識を積極的に取り入れ、独自の宇宙論を構築する第一歩を踏み出した人物である。次に、朝鮮での宇宙論の独自的な発展の観点から、地球説の確立と地球の相対化、そして古い陰陽観念の克服が金錫文においてどのようになされたのかについて検討しよう。

まず、地球説の確立については、『易学二十四図解』では、地球を文字通り球として日食図、月食図などを描いている。金錫文は清風金氏という名門の出身であり、一族の二代前には朝鮮で『時憲暦』を採用するのに大きな役割を果たした金堉がいた。金堉は西洋暦法書は入手するのに努めており、金錫文はそれによって西洋科学知識とともに地球説を吸収したと思われる。

次に地球相対化についてだが、彼は地転の正当性を述べるために次のように書いている。

今地上から見ると諸星は左行しているように見えるが、星の実際の運行ではない。星には昼夜に天を一周する運行はなく、地球と大気と火が合わさり一球をなし、西から東へ毎日一周するだけである。ちょうど人が船に乗っていて岸や樹々を見ると自分が動いているとは思わず、岸が動いているように見えるのと同じである。地上の人が星が動いているように思うのもこれと同じ理屈である。このように考えれば、地球一つを動かすだけで天井の星を皆動かさなくてもよく、地球の小さな回転だけで天空の大回転という難事を回避することができる。[20]

ここに、地球相対化の考えが見事に披瀝されている。実は、これは彼の考えではなく、西洋の天文学書『五緯暦指』からの引用であると明記している。その『五緯暦指』では、否定的な見解としてコペルニクス説を紹介しているのだが[21]、金錫文はむしろそれに真理を見いだし自分の主張に取り入れたのである。否定的な見解のなかに、真実を見いだしえたということは、その時点で金錫文には、ある程度の地球相対化が進んでいたか、またはそれを可能とする思想的背景があったということである。まさに、彼にあっては古い陰陽観念の克服とそれが密接に結びついていたのである。

小川が指摘したように、金錫文は自己の体系の根拠づけを周敦頤（しゅうとんい）（濂渓（れんけい））の『太極図説』の諸命題の解釈によって行っている。例えば、地転については、〝動極まりて静とはどういう意味か。地上の人間が極めて疾く動いているのを知らず、逆に地面を見て静止していると思う、それである[22]〟としているが、陰陽観念についても次のように書いている。

> 陰に分かれ陽に分かれて両儀立つとはどういう意味か。天というのは至大であって地を包んで外に無限に広がっている。ところが人間は天と比べれば甚だ微小なものでこの地に生きている。この地上に生きて天の至大さを知らず、かえって天を地と対に見て、清半を天とし濁半を地とした[23]。

陰陽観念は人間が自分たちの生きるこの地を絶対化したことから始まる。しかし、地球は天と比べうる存在ではなく、そこに住む人は「甚微」に過ぎない存在である。であれば地の小さな自転で天の大回転という難事を解決できるとした『五緯暦指』の内容を真実と認めることは、困難なことではないだろう。また、天と地に対する右のような理解は、その二つを対峙させる伝統的宇宙観を当然否定するものであり、それだけでなく地球が宇宙の中心にあるという考えも否定されるだろう。まさに、彼の宇宙論の特徴の一つがここから出てきたのである。しかし、金錫文は陰陽観念すべてを克服したのではなく、その始まりとなったところの地球の絶対化を否定したのであり、論理としてのそれは残されている。

また、金錫文は地球の宇宙中心は否定したものの、宇宙の中心それ自体は残している。同心円的宇宙を考えるかぎり中心の存在は不可欠である。金錫文は宇宙生成において、最も外側の太極で太虚が創られ、以下の各天が生まれるとしたが、太極を一番外に置く限り、またそれが観念的で不可知であるかぎり一番外に置くしかなく、その構造が同心円的になるのは当然の帰結である。金錫文が同心円的宇宙に固執した理由は、それが西洋の科学知識ということだけでなく、太極から太虚が創られるという易学の原理と融合したからである。また、次節で述べるが、階層性の認識の欠如もその一因である。自然科学的知識（おもには西洋のもの）の東洋の伝統的思想（易学あるいは象数学）による解釈、これが金錫文の宇宙論の本質であろう。

六　洪大容の無限宇宙論

洪大容は実学者として知られているが、彼は朝鮮歴史上有数の自然科学者の一人といえる人物である。前章で述べたように、以前には朝鮮における地転説の提唱者として知られていたが、彼の本領はその宇宙論にある。ここでは朝鮮における宇宙論発展の観点から、金錫文の宇宙論との比較において、洪大容の宇宙論の内容と性格について考察するとともに、そこに至った彼の思考方法について論じることにする。なお、本書付録では原文を掲載しているので、『毉山問答』の引用箇所はその頁と行番号で示す。

(1) 宇宙論の展開

洪大容が宇宙論を展開した『毉山問答』は、儒学者として型どおりの学問を治めた虚子という人物の疑問に対し、実翁という人物が答えるという図式になっている。そこで人間と万物誕生の根本は何かという虚子の問いに対し、それは天地にあるので、それからまず述べるとして宇宙論を展開するのである。ここでは、まずその内容を原文を引用しながら項目別に整理する。

①宇宙生成

まず実翁（洪大容）は宇宙生成について次のように述べている。

寥廓な太虚に充満しているのは気である。内も外もなく始めも終わりもなく、積もった気が凝集して物質を形成し、虚空に回転しながら留まった、いわゆる地球、太陽、月、星たちはまさにそういうものである。だいたい、地球は水と土で形成されているが、その形体は円く、少しもやむことなく回転しながら虚空に浮いているからこそ、すべての物体がその表面に定着できる。(24)

宋代学者の張載が「太虚即気」という命題を提示したことはよく知られているが、洪大容の宇宙論もそれを基礎においている。ただし、次章で詳しく述べるように、朝鮮においてその命題を出発点して独自の宇宙論を展開したのは一六世紀後半の哲学者・徐敬徳であり、洪大容の宇宙論はそれを継承発展させたものといえる。

②地球説

「天円地方」説を主張する虚子は地球が円いとした理由を尋ねるのだが、実翁は日食・月食は円く見えるが、それは地球の影だから当然地球は円いこと、また高いところに昇れば視覚に限界があるにしろ海外四方が一望出来るはずだがそうではないと指摘する。そして、西洋のある地域での研究方法が細密で測量技術が充分に発展し地球が円いということは疑いの余地のないものとなったとしている。洪大容が、まず地球説を強調しているのは、宇宙観の変遷における地球説確立の重要性の反映である。また、当時（一八世紀）でも地球説は一般常識として確立していなかったということかもしれない。

③「天円地方」説の矛盾

地球が円いとすると、その上にどのように定着できるのかが当然の疑問となり、「引力」によって解決しなければならないのだが、その前に洪大容は「天円地方」説の矛盾を明らかにし、その解消と地転説を結びつけている。

「天円地方」説では、地は平面で万物はその上面に定着している。それは裏面であれば下に落ちるからである。では、なぜ地という重たいものは落ちず浮いているのか、虚子は空気に乗っているからと答える。この言葉が軽率で矛盾することを実翁は叱るのだが、これは虚子個人の問題ではなく「天円地方」説そのものが持つ矛盾である。「天円地方」説を支える上下の観念は地を絶対化するときのみ作用するものであり、それは地を相対化した瞬間に相反するものとなる。

第二節では朝鮮朝時代における伝統的宇宙観は渾天説であるとしたのだが、洪大容がここで克服すべき対象としたのは蓋天説である。それは、渾天説も蓋天説も地球説の確立から見れば本質的には同じようなものであり、また一般には蓋天説が普及していたということが考えられる。

④宇宙空間の一様性と地転

それに気づいた虚子は羽のような軽いものも落ちるのに、大地のように重いものが今まで落ちなかったのはどういうわけかを問い、実翁は次のように答える。

限りなく広い宇宙空間は天地とか東西南北の区分もないものを、何故、上下の形勢があろう？……太陽と月と星が空にあってより高く昇らず、地に沈んでも落ちず永久に空間に浮かんでいるが、宇宙空間に上下がないのは、あまりにも明白なこと。(25)

宇宙空間は元々一様であり、上下の区別などない。であれば地球上で上下の形勢があるのは、地球の特殊性を考えるしかない。それが自転である。

地球がこのように速く回転することにより、空気は上で密封され下に集まり、上下の勢が作られる。これが地面の形勢であり、地から離れればこのような勢はない。また、磁石が鉄を吸収し琥珀が藁屑を引き付けるが、自己と同じような部類が互いに感応するのは物体の固有な理致である。(26)

文章のなかの上下の勢と自己と同じ部類が互いに引き合うという説明は、必ずしも同じ内容ではないが、洪大容が自然のなかに引力の存在を認めていることが重要である。

⑤天動説の再検討

地球がそれほど速く回転すると、地上の物は倒れないのかという虚子の疑問に対して、地球の周りの気も一緒に回転することと、むしろ天が動くとすると、その風の方がよっぽど烈しいものとなるのではないかと述べる。それでも虚子は、西洋でも天動説であり、孔子も「天行健」と述べているとする。実翁は張横渠も地動について言及し、西洋でも「舟行岸行」の推説があるとし、さらに天動説を主張したのは観測には便利であるからとする。また、天が運動し地球が回転することは、その「勢」（ありさま）において同じで区分する必要はないが、はるか彼方にまで星が散らばった天が回転するならばその速さはどれ程か計り知れず、やはり天動説には無理があるとする。

地が回転するのか、あるいは天が回転するのか、事実は前者であるが、観測においてはそのどちらの立場に観点に立っても成立する。運動はもともと相対的だからである。後述するように運動の相対性に関する洪大容の理解は、すべてを相対化する方法論の結果として宇宙論構築において重要な役割を果たしている。

⑥すべての星の同等性

さらに、天動説での地球が宇宙の中心にあるという主張を否定し、次のように述べる。

空いっぱいの星たちも世界でないものはなく、星の世界から見れば地球もやはり一つの星である。限りない世界が空間に散らばっているのに、ただ地球が巧妙に真中にあるそのような理致はない。ゆえに世界でないものはなく、回転しないものはない。様々な世界の主観が地球の主観と同じで自分こそが中心というが、一つ一つの星たちがすべて世界である。(27)

⑦太陽系と階層性

宇宙は一様ですべての星は一つの世界である。しかし、それらの星は全く個々に存在するのではない。それについて洪大容は、太陽系を例として次のように述べている。

七政の体が車輪のように回転し、驢馬が石臼を回すように回っている。……五星とは太陽を周回するので太陽を中心とし、太陽と月は地球を周回するので地球を中心としている。そして、金星と水星は太陽に近く地球と月はその包囲圏の外にあり、火星、木星、土星は太陽から離れているので、地球と月はその包囲圏のなかにある。また、金星と水星の間にある数十の小さな星たちもすべて太陽を中心とし、火星、木星、土星の横にある四つ五つの小さな星は、各々三つの星を中心にしている。地球から見た様相がこのようなのだから、様々な星の世界からの様相も推測できる。ゆえに、地球が太陽と月の中心にはなれても五星の中心にはなれず、太陽が五星の中心にはなれても、すべての星の中心にはなれない。[28]

太陽系の星たちは、他の星の周りを公転するという固有な運動を行い、その意味で中心というものを考えることができる。しかし、段階的には中心が存在しても、それはすべてを包括する中心ではない。洪大容は太陽系の構造を階層的に理解しているが、この点については後で詳しく述べる。

⑧銀河

宇宙は一様であるが、階層的構造を持つ。これは、銀河についての考えにも反映される。

銀河は様々な星の世界が凝集して一つの世界を形成し、空界（宙）で旋回する大きな環をなし、その中には数千万の世界を包括し、太陽と地の世界もその中の一つに過ぎぬ。これが宇宙空間の一つの世界である。しかし、地球での主観がこうで、地球から見える範囲外に銀河世界のようなものが幾千億か知れず、われわれの小さな目を信じて軽率に銀河を一番大きい世界と規定することはできない。[29]

以上、洪大容の宇宙論を概略したが、それは地転説およびある意味で星雲説を含む無限宇宙論である。右の項目の順序は、『毉山問答』での展開そのままなのだが、それはまさしく彼の宇宙論の形成過程を描いたものである。同時に、地球説の受容と地を平面とする天動説の克服、この二つを出発点として、無限宇宙論へと発展させた理論展開は第三節で述べた課題の独創的な解決過程でもある。

それを具体的に見るために、金錫文の易学的宇宙論との本質的な違いについて指摘しておこう。まず、地転に対する理解において、金錫文はその論拠については述べているが、その必然性についてはいま一つ明確ではない。しかし、洪大容において地転は、引力に該当するものの原因として不可欠なものとして捉えられている。次に、宇宙構造において、金錫文のそれは同心円的であるのに対し、洪大容のそれは一様・無限である。さらに宇宙生成では、金錫文は観念的な太極による生成を考えているが、洪大容は無限の宇宙空間をアプリオリに与えたうえで、気一元論による万物の生成を考えた。これらは、そのまま洪大容の宇宙論の特徴といえる。

反面、金錫文は地球の公転を認めていたのだが、洪大容はそれを否定するという誤りを犯している。というのも、彼が西洋科学知識として信頼していたティコ・ブラーエの体系に地球の公転が考慮されていなかったからである。ただし、洪大容はそのことをまったく認識していなかったのではなく、公転しない理由を次のように述べている。

いくつかの世界の構成で形体の軽重と遅速に差異があり、軽く速いのは回転しながら他の世界を囲み回り、重く遅いのは回転するが他を囲んで回ることはできない。軽く速ければ囲み回る圏が非常に広く、火星・木星・土星がこの種類に属し、ごく重く遅ければその回る圏が切面となるが地界がこれである。(30)

文章中の「切面」は原文にある用語でそれ以上の説明はないが、地球が重いので公転の半径が小さくなり、結局、自転と区別できないようになったものと著者は理解している。

(2) 思考方法

洪大容はどのような考えによって、その宇宙論を形成したのか？　とくに重要なのは無限宇宙という考えであるが、ここで重要な契機となっているのは、宇宙の一様性と相対性、すべての世界の同等性と階層性の理解である[31]。宇宙空間は元々一様であり、そのなかに存在するすべてのものは、それぞれ一つの世界であり、それらの主観は相対的なものであるとして、宇宙の中心を否定した洪大容であるが、それは宇宙空間の無限の連続性によってのみ成立する。さらに、すべての星は同等であるが、それらが集まって、また一つの世界を形成するという太陽系・銀河系などの理解に見られる階層性も、それを順次繰り返す時に、宇宙の無限は当然要請される。階層性についての認識がなければ火星・木星・土星・恒星というように、ただ天を重ねる宇宙構造になっていくだろう。金錫文だけでなく、コペルニクス他の宇宙が同心円的であった理由の一つがこれである。

そうすると洪大容が一様性、相対性、同等性、階層性の考えに至った理由を追究しなければならないが、その背景には自然の客観化、すべてを相対化する認識の方法論と徹底した気一元論の確立がある。自然を客観化するということは、自然をありのままに認識し、自然現象の要因は自然そのものに求めるという立場である。洪大容が述べたところの空間が一様であることは太陽、月が永久に空間に浮かんでいることから明白であること、そして、地球と月と太陽を同列に扱い、地球を取り囲む空間も当然一様であることを認めたうえで（これは相対化）、地球の上下の勢は自転によるものであり、力の存在は自然の固有な理致であるという主張などに、それを見ることは容易である。

また、自然の客観化は気一元論の確立に反映される。洪大容は、「気」とは自然の根源的存在であり、「理」とはそれに付随する運動の理致であると考え、それによって宇宙の生成とともに様々な自然現象の説明を試みている。

とくに、洪大容は太陽の火の気を熱い気、地球上の水と土を冷たい気として、両者の相互作用によって万物が生成されるとして、従前の陰陽説を次のように否定している。

……陽の類があるというがその根本はすべて火で、陰の類にあるというがその根本はすべて地である。ゆえに古人がこれを見て陰陽説を唱えた。……古人の主張にもそれぞれで訳があるが、その根本を追究してみれば、実は太陽の火の遠近を意味し、天地の間に陰陽二つの気が別にあって後人たちがいうように時に発生・潜伏しながら造化を自在にするのではない(32)。

ここで、洪大容が太陽の火の気を今日のエネルギーのように捉えていることがわかるが、次のようなやり取りでそれはより明確になる。

虚子「地界のすべての生物がみな太陽の火の気に従属しているとすると、太陽が一日のうちに消滅すれば、この地面世界にはついには一つの生物もいなくなります。」

実翁「この地界のどこであろうが氷と土が互いに凝結すれば生物が生成できず、寒冷と混沌が一つの死の世界になる。ましてや虚空の中で太陽の火から遠く、死の世界に変じたものが千や万ではない(33)!」

また、五行説についても次のように否定する。

……五行の数は元来固定した理論ではなく、術家がそれを基本として河図・洛書、周易の卦・象で自分の意見を強引にあてはめたものだ。そうして相生相克とか飛伏とかいうでたらめな解説といろんな技巧を長がったらしく述べているが、結局は何の真理もない。だいたい火は太陽で土・水は地であり、木・金は太陽と地によって生成されるもので、これが火・水・土と同等な位置を占め五行になることはできない(34)。

第三節で陰陽五行説などの古い観念の克服が必要と指摘したが、まさに洪大容は明確にそれを行っている。彼の気一元論は、元素論的かつ化学的な性格を持つものといえるが、それは彼の自然科学知識と一体であり、そこに正当性がある。彼のすべては一つの世界という同等性の主張は、万物は気によって生成されたという気一元論が一つの根拠になっているのだろう。

また、それはすべてを相対化する認識の方法論の結果でもある。すべての相対化という時、まずは認識の視座である地球を相対化しなければならないが、その時、単に地球から太陽へとその視座を置き換えるだけでは不十分である。コペルニクスの宇宙はこの段階に留まったが、重要なことは認識主体とその視座を相対化することである。認識の視座を自己から他者へ、他者から自己への相互転換がいつでも可能なことが、すべての相対化の要求である。洪大容は、この相対化によって、それぞれが同等の世界であるとし、運動の相対性についての深い理解を示し、中華中心の世界観を次のように否定している。

中国と西洋との経度差も一八〇度だが、中国の人々は中国が地球の正面であり西洋を地球の裏面とし、西洋の人々は西洋が地球の正面であり中国を地球の裏面とする。しかし、その実は空を仰ぎ地を踏む以上、どの地域でも同じで、どのような側面も存在せず、どこもすべて地球の正面である。(35)

そして、相対化の方法論は階層性の理解へと発展して行く。事物の階層性を認識するためには、上位による下位の吸収という段階的構造だけでなく、それぞれの層に固有な運動と特質、その限界を見いだすことが重要である。そのためには対象の相対化は、当然の要求となってくる。太陽と月は地球を中心にして回り、五星は太陽を中心として回るというのは、ティコ・ブラーエの体系であり、それは本質的に地球中心説である。宇宙の中心を明確に否定している洪大容がそれをそのまま採用したことには、違和感がなくはない。そこで、彼は宇宙全体の構造だけでなく太陽系についても、段階的には中心の存在を認めるというような階層的理解によってブラーエの体系を自己の宇宙論に包摂したのである。

自然の客観化と原子論的気一元論、すべてを相対化する認識の方法論に、近代科学的側面を見ることができるが、ただし、それらは萌芽に過ぎない。このような点を踏まえて洪大容の宇宙論の性格を規定するならば、それは一つの「自然哲学」である。自然哲学という言葉は研究者によって様々に用いられているが、ここでは歴史的概念として〝経験的自然科学がまだ自然の多くの現象その客観的関連、相互依存性に科学的な説明を与えることができなかった時代に発展した自然学で、それは経験的所与に基づいてではなく、抽象的な思弁的原理に基づいて世界に関する知識を与えようとする試み〟[36]という定義で用いる。

洪大容による宇宙論の展開と様々な自然現象の説明の多くは想像や推測、類推によるもので、科学的理論には至っておらず、このように定義した自然哲学の典型ともいえるものである。この点に関しては、第六章でカントの宇宙論と比較しながら詳しく述べることにしたい。

(3)金錫文との関係

前述のように金錫文と洪大容の宇宙論について詳しく検討したが、両者の関係とその宇宙論がもつ朝鮮科学史における意義について言及しよう。『毉山問答』には金錫文の名前が出てこないが、洪大容の師である金元行と同輩である黄胤錫（ファンインソク）という人たちが金錫文の学説に傾倒していたことから、洪大容が金錫文の学説を知っていたのではないかと指摘されている[37]。また、内容的にも両者ともティコ・ブラーエの体系を採用していることや、西洋の「舟行岸行」の説について言及していることなど共通点もある。それらから見ると洪大容が金錫文の学説を知っていた可能性は大きいといえるかも知れない。しかし、現在までのところそれを確定する史料はなにもない。ゆえに、金錫文と洪大容の関係を論じる時には、その学説を知っていたか否かということよりも、科学史において彼らが果たした役割によって、その関係を明らかにすることが重要であろう。

朝鮮科学史における彼らの宇宙論の意味を指摘した最初の例は、洪以燮『朝鮮科学史』の次のような記述である。

金錫文の〈三丸説〉と洪大容の〈地転説〉は朝鮮学者の独自的な発見であったが、それが今日まで『熱河日記』の一節に記伝され、今に至っては現代人の興味を引くだけで、それを学理として発展し実践に役立つことがなかったことから、朝鮮の科学の天才的な点があったということのみで、それが世界史から分離されたのは、あまりに固陋な小華の世界にすべてのものを規定しようとする朝鮮人の停滞的な性格に帰結した産物といえる。(38)

また、近年では全相運が次のように指摘している。

金錫文、洪大容、朴趾源らの地球回転説は、朝鮮においては学者の知的探求による学問的理論、または天文現象として受け容れるにとどまり、それが儒教的社会体系にかかわる問題になることはなかった。それは別に社会的重要性をもつ思考ではなかったのである。(39)

洪以燮がそれを著した当時は金錫文と洪大容の研究はほとんど行われていなかった点に留意する必要があるが、彼らの著書が一般に普及せず、その宇宙論があまり知られていなかったというのは事実であり、この点から彼らの天才的側面は認めるものの、それの朝鮮科学史における影響はあまりないという見解は妥当である。また、全相運が指摘したように社会的な影響をもたなかったことも事実である。しかし、その影響の大きさのみで理論を評価するのではなく、その提唱自体の意義も考察されなければならないだろう。

すでに述べたように、西洋科学知識の受容を一つの契機として、伝統的宇宙観からの脱皮を果たした金錫文の象数学的宇宙論と洪大容の無限宇宙論は朝鮮独自の宇宙論である。どちらかといえば技術的所産が多い朝鮮科学史にあって、この独自の宇宙論の提唱は理論的活動の最も優れた業績の一つといえるだろう。

七 洪大容以降の宇宙論

前節では、洪大容の無限宇宙論を自然哲学と規定したが、では、その後、朝鮮の宇宙論はどのような展開をみせるのだろうか。ここでは、まず洪大と同時代の徐命膺（一七一六―八七）の宇宙論について言及し[40]、次に一九世紀の実学者・崔漢綺（一八〇三―七七）の宇宙論について簡単に見ることにしよう[41]。

(1)徐命膺の宇宙論

徐命膺は英・正祖代に政界で安定した位置を確保した官学者で、奎章閣・提学などの要職を歴任している。とくに、それまでの天文知識を整理した「象緯考」を含む『東国文献備考』（一七七〇）の編纂においては、責任者といえる編輯堂上官を務めるなど、当時を代表する天文学者といってもいいだろう。どちらかといえば自由な立場で実学を追究した洪大容とは対照的であり、両者の宇宙論に大きな違いがあることは十分に予想されるところである。

徐命膺は全六〇巻三一冊からなる『保晩斎叢書』を残しているが、そのなかの「髀礼準」、「先句斉」、「先天四演」などが宇宙論と関連する著作である。「髀礼準」は宇宙の全般的構造を朱子の九天説で説明した後、日月五星の形状と運動について記述したものであり、「先句斉」は天体の構造と運動に対する天文学的計算について整理したものである。そこでは、金錫文や洪大容が取り入れたティコ・ブラーエの体系を採用せず、地球を中心としてすべての天体が円運動を行うとするプトレマイオスの体系に従っている。それは彼が天文暦書の作成を主要課題とする天文学者であったことと無関係ではないだろう。

ただし、徐命膺はそれに留まらず、「先天四演」で易学的宇宙論を展開している。そこでは、天体の運行原理と法則を、次章で詳しく述べる中国宋代の邵雍の先天易である『先天方円図』による説明を試みている。それは、新しく導入された西洋天文学的知識も例外ではない。では、その典型といえる地球説を徐命膺はどのように説明したのだろうか。『先天六四卦方円図』は、四角の六四卦の周りをやはり六四卦が取り囲むという構造で、それは「天円地方」を表している。そこで、徐命膺はなかの四角の図象を四五度回転させ菱形のように描いて、それが円のような図象としたのである。

金錫文は西洋天文学的知識を取り入れて象数学をより精密化させたのだが、徐命膺は易学の原理そのものを改変させたのである。ゆえに、表面的には徐命膺の宇宙論は易学の伝統に固執しているように見えるが、本質的にはそれを否定した方向へ踏み出したといえる。それは、いずれ立ち行かなくなるのは明白であるが、見方を変えれば時代は古い宇宙論を淘汰する方向へ向かっていたのである。

予想されていたように洪大容の宇宙論とは大きく異なり、とくに生成論に関する考察が弱い。それは、やはり官職にあった徐命膺の関心は天文暦書にあったことと、また、思想的側面では洪大容のような気一元論の確立に至らなかったことによるものと思われる。

(2) 崔漢綺の宇宙論

洪大容の宇宙論に対し、同時代のカントと志筑忠雄の宇宙論との大きな違いは、後者がニュートン力学の諸概念を適用したことにあるが、それにもかかわらず第六章で詳しく述べるように彼らの宇宙論に類似点があるのは、その宇宙論が自然哲学的宇宙論という性格のものだからである。では、朝鮮でニュートン力学の概念を用いて宇宙論を展開した人物は誰なのか。それが崔漢綺である。

崔漢綺は一八二五年に下級の科挙に合格したが、任官せず読書と著作に専念した。そして、気一元論を独自の

「気学」へと深化させ、それに基づいて自然界における気の運動（大気運化）、人間社会における気の運動（統民運化）、人間身体における気の運動（身機運化）という三つの領域で考察を深め、自己の総合的な学問体系を構築しようとした。また、中国を通じて漢訳された西洋書籍を誰よりも早く入手し、それを抜粋し時には自身の見解を加えた数多くの著作を残し、伝統科学から近代科学への橋渡しを行っている。宇宙論と関連する著作には、『儀象理数』（一八三九）、『地球典要』（一八五七）、『星気運化』（一八六七）などがある。

『儀象理数』は一八世紀中頃に清国で刊行された『暦象考成』、『暦象考成・後篇』を抜粋・整理したもので、崔漢綺自身が天文関連知識を習得するための研究ノートという性格の著作である。とくに、後篇は日食計算に必要な太陽と月の運動をケプラーによる楕円運動の法則に従い説明しているが、ただし、太陽中心説には言及されていない。

『地球典要』は、基本的には世界地理に関する著作であるが、自然地理のみならず人文地理にも言及している。とくに、最初の巻では天体としての地球について述べているが、この部分はフランス人宣教師ミッシェル・ブノアの『地球図説』を抜粋したものである。ブノアは「七曜序次」と題して、プトレマイオス、ティコ・ブラーエ、メルセンヌ、そしてコペルニクスの宇宙体系を紹介し、コペルニクス説の正当性を強調しており、崔漢綺のこの著作こそ朝鮮にコペルニクス説を紹介した最初の文献といえる。また、崔漢綺にとっても『儀象理数』の段階では地球中心説であったのが、『地球典要』によって太陽中心説への転換を果たしたものといえる。

『星気運化』は、イギリスの天文学者ジョン・ハーシェルの著書の漢訳である『談天』に基づく著作である。『談天』にはニュートンの重力理論だけでなく、天王星や海王星に関する内容など、当時最新の西洋天文学の成果が含まれている。ゆえに、この書が朝鮮に最初にニュートン力学を紹介した文献である。ただし、『儀象理数』や『地球典要』は原書の内容をそのまま抜粋したものであったのに対し、『星気運化』では「気輪」説に基づく独自の見解を書き加えている。ニュートンの万有引力は質量を持つ物質間に瞬時に作用するが、崔漢綺はそこに力の実体がないことに疑問を抱き、気輪という独自の概念を提示し、宇宙のすべての天体はそれぞれ気輪を持つと主張したのである。

この気輪というのは気が天体を何重にも包んでいる様相をいうが、天体の表面では濃く遠くに行くほど淡くなる。そして、この気輪が互いに交わり力が生じるのである。このことから、崔漢綺は引力という用語を用いず、それを「摂力」と表現している。日本に初めてニュートン力学を紹介したのは志筑忠雄であるが、彼も力の作用を気によって説明しようとしており、それと類似している。さらに、この気輪による摂力は二体間でのみ作用するのではなく、同時に多体間でも作用するものとして、すべての天体現象を説明できると崔漢綺は自負していた。

周知のようにニュートン力学によって太陽系の惑星の軌道はほぼ正確に決定されたが、天王星の軌道にはズレがあった。その外側にある海王星によるもので摂動論によってそれが解決されるのだが、それは天体力学という物理学の一分野の形成をもたらした。その意味で崔漢綺が考えていた摂力は、天体力学の問題意識に通じるものがあったといえるだろう。また、万有引力やクーロン力のように瞬時に作用する力は遠隔相互作用と呼ばれるが、現在ではそれは質量あるいは電荷の周辺に特殊な空間すなわち「場」が形成され、それを媒介として力が他の物質に作用すると考えられている。すでに第一章で「気」がこの場と類似する側面があると指摘したが、崔漢綺の考えはそれをより明確な形で示したものといえる。

気輪説と関連する記述を除外すると、『星気運化』の基本内容は『談天』から抜粋したものである。ゆえに、崔漢綺の宇宙論は洪大容のように新たな宇宙像を提示するというものではなく、独自の気学によってニュートン力学を伝統科学の枠組みのなかに吸収・消化しようとしたところにその意義を見いだせるだろう。

ところで、酸素や水素、炭素などの元素を朝鮮で初めて紹介したのも崔漢綺であるが、漢訳書では酸素を養気、水素を軽気、炭素を淡気のように、すべて接尾詞を気としている。それぞれ異なる物質なのだが、同じ気という文字が用いられたために、崔漢綺はそれらが気という同じ実体の他の側面を表していると誤って理解した。崔漢綺は西洋近代科学を朝鮮にはじめて紹介した人物であるが、当初はこのように不十分な形でしか行われなかったのである。

朝鮮に西洋近代科学が本格的に導入されるのは、崔漢綺がこの世を去るちょうど一年前の一八七六年の開港以降のことである。しかし、近代化が達成される前に日本の植民地となり、植民地時代に天文学を専攻した人物はほとんどいない。唯一、例外といえるのがミシガン州立大で『鷲座η星の大気運動』で博士号を取得した李源（リウォン）喆（チョル）で、彼は一九二八年に延禧専門学校（現・延世大学校）の校舎の屋上に一五センチ屈折望遠鏡を設置した。朝鮮人による近代天文学はここから始まるといわれている。(42)

八　おわりに

宇宙という漢字は「時間・空間」を意味する。西洋のユニバースは「一様」であり、また、コスモスは「調和」である。それぞれ、この宇宙に関する表象を示しているが、洋の東西の自然観を反映するものとして興味深い。神話の世界から始まった宇宙論は、それぞれの国々の自然風土、学問的背景によって多彩な発展を遂げた。

本章では、まず朝鮮語のハヌル（天）の語源を解き明かし、天文学の発展を辿りながら宇宙観の変遷について見た。そして、西洋の宇宙観と比較して、朝鮮における宇宙論発展の課題を提示し、それを順次解決した金錫文と洪大容の宇宙論について詳しい検討を行った。

洋の東西の宇宙論を鳥瞰した時、古代の神話的宇宙論から始まり、中世における西洋のキリスト教や中国の易学に代表される宗教・教義的宇宙論の展開、次に自然哲学的宇宙論を経て、天体力学とより精密な観測データに基づく近代的宇宙論、そしてアインシュタインの一般相対論に基づく現代的宇宙論への道筋が見えてくる。

金錫文の象数学的宇宙論はその宗教・教義的宇宙論から自然哲学的段階へと移行する宇宙論であり、洪大容の無限宇宙論はその自然哲学的宇宙論の典型といえるものであり、同時に朝鮮の伝統的宇宙論の完成形でもある。次の時代の崔漢綺は独自の気学でニュートン力学を把握しようとしたが、それは朝鮮の伝統的宇宙論が西洋の近代的宇宙論へと移行する前段階でもあった。

その後、両者間の葛藤を経て近代的宇宙論が取って替わると予想されるのだが、実際にはそのようなことはなかった。というのも、一八七六年の開港以降の急速な近代化のなかで、多くの伝統科学がそうであったように伝統的宇宙論への関心は失われ、日本の植民地化によって断絶したからである。[43] そして、一九三〇年代になって「朝鮮学」を志向した研究者たちが、洪大容をはじめとする実学者たちの業績を積極的に発掘・紹介、科学史の研究テーマとしてわれわれの前にその姿を現したのである。

（1）　朝鮮の天文学全般については、全相運『韓国科学技術史』（高麗書林、一九七七）の第一章に詳しく論じられている。また、李容泰「朝鮮の天文学」（任正爀編『朝鮮の科学と技術』、明石書店、一九九三）は、その概略を要領よくまとめている。

（2）　山田慶児『朱子の自然学』（岩波書店、一九七八）、一三―二六頁。

（3）　瀬川哲夫・松谷みね子『朝鮮の民話』上（皆成社、一九八〇）、七―一三頁。

（4）　金東一「古朝鮮の石刻天文図」（『朝鮮考古研究』第一二六号、二〇〇三）、三―七頁。

（5）　二〇一〇年一月二二日付『朝鮮新報』に、「高句麗の瞻星台遺跡を発見」という記事が掲載されている。

（6）　宮島一彦「キトラ古墳の天文図は平壌の空」（『季刊理戦』七八、二〇〇四）、四六―六一頁。

（7）　朝鮮総督府観測所編『朝鮮古代観測記録調査報告』（一九一七）、一四四―一五一頁。

（8）　李文揆「瞻星台をどのように見るべきか――瞻星台解釈の歴史と新羅時代の天文観」（『韓国科学史学会誌』第二六巻第二号、二〇〇四）、三―二六頁。

（9）　ソン・チャンホ「一四世紀高麗における天文計算で利用された補間法」（『数学』、二〇〇二）、二―三頁。

（10）　朴星来「〈授時暦〉受容と〈七政算〉の完成」（『韓国科学史学会誌』第二四巻第二号、二〇〇二）、一六六―一九九頁。

（11）　中山茂・石山洋『科学史研究入門』（東京大学出版会、一九八七）、一〇六頁。

（12）　東洋の自然観についてはいろいろと論じられているのだが、朝鮮人の自然観についてはあまり議論されたことがないと思う。日本人の自然観について記述されたものには次のようなものがある。村上陽一郎『日本近世科学の歩み』（三省堂、一九七七）、一七三頁および渡辺正雄『日本人と近代科学』（岩波書店、一九七六）、一五九頁。

（13）　尾原悟「ヨーロッパ科学思想の伝来と受容」（『近世日本の科学思想』、岩波書店、一九七二）、四八九頁。

（14）　全相運、前掲書（1）、二四頁。この渾天儀については意見の相違があり、全相運はその地球儀は一日に一回転するようになっていたとして、すでにそのころには地動説があったとしているのに対し、李龍範は文献注（37）において『増補文献備考』にはそのような記述はないとしている。

（15）　朴趾源（今村与志雄訳）『熱河日記』二（平凡社、一九七八）、一八三―一八四頁。

（16）　閔泳珪「一七世紀李朝学人の地動説――金錫文の易学二十四図解」（『東方学志』一六、一九七五）、一―一七頁。『易学二十四図解』の影印も掲載されている。

（17）　尤喜易周邵程張等書　能究観天地日月星辰水火土石　以至飛走草木人性之善悪生死通陰陽之故　達古今之変　泛覧諸子百家　如暦法地誌六芸之書　無不取舍会通　要帰於孔子之宗年四十始著書

（18）　その二四図は以下の通りである。太極図、黄極九天図・赤極九天附図、日蝕図、月蝕図、両儀図、四象図、数卦少図、数卦大衍図、四十八策著象図、六十四卦方円図・六十四卦方円附図、後天数卦図、四十九策著象図、天地体用図、天地六用生物図、万物体用図、南北昼夜数卦図、南北冷熱数卦図、月望卯酉潮汐図、春分望卯酉潮汐図、南北二極量地図、南北漢元会図、地返於天図、天返於天図

（19）　小川晴久「地転（動）説から宇宙無限論へ――金錫文と洪大容の世界」（『東京女子大学紀要』第三〇巻第二号、一九八〇）、一―三二頁。本章における『易学二十四図解』の漢文の訳は基本的にこの文献に拠った。

(20) 今在地面見諸星左行非星之本行　蓋星無昼夜一周之行而地及気火通為一球　自西徂東毎日一周耳如人行舟見岸樹等不覚己行而覚樹行地以上人見諸星之行亦如此　是則以地之一行免天上之多行　以地之小周目免天上之大周也

(21) 中国においてコペルニクスの地動説がたどった経過については、ネイサン・シビン『中国のコペルニクス』（思索社、一九八四）の第二章に詳しく述べられている。

(22) 何謂動極而静　地上之人不知地之極疾而反見地面以為静也

(23) 何謂分陰分陽両義立焉　惟天至大包於地外物又甚微生於地上　惟其生於地上不知天之至大而反見与地対清半為天濁半為地

(24) 本書、二一三頁一〇～一一行。

(25) 本書、二一四頁九～一六行。

(26) 本書、二一四頁一七～一九行。

(27) 本書、二一六頁一〇～一一行。

(28) 本書、二一六頁一三～一六行。

(29) 本書、二一六頁一八～一九行。

(30) 本書、二一九頁一～二行。

(31) 小川は大容の無限宇宙論の構成は中国の宣夜説、北宋の張の「太極即気」説と天体観、ガリレオの成果を含む西洋天文学的知識などが前提となり、地球を夜空に言える星の一つでしかないとみる彼の「同一性」の哲学によるものであるという見解を述べている（小川晴久「十八世紀の哲学と科学の間――洪大容と三浦梅園――」『東京女子大学・日本文学』第五三巻、一九八〇、一一一八頁）。

(32) 本書、二二三頁一～三行。

(33) 本書、二二三頁四～五行。

(34) 本書、二二三頁一〇～一一行。

(35) 本書、二一五頁一〇～一一行。

(36) この定義は森宏一編『哲学事典』（青木書店、一九七四）によるものであるが、ここでは「自然に関する哲学」とあったのを「自然学」とした。というのも「自然に関する哲学」であれば、その「哲学」自体に何らかの説明が必要となるからである。

(37) 李龍範「金錫文の地転論とその思想的背景」(『震檀学報』四一、一九七六)、八三―一〇七頁。

(38) 洪以燮『朝鮮科学史』(三省堂、一九四四)、三八八頁。

(39) 全相運「明・清の科学と朝鮮の科学」(山田慶児・田中淡編『中国古代科学史論・続篇』、一九九一)、八〇七―八三二頁。

(40) 文重亮「一八世紀朝鮮実学者の自然知識の性格――象数学的宇宙論を中心として」(『韓国科学史学会誌』第二一巻第一号、一九九九)、二七―五七頁。

(41) 朴権寿「崔漢綺の天文学著述と気輪説」(『科学思想』第三〇号、一九九九)、八九―一一五頁。全容勲「一九世紀朝鮮知識人の西洋科学の理解――崔漢綺の気学と西洋科学」(『歴史批評』二〇〇七年秋号)、二四七―二八四頁。

(42) 羅逸成「李源喆」(『韓国科学技術人物一二人』、ヘナム、二〇〇五)、二四九―二七六頁。

(43) 典型的な例として伝統数学「東算」がある。それについては川原秀城『朝鮮数学史』(東京大学出版会、二〇一〇)に詳しく述べられている。

第五章　朝鮮前期における気一元論および象数学的宇宙論の展開について

一　はじめに

朝鮮王朝前期まで朝鮮の宇宙観は、基本的に蓋天説と渾天説であった。蓋天説は「天円地方」説として一般大衆に浸透した宇宙観であり、渾天説はおもに天文家をはじめとする知識人たちに受け入れられていた宇宙観である。これらの宇宙観の本質は、地球を平面とする天動説である。ゆえに、そこから脱皮して正しい宇宙観を確立するためには、まずは地球を文字通り球として認識しなければならない。次に、天動説から地動説の移行を果たしたコペルニクスに見られるように地球を相対化し、さらに、その宇宙観がより科学的であるためには古い陰陽五行説を克服するとともに自然に対する客観的立場を確保しなければならない。

このような観点から、前章では朝鮮における宇宙論の発展は、それらの課題が順次、解決された過程であると捉え、西洋科学知識としての地球説の受容過程を明らかにしたうえで、一七世紀金錫文（一六五八―一七三五）の象数学的宇宙論と一八世紀洪大容（一七三一―一八三）の無限宇宙論について考察した。そこでは金錫文の宇宙論を西洋科学知識の東洋思想的解釈とその本質を規定し、洪大容の宇宙論についても自然哲学的宇宙論と規定した。

しかし、前章では金錫文、洪大容らがその課題をどのように解決したのかということに重点を置いたため、彼らがどのような伝統を受け継ぎそこに至ったのかという問題の考察がなされていなかった。これらを明らかにしてこそ、金錫文、洪大容の宇宙論の革新性がより鮮明になり、朝鮮における宇宙論発展史のより深い理解が可能となるだろう。

朝鮮王朝は高麗王朝が国家理念としていた仏教を廃し儒教を採用したが、初期のそれはいわゆる「漢唐儒学」であった。その後、徐々に朱子を大成者とする宋代学者たちの「新儒学」となり、道徳的規範として本家を凌ぐほどになったことは周知の事実である。彼ら宋代の学者たちは宇宙の生成消滅に関しても独自の見解を披瀝したが、それらは朝鮮の学者たちにも大きな影響を与え、独自の宇宙論を構築する学者も登場した。それが一六世紀の徐敬徳（一四八九―一五四六）と一七世紀前半の張顕光（一五五四―一六三七）である。

徐敬徳は義理之学を中心とした朝鮮朱子学が膠着化する以前の朝鮮儒学の自由な知的雰囲気を反映するように宋代学者たちの宇宙論の統合を試み、張顕光はそれを受け継ぐように西洋科学知識が伝来する以前の朝鮮儒学史上でもっとも進んだ形態の宇宙論を提示した。彼らの宇宙論こそは、時代的にはむろんのこと、内容的にも金錫文、洪大容の宇宙論の先駆をなすものといえるが、ここでは、その詳細を明らかにしたい。

次節では、まず、彼らの宇宙論の前提となった宋代宇宙論について述べ、第三節で徐敬徳の宇宙論、第四節で張顕光の宇宙論について考察する。同時に、該当する箇所で金錫文、洪大容の宇宙論との関係に言及する。

二　宋代宇宙論の伝来

前章で言及したように、一三九五年に作られた『天象列次分野之図』には、中国古来の六つの伝統的宇宙論が列挙されているが、正統的宇宙観は渾天説であると規定している。実際、渾天説は天文観測において威力を発揮するが、とくに第四代王の世宗時代には様々な天文観測機器が製作され、朝鮮独自の天文暦書である『七政算』

が編纂されている。しかし、渾天説は構造論であり、朝鮮において生成論を含む宇宙論が議論の的となるのは世宗時代に中国宋代学者たちの著作が収録された『性理大全』の刊行以降のことである。

『性理大全』に収録された宋代宇宙論は、大きく次の三つに分けることができる。[1] 第一は、張載（一〇二〇—七七）の気一元論的宇宙論である。「気」は、万物を形成する根本素材の役割を担う中国固有の概念であるが、イメージ的には「物質」、「エネルギー」、あるいは「場」に近い。ただし、それらは物理的用語として厳密に定義されているものなので、気に関してもそれが語られた文脈で把握しなければならないことはもちろんである。張載はその著書『正蒙』において、無形の宇宙空間である太虚に気が充満して、気の聚散によって宇宙万物が生成消滅するという生成論を提示した。それまで中国の宇宙論は、蓋天説や渾天説などの構造論が基本だったので、張載による生成論は重要な位置を占める。とくに、渾天説における天の固体性の否定は、画期的な意義をもつものである。また、張載が提示した「太虚即気」という命題も、徐敬徳の宇宙論に大きな影響を与えた。

第二に、周敦頤（一〇一七—七三）の太極説である。彼は太極という形而上学的な宇宙の究極的根源を提示し、この太極が陰陽に分かれ、陰陽から五行が生じ万物が生成されるとした。とくに、周敦頤が強調したのは宇宙生成の原理としての太極の役割であるが、それと張載が主張した太虚との差異および関連は、以後の学者にとっての課題となった。

最後に、邵雍（一〇一一—七七）の象数学的宇宙論である。象数という概念はもともと易学からはじまるが、儒学者たちはこの用語を自然界の数理的理致に対する探求行為全般を意味するものとして用いてきた。この象数学的宇宙論については、これまであまり議論されてこなかったので、その内容について少々詳しく述べることにしたい。

邵雍が展開した宇宙論は、その著書『皇極経世書』で知ることができる。[2]『皇極経世書』は彼自身が著した六二編の「観物編」と、弟子たちが邵雍の言葉を記した「観物外編」から構成され、観物編は歴年表・声音表・論説からなり、なかでも歴年表が『皇極経世書』の半分近くを占める。

邵雍の宇宙論は、大きく先天易学と宇宙生成消滅の循環論に分けることができる。易学には先天易学と後天易学があるが、先天易は周の文王が敷衍したといわれる後天易に対し、伝説上の皇帝・伏羲が作ったといわれる易のもっとも原初的な形態で、この段階の「象数」とは易の哲学的解釈において図象と数によって解釈する方法のことである。ただし、伏羲の先天易が実際に存在したのではなく、それは邵雍が自己の一家の学を伏羲に仮託したものにすぎないといわれている[3]。

先天易は八卦の順序を「乾・兌・離・震・巽・坎・艮・坤」とし、これを伏羲八卦と呼ぶ。後天易は「乾・坤・震・巽・坎・離・艮・兌」とするが、これは文王八卦と呼ばれる。そして、それぞれの八卦の順序に従い方位を配置した図を先天図・後天図と呼ぶ[4]。

伏羲八卦は『易経』「繋辞上伝」の〝易に太極あり、これ両儀を生ず。両儀は四象を生じ、四象は八卦を生ず〟を具体化したものであるが、邵雍は太極を一として、そこから生じる両義を二、その倍数で四象、さらにその倍数で八卦、次に一六、三二、六四というように二の倍数で易の原理を表現した。それを図に示したのが『伏羲六四卦次序図』であるが、この演算は宇宙万物の生成過程を表すだけでなく、その数字自体が宇宙の根本原理として意味を持つものであった。ゆえに、邵雍の先天は、後天が天地の作用と変化を説明するものであるのに対し、その変化の根源的原理を説明する本体としての役割を担っているのである。このように考えると、この先天は周敦頤の太極説をより具体化したものといえる。

さらに、通常一六、三二は易の卦には含まれておらず、彼の象数学は易学の枠内では納まらない。実際、彼は数の持つ特性によって様々な問題を読み解こうと試みた。その典型的例が宇宙生成消滅の循環論である。『皇極経世書』の歴年表は、さらに以元経会・以会経運・以運経世に分けられるが、邵雍がそれを展開したのは以元経会である。邵雍は一年＝一二ヶ月、一ヶ月＝三〇日、一日＝一二時間、一時間＝三〇分、一分＝一二秒を外挿するように、一世＝三〇年、一運＝一二世、一会＝三〇運、そして一元は一二会として、一二と三〇を反復させ、宇宙の時間単位を定めた。これが象数学的発想であることは、改めて強調するまでもないだろう。

そして、邵雍は一元一二会を一二支に当て、最初の子・丑・寅会で天地および人と万物が生成され、巳会において人類史の最盛期を迎え、その後、徐々に衰退し、戌会で人と万物が消滅、最後の亥会を経て、次の新しいサイクルが始まるという、循環的な宇宙像・歴史像を提示したのである。ただし、一元は一二九六〇〇年なので現在の地球の歴史などから見ると決して長い時間ではない。それは、邵雍が人類史の最盛期とした巳会は古代中国の聖人である唐堯の時代なので、そこから推算して一元＝一二九六〇〇年くらいが宇宙のサイクルとして適当と考えたのだろう。

また、邵雍は一一二の天声と一五二の地音という自らが策定した漢字音の二つの音素によって、存在する限りの漢字音を表示した声音表を提示したが、これも易学とは異なる独自の象数学であり、これはすでに術数学と呼ぶべきものだろう。このようなことから、『皇極経世書』の内容を検討した川原秀城は、その意義を次のように指摘している。第一は優れた術数学書として数神秘主義思想の理論的発展に大きく寄与したこと、第二は編年学や暦学にも甚大な影響を与えたこと、第三は音韻学の発展にも少なからざる影響をおよぼしたことである。(5)

さて、彼らの宇宙論を総合したのは、他ならぬ朱子（一一三〇—一二〇〇）である。朱子を「忘れられた自然学者」と称した山田慶児は、その著書『朱子の自然学』で、『朱子類語』における断片的記述を基に朱子の宇宙論の体系的再構成を試みた。彼は、宋代に至る中国の宇宙論史を概観した後、とくに張載の気一元論的宇宙論について詳細な検討を行った。そこからの朱子による発展を明らかにし、次のように結論づけた。

それは、張横渠の宇宙を継承してそれを漢代以来の渾天説の発展方向に展開した、気の無限宇宙論であった。同時に、横渠においてはまだ分離したままであった生成論と構造論とを、独自の鋭い直感的かつ具体的な洞察によって統一し、さらに邵康節の循環的歴史観を受容し、それらを集大成してなった宇宙進化論であった。中国人の宇宙論的思索の伝統は、十二世紀の末に、ついに朱子の宇宙体系において空前の結晶をみたのである。(6)

ところで、宋代の宇宙論には、生成論、構造論とともに存在論も含まれていることに留意したい。後に明らかにするように、宇宙論は一般に神話的宇宙論から宗教・教義的宇宙論、自然哲学的宇宙論、さらに近代・現代科学的宇宙論へと発展してきたが、この存在論は宗教・教義的段階の宇宙論を規定するもっとも重要な事項であり、実際、次の段階の自然哲学的宇宙論では存在論は排除されている。朱子を含む宋代宇宙論を前提に徐敬徳はどのように宇宙論を構築したのか？　そして、その共通点と相異点はどのようなものかは、本章における重要な課題となるだろう。

三　『花潭集』における宇宙論

(1)徐敬徳の人物像

宋代宇宙論が収録された『性理大全』は一五世紀前半に朝鮮で刊行されたが、その内容が理解されはじめたのは一五世紀後半以降のことであり、その嚆矢といえるのが徐敬徳である。徐は一四八九年に開城の下級官吏の家で生まれ、生涯官職に就かず貧しい生活のなかで学問研究に専念した人物である。当時、そのような人物は「処士」と称され人々の尊敬を集めたが、徐敬徳はその代表的人物として知られている。(7)

徐敬徳が処士として一生を送ることになったのには、二つの事情が関連している。一つは彼が生まれ育った開城は高麗の古都であったということである。高麗に取って代わった朝鮮王朝は、その地方出身者の官吏登用において差別的であった。また、高麗に仕えた両班たちは商人となり開城は商業都市として栄え、学問的にも自由な雰囲気が醸成されていた。彼が住んでいた花潭村にはたくさんの門人が集まり、一派をなすほどであった。

もう一つは当時の政治状況である。一五世紀末から一六世紀にかけて中央政府に近い大土地所有者であった「勲旧派」とよばれた両班貴族たちと、地方の中小土地所有者である「士林派」と呼ばれる両班貴族たちは激しい権力争いを続けていた。一時期、地方出身の若い士派両班が政府の要職に就き改革を推し進めたが、勲旧派の抵抗にあい彼らは処罰されてしまう。勲旧派による士林派への弾圧は「士禍」と呼ばれたが、四度におよぶ士禍があり、多数の犠牲者がでた。そのようななかで、士林派に同情的であった徐敬徳は政治から距離をおいて学問に専念したのである。ただし、彼はまったく政治に無関心であったのではなく、それは門人のなかから後に政治の舞台で活躍する人材をたくさん輩出していることからも窺い知ることができる。

徐敬徳の遺稿は彼の門人であった朴民獻（パクミノン）と許曄（ホヨップ）が整理し、彼の息子である應麒（ウンギ）が保管していた。ところが、壬辰・丁酉倭乱時に散逸してしまう。そこで、残されたものを集め一六〇五年に殷山縣監であった洪霶（ホンバン）が『花潭集』として刊行した。その後、金用謙（キムヨンギョン）が再編纂し、付録として年譜・遺事・門人録などを加えたものが一七七〇年に刊行され、さらに一七八六年に刊行されたものが今日に伝わっている。全四巻で、第一巻は詩・賦、第二巻に書、雑著などで、第三・四巻が付録である。(8)

その年譜によれば、貧しい家に育った徐敬徳は一四歳から勉学を始めるが、ある時、徐敬徳に『尚書』を教えていた訓導が「朞三百」を理解できずにいたところ、徐は独自にそれが暦学計算に関するものであると理解したという。そして、一八歳の頃に『大学』の「知識を得ようとすれば格物致知を行わなければならない」という項目に至って、「学問をしながら格物致知を行わないならば、書を読んで何になろう」とし、天地万物の名称を書いた紙を壁に貼り、一つの事物の探求を終えると次の事物の探求に没頭したという。徐敬徳の優れた才能と彼の学問に対する真摯な態度を示す逸話といえる。そして、自身の学問にある程度自信を持った後に、四経六書、『性理大全』を読み始めたが、その内容は彼の研究と同様のものだったという。

(2)徐敬徳の宇宙論とその特徴

徐敬徳の研究成果は『花潭集』に収録された「原理気」、「理気説」、「太虚説」、「鬼神死生論」で知ることができるが、これら四編は病床にあって死期が近いことを悟った徐敬徳の口述を弟子たちが記したものである。ゆえに、徐敬徳が後世にもっとも伝えたかったものであり、彼の学業の真髄といえるが、ここでは宇宙論に関する記述を取り上げ、その特徴についてみることにする。

これまで「理気論」を中心とした哲学史観点から徐敬徳に関する研究が行われてきたが、彼の宇宙論に焦点を合わせた研究は少なく、文重亮による論考は貴重である(9)。文重亮は、一六世紀前半期に活躍した徐敬徳は宋代宇宙論を本格的に理解しはじめた最初の世代の儒学者であるとして、『花潭集』で論じられた太虚・先天・太極などの概念を検討し、徐敬徳はそれらを統合したと指摘した。そして、徐敬徳の宇宙論は基本的に張載の気一元論的宇宙論に基づいているが、それは同時に邵雍学派の象数学に対する深い関心と研究の産物であったと結論づけた。基本的に妥当な指摘と思われるが、著者の見解と異なる点は該当箇所で述べることにしたい。

徐敬徳の宇宙論においてもっとも特徴的なことは、宋代宇宙論の基本概念である太虚に先天・太極を集約させて、独自の宇宙論を構築したことである。徐敬徳は、まず太虚を時空間的無限性をもつ根源的かつ普遍的実在とし、それを先天と規定した。「原理気」は次のような文章から始まる。

太虚は湛然として形がない。これをして先天というが、その大きさは限りなく時間的に始めもなく、その由来を究明することはできない。湛然として虚ろで静かなるものが気の原である。果てしなく遠くいちめんに広がり、満たされて髪の毛一本の隙間もない。しかし、それを掬えば空っぽであり、摑めばなにもない。それでも実在しており、ないとはいえない。この田地に至れば聞こえる音もなく嗅げる匂いもなく、多くの聖人たちが結論を出すことができず、周敦頤、張載は言及したが明らかにすることができず、邵雍は一字も書けなかったものである。(10)

すでに述べたように先天とは邵雍の象数学的宇宙論における基本概念であり、文字通り後天に先んじて、その変化の根源的原理を説明する本体としての役割を担っていた。それに対し徐敬徳は太虚を先天とし、先天に実在性を付与したのである。すなわち、先天に対する新しい解釈を提示したものといえるが、それは同時に、太虚に対する新しい解釈でもある。また、この文章は太虚を具象化したものといえるが、以前までこのように表現した学者はおらず、事実、右の文章で徐はそのことを自負しており、さらに、右の文章に続けて先天の本質が太極であると次のように強調している。

聖賢たちの言葉を総じて遡れば、それがまさに周易にいう「寂然不動」であり、中庸にいう「誠は自ら成る」それである。その湛然の体を述べれば一気であり、その混然の用を述べれば太一である。周敦頤はこれについてただ「無極にして太極」とした。これが、すなわち先天であり、いかにも奇ではないか、奇なるかな奇。いかにも妙ではないか、妙なるかな妙。(11)

邵雍の先天が太極から始まるものだけに、先天を太極とすることは当然ではあるが、ここで留意したいのは、徐敬徳は先天を太虚と規定しており、それによって太極と太虚が必然的に繋がるということである。これは、前節で指摘した太虚と太極との関係についての徐敬徳による解決ともいえる。後述するように徐敬徳は太虚すなわち気としており、具体的には太極の原理は気が具現することになる。

次に徐敬徳が先天の対概念といえる後天をどのように考えたかを見てみよう。「原理気」では次のように述べている。

一気が分かれて陰陽となるが、その鼓動が極まった陽が天を為し、その凝集が極まった陰が地を為す。陽の鼓動が極まりその精が結合し日となり、陰の凝集が極まりその精が結合し月となり、余った精が散らばり星辰となり、地においては水火となった。これをして後天というが、ここで調和を遂げるのである。[12]

一気から分かれた陰陽の気が天地、諸天体へと変化し調和した状態、これを徐敬徳は後天と規定した。すなわち先天が形而上の原理であるならば、後天はそれが形而下で具現された様相を意味する。しかし、徐敬徳にとって先天は同時に太虚でもあり、後天とは実在性において時間・空間的にも連続することになる。そして、それを直接的に結ぶものが「気」である。

徐敬徳の宇宙論のもう一つの特徴はこの気の特性にあり、それによる太虚のより深い洞察にある。徐敬徳は「太虚説」で次のよう述べている。

太虚は虚であっても虚ではなく、虚すなわち気である。虚は終わりも限りもなく、気もまた終わりも限りもない。虚といったからには、なぜそれを気といえるのか？　それは、虚の静がすなわち気の体であり、聚散がその用だからである。虚が虚でないことを知れば無とはいえない。老子は、「有が無から生じる」としたが、虚がすなわち気であることを知らぬからである。また「虚から気が生じる」としたが、これも正しくはない。もし、虚が気を生ずるならば、気が生じる前には気運がありえず、虚は死んだようになっていることだろう。すでに、気が存在していなければ、どこで気が生じるのか？　気は無始であり無生である。始まりがないのになぜに終わりがあり、生じたことがないのに、なぜに、消滅があるのか？　老子は虚無を主張し仏家では寂滅を説いているが、これは理気の源を知らないということであり、また、どうして道を知り得るのか[13]？

さらに、「理気説」でも次のように述べている。

> 外になにもないものを太虚といい始めがないものを気というが、虚がすなわち気である。虚はもともと無窮であり気もまた無窮で、気の根源ははじめから一つである[14]。

太虚すなわち気であり、無なるものはない。これは張載が提示した命題に他ならない。また、気は不生・不滅であるというのも「二気は決して増えたり減ったりしない」とした朱子と同様である。山田は朱子が直観的に物質保存則を把握したとその意義を強調しているが[15]、さらに徐敬徳は気の無始・無終を主張したのである。太虚と気は一体のものであり、気の属性はそのまま太虚の属性となる。

この点に注目し、徐敬徳による太虚概念を考察したのが、堀池信夫の論考「徐敬徳〈太虚〉論試探」である[16]。堀池は張載、王夫之、徐敬徳らの「太虚」概念を詳細に検討した。

堀池は、まず、張載の太虚概念を検討し、それは単なる物質を入れる容器のような空間ではなく、集散している気そのものこそ太虚であり、気の集積・秩序そのものが空間であると指摘した。そして、張載の継承者と見られている王夫之でさえ太虚を日常的空間として捉えていたことを論証し、徐敬徳が太虚の思想を空間論にとどまることなく、時間論にまで拡張したと主張した。徐敬徳が気は無始・無終であるとした時、それは時間的な意味で位置づけられており、太虚すなわち気ならば、それは当然太虚の属性になるというのがその論拠である。そして、それによって太虚は宇宙論としての必要的な完全性に近づき、日常的（容器・枠組的）時空観とは別の、物質（気）秩序としての時空観という新しい視点が、徐敬徳において開かれたとその意義を強調した[17]。そして、

〝……徐敬徳の哲学は、張横渠一人において断絶してしまったかに見えていた〈太虚〉的空間観を、継承するものでもあった。しかもただ継承しただけでなかった。それをさらに時間性の方向拡大・発展させてもいたのであっ

た。これは〈太虚〉思想の伝統における発展、つまり内在的な発展と見てよいものである〟と結論づけた。日本では、徐敬徳に関する研究はほとんど行われておらず、堀池の論考は唯一ともいえる研究論文で非常に興味深いものがあるが、では、このように太虚をより深く把握したとして、それは徐敬徳の宇宙論にどのような意味をもつのだろうか？　それは、堀池が指摘した張載の太虚概念の内在的発展であるという歴史的評価という側面ではなく、徐敬徳の宇宙論の具体的な内容への影響のことである。この問題は後で洪大容の宇宙論との関係に言及しながら、改めて取り上げることにする。

さて、徐敬徳が考えた気の特性に戻ろう。一気は二を含み様々な関係が生じるがその原因が太極であり、その二気の変化が太極の妙であると徐敬徳は「理気説」で次のように述べている。

一気としたが、そこにはすでに二を含み、太虚は一をなすがそのなかに二を含む。二であるからには闔闢・動静・生克がかならずある。この闔闢・動静・生克がある原因を太極という。……易というのは陰陽の変であり、陰陽の二気であり、一陰一陽が太一である。二であるので変化し、一であるから妙で、変化の他に別の妙があるのではない。二気が〈生生化化〉を行うがために不已であることが太極の妙であり、もし、変化をはなれて妙を云々するとすればそれは易学を知るものではない[18]。

気は常に変化のなかにあり、万物を形成しながらその形態を変えるが決してなくならない。徐敬徳は万物のみならず人間も気から形成されるとし、「鬼神死生論」において次のように述べている。

一様に湛然で清く虚な気は太虚に原があり、それが動じて陽を生じ静して陰を生じて始まる。漸次、集まり限りなく広く厚くなって天地となり、人となった。人が亡くなるというのは形体と魂が散らばるだけのことであり、集まった気は永遠に存在し、それが太虚のなかに散らばり同じ気として残っているのである[19]。

気の聚散によって万物が形成されるのは張載も朱子も同様であるが、人間に関しては朱子は立場を異にし、人間が死んだ後の気は再び集まることはないと考えた。その理由について、朱子は人間の気の聚散は仏教の輪廻説と同様だと考えたからであると指摘されている[20]。

気は不滅で聚散を繰り返す。では、その気の変化の要因は何なのか。徐敬徳は「原理気」で次のように述べる。倏ち躍り、忽ち闢くが、何がそうさせるのか? それは、自らが行うものであり、おのずとそうならずにはいられないものであり、これを理における時という。これが、周易でいう「感応して、すぐに通じる」ということであり、中庸にいう「道は人が自ずから行うものである」ということであり、周敦頤がいう「太極動いて陽を生ず」ということである。このように、動静・闔闢が必ずある。その理由は何か? 機がそのようになすのである[21]。

気は内的要因によって自己運動を行うが、それを徐敬徳は「機」と表現した。さらに、そこに付随する客観的法則を「理」とした。「理気説」で徐敬徳は次のように述べている。

気の外に理はなく、理とは気の主宰である。いわゆる主宰はそれが外から来て主宰するのではなく、気自体の作用が正しさを失わないようにすることをさして主宰という。理が気より先にはなく、気に始まりがないだけに理にももちろん始まりがない。もし、理が気よりも先だとすれば、これは気に始まりがあることになる。老子は虚から気を生じるとしたが、これは気に始まりがあり限りがあることになる[22]。

常に気とともにある理は、気の運動の法則性を意味する概念である。気が一次的か、理が一次的か、という問題は、朝鮮時代を通じ激しい論争の的となったテーマであった[23]。徐敬徳は「主気論」の先駆者として、後の学者たちにも大きな影響を与えた。そして、その気による天地の形成を「原理気」で次のように述べる。

天は気によって運動し一様に動いて休むことなく円く周り、地は形に固まり一様に静かにて中間に置かれる。気の性は動であり上に昇り、形の質は重く下に落ちる。気は形の外を包み、形は気のなかにあって上に昇り下に落ちて相停する。これが、太虚の中にあって昇降せず左から右へと廻り、古より今まで落ちずにいる。これが、邵雍がいうところの「天は形に依り、地は気に付して互いに依存する」ということであり、この依存する機こそが、まさに妙といえるものである[24]。

以上、徐敬徳の宇宙論とその特徴を述べたが、基本的には張載のそれを踏襲した気一元論的宇宙論である。しかし、宋代宇宙論と大きく異なるのは、前述のように太虚・先天を同一の概念として把握し、先天に実在性を付与したことである。それによって先天と後天が時間・空間的に連続性のある宇宙像を提示した。一方、太虚はすなわち気であり、先天において気の運動原理はすべて与えられるが、それが太極である。そして、後天において気の聚散によって自然の諸々の現象が起こる。その法則性が理である。なぜに、あるいは、いかに宇宙は存在するのか、その理由を追究するのが存在論であるならば、徐敬徳は先天にそれを含ませた。そして、後天を構造論、生成論の対象としたのである。存在論はその性格上、自然科学的課題にはそぐわず、徐敬徳が存在論を先天に押し込めたことは画期的なことであった。というのは、次代の学者たちは徐敬徳を出発点として、より自然科学に近い宇宙論の展開が可能となったからである。ここに、朝鮮の宇宙論発展史における徐敬徳の位置を見出すことができる。そして、徐敬徳が示した方向に沿って宇宙論を完成させたのが朝鮮後期の実学者・洪大容である。

著者は、文重亮が徐敬徳は太虚・先天・太極を統合したという指摘に対し、太虚に先天・太極を集約させたとしたが、それによって先天・太極はその役割を終えたことを強調したかったからである。同時に、文重亮は徐敬徳の宇宙論は邵雍学派の象数学に対する深い関心と研究の産物であったとしたが、むしろ克服がより正確なところではないかと考えている。実際、洪大容の宇宙論では先天・太極は登場しない。

徐敬徳は自身の宇宙論を構築するうえで邵雍の先天に関する議論は取り入れたが、循環論的宇宙論および術数学的内容には触れていない。『花潭集』には「声音解」、「皇極経世数解」、「六十四卦方円図之図解」なども収録されており、徐敬徳は邵雍のこの分野についても強い関心を持ち、当時の朝鮮においてもっとも深く理解していた。実際、仁祖時代の領議政を務めた申欽（シンフン）（一五六六—一六二八）は、その文集『象村集』で、徐敬徳は易学の造詣が深く、「皇極経世」の数字を推出するのに一つの誤りもないとし、伏羲の易学の体系を理解した人は朝鮮では花潭だけであると書いている。[25] これほど、邵雍の象数学を深く理解していた徐敬徳が、彼の循環論的宇宙論について何も触れていないのは、自身の見解と相容れないと考えたからだろう。それについては推論するしかないが、洪大容も邵雍の循環論的宇宙論を明確に否定しており、この問題は最後に言及しよう。また、徐敬徳は邵雍の他宇宙についての見解に対して、「原理気」で次のように疑義を唱えている。

邵雍がいうには、〝ある人は、この天地とは別に天地万物があるが、それはこの天地とは異なるという。しかし、私はそれが分からない。ただ、私が分からないだけでなく、聖人にもそれはわからないだろう〟とした が、邵雍のこの言葉はよく考えてみなければならない。[26]

徐敬徳は自身の学問に自信を持ったうえで、宋代学者たちの書を研究したといわれているが、この文章からもわかるように、彼は宋代学者たちの見解をそのまま受け入れるのではなく、批判的な立場を堅持していた。このような徐敬徳の独自性は当時においても高く評価されていたが、次項では『花潭集』に収録された「遺事」をもとに、同時代および次代の学者たちが徐敬徳の学業をどのように評価していたのかをみることにしたい。

(3) 徐敬徳の評価

朝鮮時代の事績を記した『国朝宝鑑』では徐敬徳について次のように書いている。

中宗三五年秋七月に文武二品以上の官員たちに命じて、穏逸している処士たちを推挙させた。この時、判伊・金安国が徐敬徳を推挙した。同三九年夏五月に徐敬徳を後稜参奉に任命した。徐敬徳は松京の人で、花潭村に居を構え弟子を集めて学問を教えた。彼が学問で深く研究し自分で解明したものは張載と同様であり、懐が深く広いのは邵雍のようであった。留守・宋㻶（ソンリョン）が徐敬徳の孝行を国に報告して表彰されるようにしたところ、徐敬徳は官廷に出向き、それを辞して中止となった。この時になって推挙による官職を与えたがやはり赴任しなかった(27)。

『国朝宝鑑』は世宗時代に編纂が始まり、その後、随時内容を補充させた編年体の歴史書である。これが朝鮮時代における徐敬徳に関する一般的な評価といえるが、学問的には張載、人格的には邵雍と比較されている点が注目される。

「遺事」には、『国朝宝鑑』をはじめとする『海東名臣録』、『東儒録』などの書籍とともに、洪仁祐、魚叔権、朴淳、許曄、李退渓、李栗谷、申欽、宋時烈など、多くの個人文集から抜粋した徐敬徳に対する評価が収録されている。これらは、当時、徐敬徳が広く学者たちの関心を集めたことを物語る。それらは徐敬徳の学業に対して、大きく張載の学問を発展させたというものと、邵雍の象数学を深く把握したというものに分かれる。さらに、後者のなかでもそれを肯定的に捉えるものと、単なる「数学」に過ぎないではないかと否定的に捉えるものがある。

まず、張載の学問を発展させたとする評価を見てみよう。まず、徐敬徳の弟子で後に領議政を務めた朴淳（パクスン）は〝張子が論述した清虚太一、これは根源を極め根本を窮めたもので、以前の聖人たちが未だ解明できなかったものであるが、花潭がさらに張子がすべて語ることができなかったものを推理し最後まで論述したのは、極めて高明といえる(28)〟としている。

また、徐敬徳を訪ね教えを請うたという洪仁祐（ホンインウ）は、〝私が先天、後天、理気、体用、終始という理致について問うと、詳しく明白に分析するのは竹を割るようであった(29)〟と書いている。彼は幾度か徐敬徳を訪ねているが、ある時は張載の『正蒙』の天道編から大心編まで学んだという。さらに、〝朴淳が訪ねてきて張載の『正蒙』太和編を十分に論じた。この過程を通じて、花潭の見解がみなここから導出されたものであることを知った[30]″とも書いている。これらの記述から徐敬徳は張載の『正蒙』を深く理解し、それを自身の宇宙論を展開するうえでの前提としたことがわかる。

一方、象数学を高く評価したのは前述の申欽で、″わが国には元来易学がなく、昔の優れた儒者といえどもその関鍵を開けることができず、ただ文義の枝葉な問題を論述しただけである。けれども花潭は独自に遠くに邵雍を継ぎその門戸を直に閾ったが、世に稀な偉人といえるだろう[31]″とも書いている。

このような評価とは逆に朝鮮時代のもっとも有名な儒学者・李退渓(一五〇一—七〇)は″「皇極経世数解」は処士徐花潭の著書である。この人が釈義のような本を見ずに自分で研究し、この境地に至ったということを聞いたことがあるが、これは神奇なことである。けれども、それが本当に邵雍の本数に合うのか分からない[32]″とその評価を保留している。ただし、徐敬徳の「主気論」に対し李退渓は理の優位性を論じた人物だけに、その評価は若干厳しいものとなることは十分に予想されることである。

徐敬徳の学問は国王である明宗も注目し、側近たちとその評価をめぐって論議したことが、李栗谷の『経筵日記』から知ることができる。徐敬徳は死後に戸曹左郎の官位を贈られたが、加贈すべきと朴淳、許燁ら徐敬徳の弟子たちが強く主張した。その時、明宗は徐敬徳の著書を見たが、「気数」を多く論じているが修身については言及しておらず、彼の学問は「数学」ではないのか、また彼の工夫には疑わしいものが多いとした。そこで朴淳が、″徐敬徳は学者の工夫する方法はすでに四先生が述べたが、理気説は未盡なことが多いので明確に論じざるをえない″と述べたとし、さらに徐敬徳が窮理するために工夫した態度を述べた。それでも国王は、″彼の工夫は終始疑わしい。今、人々は他人を褒めればあまりに持ち上げ、人を批判すればあまりに悪くいうが、これはみな正しくない″とした。そこで李栗谷が″このような工夫が他の学者たちが倣えるものではなく、徐敬徳の学問が張載の著書に基づいているが、それが聖賢たちの意志にそうものなのか自分にはわからない。しかし、世の学者たちが単に聖賢たちの言葉を模倣して自分の言葉のようにいうが、心から得たものがないのに比べ、徐敬徳は深く考え遠くに進み、自分で体得した妙理が多く、それは文字の学や言語の学ではない〃というと、国王は加贈に同意したという(33)。

「遺事」のなかのいくつかの記述を取り上げたが、興味深いのは張載の学問を発展させたと高く評価しているのは徐敬徳の弟子および親交のあった人たちで、象数学的側面に注目したのは徐敬徳と少し距離がある人たちであるという事実である。徐敬徳の真髄は気一元論的宇宙論にあるが、彼に近い人たちはその内容を深く理解していたが、それ以外の人たちにとっては象数学という特異な分野が強く印象に残ったのだろう。それでも、中欽のようにその象数学を高く評価した人がいたが、明宗のように単なる「数学」ではないのかと、低く評価されることもあった。一七七〇年の「花潭先生文集重刊跋」において、尹得観(ユントクカン)が〃世の儒者たちのなかには、先生の学問が象数に偏ったとして過小評価する者もいるが、それは先生を正しく知らぬからである〃(34)と書いているのは、明宗の評価がむしろ一般的であったことを物語るものだろう。

また、徐敬徳の学問的姿勢は評価するが、学問的内容については肯定しなかったのが李栗谷である。李栗谷は『文集』で次のように書いている。

善を継承し性となる理はどのような事物にもないものがないが、湛然清虚な気はないところが多い。理は不変であるが気は変じる。元気は不断に発生し、往くものは過ぎ、来るものは続くのみである。往った気はすでに所在がない。なのに、花潭がいうのは、一気は永遠に存在し、往くものは過ぎるものにあらず、来るものも続くものにあらずという。ゆえに、花潭が気を理と認めるのは欠点である。しかし、完全であれ偏ったものであれ、花潭はこれを自分で得た見解である。今の学者たちは開口すれば理は無形で気は有形で、理と気は決して同じではないという。この言葉は自分のものではなく、他人の言葉を伝えるものであり、どうして花潭の言葉に向き合え、花潭の心を説服させることができるのか?[35]

李粟谷は李退渓とともに朝鮮朱子学の代表的学者であるが、当時、朱子学は封建身分制度をより強固なものとするイデオロギーとして作用した。李粟谷も李退渓も気よりも理を重視したが、それは君臣のとるべき道を理から導き出される道徳的モラルによって規定しようとしたからである。それは彼ら二人が封建政府の高い地位にいた学者であることと決して無関係でなく、徐敬徳の学問を否定的に捉えるのもそれが反映しているのだろう。反面、徐敬徳は一生官職に就かず、天地万物の研究に没頭した人物である。彼らの研究内容と果たした歴史的役割は非常に対照的であるが、単的にいえば、李退渓、李粟谷は人文学者であるのに対し、徐敬徳は自然学者ということだろう。むろん、この場合の自然学者は自然に対する探求を行ったという意味である。

(4)洪大容の宇宙論との関係

一般的には中世は一五世紀までとされるが、朝鮮科学史の場合は一六世紀までが中世である。その後、壬辰・丁酉倭乱を挟んで近世となるが、それを区分するもっとも重要な事項は西洋科学知識の伝来である。ゆえに、徐敬徳の中世宇宙論に対する近世宇宙論の最大の特徴は、地球説や太陽系に対するティコ・ブラーエ説などの西洋科学知識をそのなかに取り入れたことである。それが前章で詳しく述べた一七世紀の金錫文の象数学的宇宙論であり、一八世紀の洪大容の無限宇宙論である。それらは朝鮮独自の宇宙論といえるが、とくに、後者は徐敬徳の気一元論的宇宙論を継承発展させたものといえる。そこで、両者の関係について見ることにしよう。実際、徐敬徳の著作集『花潭集』は一七七〇年に重刊が出ており、洪大容がそれを直接見ることはできただろう。あるいは、直接、見なくとも当時の学者たちが高い関心を示していたことから、少なくともその内容に関して知っていた可能性は高い。

洪大容が独自の宇宙論を展開した『醫山問答』は、実翁・虚子という二人の人物の問答形式の著作で、虚子の質問に対して実翁がそれに答える形となっている。虚子の「大道の要」は何かと問うと、実翁がその根本である宇宙について述べるとして、次のような文章を皮切りに自身の宇宙論を展開するのである。

寥廓な太虚に充満しているのは気である。内も外もなく始めも終わりもなく、積もった気が凝集して物質を形成し、虚空に回転しながら留まった、いわゆる地球、太陽、月、星たちはまさにそういうものである。だいたい、地球は水と土で形成されているが、その形体は円く、少しもやむことなく回転しながら虚空に浮いているからこそ、すべての物体がその表面に定着できる。(36)

以降、諸天体の形体は円く、その回転が引力の原因となるという二つの問題を追究することによって宇宙論が展開される。それについては、すでに詳しく論じているので言及しないが、太虚に気が充満し、内も外もなく始めも終わりもなく、気が聚集して諸天体となるというのは徐敬徳と同様で、気一元論的宇宙論の継承といえる。とくに、興味深いのは洪大容が邵雍の循環論的宇宙論を明確に否定していることである。『醫山問答』には次のような記述がある。

実翁：邵尭夫は天地には開闢あり、その期間を一元一二九六〇〇年と主張して、自分を大観と称し人々も彼を大観と思った。おぬしはどう思う？

虚子：開闢については聞いたことがありますが、その理致は信じられません。

実翁：そうじゃ。形あるものは最後には必ず壊れるもので、それが絡まり質に成り、解ければ気に帰る。地の生成消滅については、そのようなこともありえるが、ただ天のみは蕩々灝々な虚気であり、無形無眹で、それがどうして開き閉じることがあろう？(37)

山田慶児が指摘したように朱子は邵雍の循環論的宇宙論を受け入れたが、それは天地は気から形成されているので、気の聚散によって生成消滅するという考えに基づいている[38]。それに対し洪大容は地は気の聚散によって生成消滅するが、天は気そのものであり、それには開闢がないとしたのである。ここで洪大容がいう天とは太虚を意味することは明らかだろう。それに対して朱子のいう天は恒星に付随する回転する一気のことである。前述のように、徐敬徳は邵雍の循環論的宇宙論を受け入れていないと指摘したが、その理由はおそらく洪大容と同様と思われる。さらに、徐敬徳が考えた太虚が、堀池が指摘したところの物質秩序としての時空であるならば、その生成消滅はありえないだろう。これが前節で堀池の指摘する太虚概念が、徐敬徳の宇宙論に及ぼす具体的影響といえる。

次に、徐敬徳と洪大容の類似点として理に対する理解を挙げることができる。徐敬徳が理を気を主宰する法則として理解していたことはすでに述べたとおりであるが、洪大容も理について、『心性問』[39]で次のように述べている。

> だいたい理を論ずる者が必ずいうのは、実体はないが理があるという。実体がないといいながら、あるというのはどういうことなのか？　理があったとして、実体がないのに、どのようにその存在を述べることができるのか[40]？

理はあくまでも気とともにあり、そうでなければ実際に認識することもできない。洪大容は徐敬徳の主気論を受け継ぎ徹底した気一元論を展開したが、それが彼をして実学者のなかでも現在の自然科学者にもっとも近い存在にならしめた要因の一つである。

四　張顕光の宇宙論

前節では徐敬徳の宇宙論について詳しく検討したが、『花潭集』における記述は断片的という感は否めず、一つの体系を整えた宇宙論とはいえなかった。また、内容的にも徐敬徳の宇宙論は基本的には張載の気一元論的宇宙論を踏襲したもので、気による万物の生成を論じているが、具体的な構造論にまで踏み込むものではなかった。生成論の帰結として宇宙の構造はどのようになったのか？　あるいは逆にその構造をもたらした生成過程はどのようなものなのか？　宇宙論は生成論と構造論が一体となった時、より完全な理論体系を備える。このような観点に立った時、徐敬徳の次世代でそのような宇宙論を展開したのが張顕光である。

朝鮮に中国を通じて西洋科学知識が本格的に伝えられたのは一六三一年以降のことであり、張顕光は西洋科学知識に触れることはなかった。ゆえに、彼の宇宙論は東洋の伝統的枠組みのなかで展開された宇宙論の一つの里程標を示すものといえるだろう。実際、前節で見たように、その後の金錫文や洪大容が展開した宇宙論では、西洋科学知識をどのように迎合させたのかが一つの焦点でもあった。

ここでは、まず張顕光の人物像について述べ、全容勲の論考[41]を参考に、彼の著作、『易学図説』『宇宙説』に基づいて、その宇宙論の特徴的内容を簡単に整理するとともに、徐敬徳の宇宙論との比較検討を試みる。

(1)張顕光の人物像

張顕光は一五五四年慶尚北道仁同に生まれた。早くに父を亡くし不運な人生を歩むが、学問の才に恵まれ一八歳の時に宇宙の原理や変化、修学の指針などを明示した『宇宙要括帖』を著したという。張顕光は一時期官職に就いたこともあるが、ほとんどは官職に任じられても出仕せず学問に専念した。当時、そのような人物は「処士」

しとして人々の尊敬を集めたが、彼もまたその一人であった。

張顕光について、『仁祖実録』三五巻一六三七年九月一五日の庚辰条には次のように記されている。

前の議政府右参賛・張顕光が死んだ。顕光の字は徳晦で、仁同の人である。若くして科挙の学問は行わず、性理学に専心した。宣祖の時に大臣たちの推挙によっていくどか官位に任命されたが出仕せず、縣監に任命されて初めて官職に就いたが、すぐに田舎に戻った。反正直後に王が指示を下して〝国でもし儒教を崇拝し信じなければ、何をもって政事を行うのか〟として、すぐに彼を司憲府掌令に選抜して一年の間に何度も呼びだした。そうして、やっと朝廷に赴任したが、王は格別な礼をもって対し、重きに遇し今後、高く登用しようと考えていた。ところが、任命されてしばらくして上訴して辞任し田舎に帰った。その後も王は輿を送って呼び出し、いくどか官位を変え大司憲にもなり右参賛にまでなった。丁丑乱時に永川立厳山に住んでいたが、世を去った。年は八四才であった。訃報を聞いて王がいうには〝張顕光は端正で謙虚で慎ましく古人の風格があったが、急に逝くとは実に悲しい〟として、必要な品々を十分に与え葬儀を行うようにせよと指示した。彼が著した『易学図説』、『性理説』などの書が世に伝わり、その門下も多く旅庵先生と呼ばれた。(42)

優れた人格の持ち主として高く評価されていたことがわかるが、学問的にも嶺南学派の代表的人物として知られている。嶺南とは慶尚道のことであるが、朝鮮朱子学の代表的学者である李退渓を中心に、その地方の学者たちで形成された学派である。嶺南学派は当時の儒学者たちの論争の的であった理気論については「主理論」の立場に立っており、これは張顕光の宇宙論にも反映している。

張顕光は五五才の時に『易学図説』を著し、それは宋代宇宙論の内容を敷衍したものといえるが、例えば次のような文章がある。

天地は初めはただ陰陽の気であった。この一気は運行して継続して磨かれ、それが急となって渣滓を作った。

裏面に出るところなく、中央に地を形成した。気の清いものが天と日月星辰となって外側で常に周旋するようになった。地は中央にあって動かず下にあるのではない(43)。地は中央にあって下にはないというのは蓋天説を否定したものであるが、これは張載や朱子による天地形成の説明そのものである。そのような張顕光が約二〇年後に著したのが『宇宙説』であるが、そこではどのような進展があったのかを注視する必要があるだろう。

(2)『宇宙説』の検討

張顕光は一六三七年にこの世を去るが、七七才の時である一六三一年に『宇宙説』を著している。ゆえに、これが彼の宇宙論の到達点を示すものといえるだろう。『宇宙説』は『旅庵先生全書・下』性理説巻八に収録され、本文三一帳、「附答童問」一三帳から構成されている(44)。まず、張顕光は宇宙の存在の原理を「無極太極之理」として、すべての存在理由と変化の要因をそこに見出している。張顕光は次のように述べている。

存在するすべてのものは気の変化から出たものである。気の変化は何に従い作られるのか？　理において作られる。……理はいつにあり、どこにあるのか？　いつもあり、どこにもある。これが無極太極である。ゆえに、理があって然る後に気があり、気があって然る後に万化があり、万化の然る後に万物がある(45)。

前項で、張顕光は嶺南学派に属し主理論の立場に立っているとしたが、この文章はそれを如実に示すものといえる。さらに、張顕光は無極太極の理から大元気が、そこから天地の元気が、さらにそこから万物の元気が出ると次のように述べている。

万物の元気は必ず天地の元気から来る。天地の元気は天地の外の大元気から来る。天地の外の大元気は無極太極の理から出るものである(46)。

「無極而太極」は周敦頤『太極図説』の基本命題であるが、それを理と把握し、さらに、その理から大元気が出るとするのは張顕光の宇宙論のもっとも大きな特徴といえる。しかし、形而下の大元気の存在を形而上の原理である理で根拠づけたことは、観念論的存在論といわざるをえず、「太虚即気」であり、気は不生・不滅で無から有は生じないとした徐敬徳の場合ときわめて対照的である。宇宙論は構造論と生成論を基本内容とするが、宗教教義的段階では存在論も大きな比重を占めている。前述のように徐敬徳の場合は、太虚を先天と規定し、そこに存在論を閉じ込め、後の宇宙論をより自然科学に近いものへと発展させる契機となったが、張顕光の場合はその意味で後戻りした感がある。それは、彼が主理論の立場に立っていたからで、主理論と主気論の葛藤は、宇宙論を舞台にしても行われていたのである。

さて、大元気という概念は張顕光独自のものであるが、なぜ、そのような概念を導入したのか？　言葉をかえれば、この大元気は張の宇宙論でどのような役割を果たすのだろうか？　張は、まず、大元気が不滅の存在であると、次にように述べている。

天地には始終があるが、天地の外はまた必ず大きい。大元気が常に満たしており、なくなりはしない。ゆえに、天地がそのなかで始終するが、それは天地の始終であって大元気の始終ではない。(47)

そして、この大元気の存在理由を宇宙の構造と関連させて次のように説明する。

……大地の厚さと重さをよく悠久に落ちなくしているのは、周天によって大気が休むことなく旋運して大地を維持しているからである。大気が常に運行して休まないのは、また必ず大殻子があって大気を支えているからであり、然る後に堅固になり散らばらない。であれば、その大殻子もまた、なぜに作られたこともなく存在し、支えるものなく存在するのか？　ゆえに、天地の外には必ず最大元気があって天地を作り、そのなかで始終があることを知るのである。(48)

地の周りを大気が周回するが、そのままでは外に向かって散らばってしまう。そこで、張顕光は堅固な大殻子という存在が不可欠とし、それを支えるものとして大元気を考えたのである。そして、それによって張顕光の宇宙論の全体的構造は球状となる。もともと、渾天説は鶏卵にたとえられるように球状の宇宙であるが、張顕光の場合はそれが生成論の帰結としてより明確な形をとっている。他方、西洋でも球状の宇宙像は古代ギリシャ・ピタゴラス以降の伝統的宇宙観であったが、とくにアリストテレスはその一番外に神の世界があるとし、それが内側の球殻を回転させる原動力であるとした。神であれ太極であれ、そのような形而上の存在を想定した時、それを一番外に置くしかなく、その宇宙構造は必然的に球状にならざるをえない。

さらに、気が周回することによって地を支えるというのは朱子と同様であるが、張顕光はより具体的に微々たる気が地を支えることができるメカニズムを次のように説明している。

> ……気は虚であり地は実であるが、虚で実を支えるとすれば力を万々に分けて支えるしかなく、であれば元気の厚さがどれ程でなければならず、その固さはその程度なのか[49]？

つまり、地を支えるには大量の気に少しずつ力を分散させなければならず、その際の気の強度はどれほどになるのだろうか、と問うているのである。気が外へと散らばらないように大殻子を想定したこととともに、張顕光の発想はある意味物理的である。

さて、大殻子内での天地には始終がある。それによって、張顕光は邵雍の宇宙生成の循環論を受け入れている。邵雍は一二九六〇〇年を一元として、それを一二会に分け、最初の子丑会で天地の開闢が起こり、寅会で人と万物が生成され、戌亥会で天地が消滅するとした。そして、それが繰り返されるのである。張顕光も次のように述べている。

> 現在の一元の前に、必ずすでに過ぎた無窮の元があり、現在の一元の後に来たるべき無窮の元がある。この

ように、元の前後に必ず無窮の元があり、現在の一元のみが、なぜに無窮の元となるのか？　現在の元子会に先んじて前元の亥会が必ずあり、現在の元亥会の後に必ず次の元の子会があるはずである。会が、なぜに一二で終わるのか？(50)

この点も徐敬徳の宇宙論とは対照的である。前述のように徐敬徳は、太虚という無限の宇宙空間を想定し、それを気が満たしているとしただけでなく、「太虚即気」であると規定した。ゆえに、彼にとって天の生成消滅は成立する余地はなかったからである。

張顕光と徐敬徳の宇宙論を比較して異なる点をいくつか指摘したが、類似している点として両者とも多宇宙の可能性に言及していることを挙げることができる。前述のように徐敬徳は、邵雍が別の宇宙の可能性についてはわからないと述べたことについて吟味すべきとし、また張顕光も次のように述べている。

先生は、天地には始終と際限があるといいました。一旦、始終があるならば、すなわち先後天地があるということであり、際限があるならば、すなわち天地際限の外に無窮の太虚があるということです。その無窮の太虚のなかに他の天地が並立しているということは、やはりその占める区域において、上では天となり下では地となり、真中では万物となるのが等しく、この天地と同じくするということでしょうか？　この天地の人たちが他の天地があることを知りませんが、他の天地の人たちもこの天地があることを知らないのでしょうか？(51)

張顕光は結局、別の宇宙があったとしてもそれを認識しうるすべはないとして、その存在を明確に示してはいないが、その可能性については問題意識をもっていたのである。これは宋代宇宙論には見られない観点である。その要因であるが、「中華」を自認する中国の学者たちにとって自分たちが住む宇宙こそが唯一無二のものであるという意識が働いたのではないだろうか？　あくまでも推測にすぎないが、別宇宙への問題意識はその後の朝鮮の学者たちにも引き継がれていく。

張顕光の宇宙論は張載の気による天地の形成、周敦頤の宇宙の根本原理としての太極、そして邵雍の宇宙生成の循環論など、宋代宇宙論を組み合わせたものといえる。しかし、それに留まらず大元気や大殻子など独自の概念を提示して、明確な球状の宇宙像を描いている。渾天説も球状の宇宙をイメージしているが、朝鮮前期まで渾天説は天文観測における恒星の円軌道に関心があり、宇宙全体への構造への意識は薄かった。ゆえに、張顕光が宇宙全体の構造論を提示したことは朝鮮の宇宙論において大きな前進であった。

五　おわりに

本章では一六世紀の徐敬徳および一七世紀前半の張顕光の宇宙論について、彼らの著述を整理しながら検討を行った。徐敬徳の宇宙論は無限の宇宙空間として太虚を想定しており具体的な宇宙構造は提示していなかった。しかし、この宇宙無限論はその徹底した気一元論とともに一八世紀の実学者・洪大容の宇宙論に受け継がれている。また、張顕光が提示した球状の宇宙構造は一七世紀後半の金錫文の宇宙論へと発展していく。

徐敬徳、張顕光の宇宙論が土台となり、さらに西洋科学知識の受容を大きな契機として展開された金錫文と洪大容の宇宙論、それらはまさに朝鮮における独自的な宇宙論の確かな系譜をなしているといえるだろう。

（1）山田慶児『朱子の自然学』（岩波書店、一九七八）、一三一‐五四頁。
（2）邵雍の易学については三浦国男「皇極経世書」（『史学論集』、朝日新聞社、一九七三）、二二九‐三一一頁に詳しい。
（3）同右。
（4）先天図は邵雍の『皇極経世書』が初出で、邵雍の創作と推定されている。もっとも、『皇極経世書』には図の説明はあるものの、図それ自体は提示されておらず、後の文献、例えば朱子の『周易本義』などで確認することができる（同右参照）。

（5）川原秀城「数と象数——皇極経世学小史」（『中国——社会と文化』№12、一九九七）、一-三八頁。

（6）山田慶児、前掲書（1）、一九七頁。

（7）李殷直『朝鮮名人伝』（明石書店、一九八九）、三〇二-三一四頁。

（8）本書でテキストとして用いたのは、朝鮮民主主義人民共和国・社会科学院古典研究所編『花潭集』（社会科学院出版社、一九六五）である。本章の引用はすべて本書によるものである。

（9）文重亮「一六・一七世紀朝鮮宇宙論の象数学的性格——徐敬徳と張顕光を中心として」（『歴史と現実』三四号、一九九八）、九五-一二三頁。

（10）太虚湛然無形号之曰先天其先無始其来不可究其湛然虚静気之原也　彌漫無外之遠逼塞充実無有空闕無一毫可容間也　然把之則虚執之則無然而却実不得謂之無也　到此田地無声可耳無臭可接千聖不下語周張引不発邵翁不得下一字処也

（11）摭聖賢之語泝而原之易所謂寂然不動庸所謂誠者自成　語其湛然之体曰一気語其混然之用曰太一　濂渓於此不奈何只須下語曰無極而太極　是則先天不其奇乎奇乎奇　不其乎妙妙乎妙

（12）一気之分為陰陽陽極其鼓而為天陰極其聚而為地　陽鼓之極結其精者為日陰聚之極結其精者為月餘精之散為星辰　其在地為水火焉是謂之後天乃用事者也

（13）太虚虚而不虚虚即気虚無窮無外気亦無窮無外既曰虚安得謂之気曰虚静即気之体聚散其用也　知虚之不為虚則不得謂之無老氏曰有生於無不知虚即気也　又曰虚能生気非也　若曰虚生気則方其未生是無有気而虚為死也　既無有気又何自而生気無始也無生也既無始何所終既無生何所滅　老氏言虚無仏氏言寂滅是不識理気之源又烏得知道

（14）無外曰太虚無始者曰気虚即気也　虚本無窮気亦無窮気之源其初一也

（15）山田慶児、前掲書（1）、八二頁。

（16）堀池信夫「徐敬徳〈太虚〉論試探」（『哲学・思想論集』二九号、筑波大学哲学・思想学系、二〇〇四年）、三一-五四頁。

（17）堀池は現在の相対論的世界は、物質の秩序によって時間空間が形成されるということを前提とする世界であるとし、徐敬徳の太虚は気の秩序としての時空間であり、それと類似すると強調しているが、時間が物質の運動、秩序によってはじめて意味をもつということは、相対論以前に熱力学で示されている。

(18) 既曰気一便涵二太虚為一其中涵二既二也　斯不能無闔闢無動静無生克也　原其所以能闔闢能動静能生克者而名之曰太極……又曰易者陰陽之変陰陽二気也　一陰一陽者太一也　二故化一故妙非化之外別有所謂妙者二気之所以能生生化化而不已者即其太極之妙若外化而語妙非知易者也

(19) 気之湛一清虚原於太虚之動而生陽静而生陰之始　聚之有漸以至博厚為天地為吾人　人之散也形魄散耳聚之湛一清虚者終亦不散散於太虚湛一之中同一気也

(20) 山田慶児、前掲書(1)、八八–八九頁。

(21) 倏爾躍忽爾闢孰使之乎自能爾也　亦自不得不爾是謂理之時也　易所謂感而遂通庸所謂道自道周所謂太極動而生陽者也不能無動静無闔闢其故何哉機自爾也

(22) 気外無理理者気之宰也　所謂宰非自外来而宰之指其気之用事能不失所以然之正者而謂之宰理不先於気気無始理固無始若曰理先於気則是気有始也　老氏曰虚能生気是則気有始有限也

(23) 金哲央『人物近代朝鮮思想史』(雄山閣出版、一九八四)、二四–三八頁。

(24) 天運其気一主乎動而円転不息地凝其形一主乎静而権在中間気之性動騰上者也　形之質重墜下者也　気包形外形載気中騰上墜下之相停是則懸於太虚之中而不上不下左右圜転亙古今而不墜者也　邵所謂天依形地附気自相依附者依附之機其妙矣乎

(25) 其推出経世之数無一謬誤奇哉　知義易蹊逕者我朝一人

(26) 邵子曰或謂天地之外別有天地万物異乎此天地万物吾不得以知之也　非惟吾不得以知之聖人亦不得以知之也　邵子此語當更致思

(27) 中宗三十五年庚子七月命文武二品以上挙遺逸之士　判伊金安国薦徐敬徳　三十九年甲辰夏五以徐敬徳為厚稜参奉　敬徳松都人結廬花潭之上聚徒講学　其学研窮自得横渠襟懐沖曠類康節　留守宋璘欲以其孝行啓聞旋褒　敬徳詣府廷懇辞得止　至是以薦授職亦不就

(28) 張子所論清虚太一　此窮源反本前聖所未発也　花潭又推張子之未盖言者　極言竭論　可謂極高明也

(29) 其問先天後天理気体用終始之理弁析詳明有如破竹

(30) 朴和叔来見穏討張子太和編花潭所見得儘是自此倣出来也

(31) 我国素無易学雖儒先亦無能啓発関鍵者所論述只文義之未爾　花潭独能遠邵康節直闖門戸可謂不世人之人豪矣

(32) 皇極経世数解者乃処士花潭君所著也　似聞此人不見釈義等書而自窮到亦一奇事　第未知果合邵老本数与未也

(33) 明廟朝贈戸曹佐郎　至是延議請加増而朴淳許燁是其門人故主論甚力　上謂侍臣曰敬徳所著書予取而観之則多論気数而不及於修身之事無乃是数学耶　且其工夫多有可疑処　朴淳曰敬徳常曰学者用巧之方已経四先生無所不言只理気之説有所未盡故不得不明弁云　淳曰言敬徳窮理用巧之状　上曰此工夫終是可疑　今人誉之則極其盛毀之則極其悪皆為失中　李珥曰此工夫固非学者所当法　敬徳之学出於横渠其所著書若謂之脗聖賢之旨則臣不知也　但世之所謂学者只依倣聖賢之説以為言中心無所得　敬徳則深思遠詣多有自得之妙　非文字言語之学也　上許増以議政

(34) 則世儒之或以先生之学偏於数而少之是不知也

(35) 継善成性之理則無物不在而湛一然清虚之気則多有不在者也　理無変而気有変元気生生不息往者過来者不続而已往之気已無所在而花則以為一気長在往者不過来者不続此花潭所以有認気為理之病也　雖然偏全間花潭是自分得之見也今之学者開口便説理無形気有形理気決非一物此非自言也伝人之言也　何足以敵花潭之口而服花潭之心哉

(36) 本書、二一三頁一〇～一二行。

(37) 本書、二一七頁四～七行。

(38) 山田慶児、前掲書(1)、一八四–一九三頁。

(39) 洪大容『心性問』(『湛軒書』内集巻一、新朝鮮社、一九三七)。

(40) 凡言理者必曰無形而有理　既曰無形則有者是何物　既曰有理則豈有無形而謂之有者乎

(41) 全勇勲「朝鮮中期儒学者の天体と宇宙に対する理解――旅軒張顕光の〈易学図説〉と〈宇宙説〉」(『韓国科学史学会誌』第一八巻第二号、一九九六)、一二五–一五四頁。

(42) 社会科学院民族古典研究書編『李朝実録二三八(仁祖一二)』(社会科学院出版社、一九八六)、二九七–二九八頁。

(43) 天地初間只是陰陽之気　這一箇気運行磨来去磨得急了便拶許多渣滓　裏面無処出便結成箇地在中央　気之清者為天為日為星辰　只在外常周環連転　地便只在中央不動　不是在下

(44) 一九八三年に同張氏南山派宗親会から影印本が刊行されている。

(45) 凡為有者何従而出乎曰出於気化也　気化何従而作乎　曰作於理也……理者何時而在何所而在乎　曰無時不在無所不在即所謂無極太極者也　故有理然後有気　有気然後有万化有万化然後為万有矣
(46) 万物之元気必従天地元気中来也　天地之元気又従天地外大元気中来也　若夫天地外之大元気則即是無極太極之理中出者也
(47) 天地有始終而天地之外又必有大　大元気之常盈満充塞者未嘗有之尽　故天地始終於其中而天地之始終　自為天地之始終而非大元気之始終也
(48) 夫謂天地之外又必有大元気者　蓋以大地之厚重其能悠久不墜者　以周天大気旋運不息故得大地而能不墜也　其為大気之能常運不息者又必有大殻子盛載得大気持住然後当得堅固不散也　然則其大殻子又豈無所造為而得成又豈無所籍持而得存乎哉　故知天地之外必有最大元気以造得天地而使之始終於其中也
(49) 気処地実以処打実其不有万万分力量而能之乎　然則其為元気也者其積也幾何　其健也如何而乃能打得大地為如許哉
(50) 此一元之前必有已往無窮之元此一元之後又必有未来　無窮之元元之前後必皆當有無窮之元則今　此一元亦豈得独為元於無窮之中乎　元子会之前当是前元之亥会　此元亥会之後当是後元之子会　会何当十二而止哉
(51) 子謂天地有際限有始終　既有始終故乃有先天地後天地矣　又果有際限則此天地際限之外當必有無窮之太虚矣　其無窮太虚之中無乃有他天地之並立者亦自各有　其区域其為天於上為地於下為万物於中一如　此天地之為也　而此天地之人不知有彼天地彼天地之人不知有此天地也乎

第六章　カント『天界の一般自然史と理論』の検討とその科学史的評価

一　はじめに

前章までで、朝鮮における伝統的宇宙論の系譜を明らかにし、その最終段階として洪大容の宇宙論を位置づけた。ただし、それはあくまでも朝鮮の枠内における位置づけであり、世界史的見地からの評価が課題として残されている。そこで、本章では同時代のドイツの哲学者カントの宇宙論と比較検討して、別の角度から洪大容の宇宙論の評価を行う。というのも、カントの宇宙論は科学史的に高い評価を受けているが、両者の宇宙論にはいくつかの共通点があるからである。同時に、それによって両者の宇宙論の論理展開がより明確になり、彼らの宇宙論をより深く理解することができるだろう。

カントが一七五五年に出版された『天界の一般自然史と理論』（以下『天界論』と略記する）において、独創的な宇宙論を提唱したことは周知の事実である。それは「ニュートンの諸原則に従って論じられた全宇宙構造の体制と力学的起源についての試論」という副題が示すように、ニュートン力学の原理によって宇宙の構造と生成を論じたものとして、とくに銀河系・太陽系の起源についての説明は、カントの「星雲説」として知られている。

日本でもカントの『天界論』は、古くは荒木俊馬[1]によって、その後にも『カント全集』の一部として高峯一愚[2]によって訳されているが、その研究は天文学史・宇宙論史の一部として取り扱われることが多く、本格的な研究は意外に少ない。そんななかで浜田義文『若きカントの思想形成』(3)はカントの宇宙論を含めた自然研究について詳しく、それについての最も総合的な研究といえるだろう。近年ではカント研究会が、カントの自然論および自然科学論についての研究はごく僅かで、その水準も他の分野に比べると必ずしも高くなく、その現状の改善に寄与するという目的で論文集『自然哲学とその射程』(4)を出版している。

しかし、それらでも『天界論』は全面的かつ詳細に分析・検討されたとはいえず、その評価も確定したとはいえない。ここで、全面的かつ詳細というのは『天界論』の一部を取り上げて論じるのではなく、全編を通じてそれぞれの章の連関までも考慮に入れて、そこでカントが意図したものは何なのかを逐一確認しながら検討を行うということである。同時に、『天界論』はニュートン力学によるといわれているが、それが定性的なものか定量的なものかを区別し、そこで力学の原理が正しく適用されているのかも判断しなければならない。

本章では、まずその作業を行い『天界論』の特徴と問題点を明らかにし、それに基づいてその基本性格を規定し科学史的評価を行う。そして、それに基づいてカントと洪大容の宇宙論を比較検討する。

二　時代背景とその自然観

一八世紀は、近代科学が成立した一七世紀と、自然科学全般が飛躍的発展を遂げる一九世紀との過渡的時代といわれる。もちろん、それに尽きるものではなく、力学が解析力学へと継続発展していくとともに、生物学・化学・電気学・熱学など新しい分野が拓けはじめ、自然の質的多様性が明らかになり、その自然観も若干の力学的法則ですべてが把握できるという機械論的なものから、物質それ自体に力が内在し、それによって自然に多彩な質的変化が起き、自然にも歴史性があるとする発展的自然観への変遷期でもあった。この自然観の変遷こそ、一八世紀の科学史的評価において最も重要な事変であり、そこで果たしたカントの役割がそのまま彼の科学史的評価の本質的部分となるだろう。エンゲルスがカントの『天界論』を〝化石化した自然観の最初の突破口を開いた〟と評したことはよく知られている(5)。

一七世紀の自然観は機械論的といわれるが、そこでもデカルト的なものとニュートン的なものがある。カントがどのような自然観を受け継いだのかを明らかにするために、その違いから見ることにする。デカルトの自然観の重要な点は、自然は機械であると主張し、この機械論を確立するためには粒子論を駆使して実態形相・目的因などを一掃したこと、また自然は発展するという主張にあると指摘されている(6)。最後の指摘は、太初に神による物質と運動の創造を認め、一定の法則に従ってカオスから宇宙が形成されるというデカルトの宇宙論に対するものであり、それが彼の自然観の特色といわれている。そして、この点がニュートン的自然観と対立する。ニュートンの宇宙は神の支配を受け、エネルギーを補給され、その運行が補正される不完全な機械であり、進化発展する宇宙ではない。後に、ニュートン的自然観が主流となり一八世紀へと受け継がれていくが、それはデカルト的自然観が神の役割を低めるという宗教的理由とともに、その自然像の実証的根拠が薄弱であったからである(7)。この点は、その方法論にも関係し、デカルトは少数の原理から出発し自然を説明しようとする演繹的方法を採るが、ニュートンは帰納的方法を重視する。両者は、本来相補的な関係にあるが、演繹的方法の重視は例えば運動によって一元論的に自然現象の説明を試み、その結果、理論が思弁的になり、実証性に乏しいことになる。

カントの自然観は、デカルト的な発展的自然観の系譜に位置するものといえるが、デカルトの自然観をそのまま受け継ぐのではなく、そこにライプニッツが媒介する(8)。彼は物質の本性を力であるとし、内に目的を宿して自ら運動する全一不可分の個体であるモナドを考え、それが最下位の無意識的物体から最高の自覚的精神に至るまで、連続的段階的に推移し、全体として混然たる自然の一大秩序を構成するとした。カントは物質の運動をその内にある力の自発的活動とみるライプニッツの運動観を受け入れ、それによるデカルト的な発展的自然を考え、同時に実証科学としてのニュートン力学を手段として、宇宙の全体的構造とその生成発展を論じた。逆にいえば、それらの自然観の総合は、その宇宙論によってのみ可能であったということである。

この点について『科学史技術史事典』では、「星雲説」の項目で、カントのそれは太陽系起源を自然科学の問題として論じたことに意義があり、また「カント」の項目では、星雲説の論点の中心はニュートン的力学的自然観をライプニッツ・ヴォルフ的形而上学的自然観と調和させることにあったと記述しているが[9]、事典という書籍の性格から、これが一般に知られている評価といえるだろう。カントの初期の思想形成とその自然研究とくに『天界論』について総合的に検討した浜田義文は、カントの自然観の特徴を自然の統一的・全体的見方、宇宙進化論すなわち宇宙の発生的見方、宇宙論の一部として展開された独自の人間論、機械論的見地と目的論的見地の総合としているが、おおむね妥当な指摘といえる[10]。また、松山寿一は、カントの宇宙生成論について、その前提となっている原子論と自然神学について以前のそれらとの関連について検討した後、カントの星雲説が、ランベルトらのそれと類似のものであり、また、そこで彼が用いる類推の方法を支える最善説もランベルトらのそれと共通のものであること、カントの生成論もしくは自然史の試みがビュフォンの先駆的な試みに倣ってなされたものであることを明らかにしている[11]。とくに、松山はカントの生成論を成り立たせている力学的議論が抱える難点を示し、それが彼によるニュートンの引力・斥力説の受容のまずさに由来するとしているが、このような指摘は以前の研究では見られなかったものであり、本章も同様の問題を考察する。

三　『天界論』の基本内容

カントの『天界論』は次のように構成されている[12]。

捧げの言葉、序文、全著作の内容

第一編　恒星間の体系的体制の概要、同じくそのような恒星系が多数あることについて
・以下の叙述の理解に必要なニュートンの宇宙科学の最も不可欠な根本概念の摘要
・恒星間の体系的体制について
第二編　自然界の最初の状態、諸天体の形成、それらの運動の諸原因および特に惑星系における、また全創造に関する諸天体の体系的関繋の諸原因について
第一章　惑星宇宙一般の起源とその運動の諸原因とについて
第二章　惑星の種々なる密度と惑星の諸質量の関係とについて
第三章　惑星軌道の離心率と彗星の起源について
第四章　月の起源と惑星の自転運動について
第五章　土星の環の起源とこの惑星の昼夜回転をこの星の諸事情から計算することについて
第六章　黄道光について
第七章　空間ならびに時間の面からの無限性の全範囲における創造について
付録・総じて太陽の一般理論と歴史
第八章　総じて宇宙の組織を力学的に理論化することが正当であることの一般的証明、特に今の理論の確実なゆえんについて
第三編　自然の諸類比に基づいて種々なる惑星の居住者を比較する試論

一般にカントの「星雲説」と言われているのは、その第二編・第一章に該当するが、『天界論』の内容はじつに多様で、表題からも知れるように、おそらく当時知られていた天文学的事実すべてを対象にしたものであろう。

ここでは、その基本内容を項目に整理し、簡単な検討を行う。

(1)銀河系の構造

カントはまず、その第一編で銀河の構造について述べている。前提となった科学的事実は、太陽系の構造と無限の宇宙に散在する恒星も一つの太陽として系を形成していることである。ただ、それらの恒星間には何の関繋もないとされていた。それに対して、カントは銀河についての考察から〝恒星天を貫通して無限の広がりへと一つの平面を描いたと考え、すべての恒星および恒星系が、この平面に対して他の地域よりもこの平面により近く存在するような位置上の普遍的関繋を持っていると想定〟[13]し、太陽系もそのような大平面のなかで他の恒星系とともに一つの体系を形成しているとする。

次に、カントは恒星の位置を共通の平面に関繋せしめた原因を追求する。それは、太陽の引力が他の恒星に及ぶように、それぞれの恒星がその引力によって接近しようとするが、同時に太陽系の惑星の場合のように中心から飛び去ろうとする遠心力によって体系が維持されるとする。そうすると、すべての恒星は一つの普遍的中心、あるいは多数の中心の周りの公転運動を行うことになるが、それについてカントは、それらの運動が非常に緩慢であり、観測にかかりにくいが、その可能性はあると述べている。さらに、カントはこのような恒星群の体系が他にも存在し、それが非常に遠くに存在する場合には雲霧状の星として観測されるとしている。そして、カントは宇宙の全体的構造について次のように結論する。

恒星はすべて一つの共通の平面へと関繋し、それによって宇宙のなかの一宇宙をなすところの整然たる一全体を構成する。測り知ることのできない彼方にさらに多くのこのような恒星系の存在すること、また森羅万象がその大さの無限の全範囲にわたって、つねに体系的であり相互に連繋し合っているのが見られる。われわれはなお、まさにこのような高度の宇宙秩序が相互の連繫なしにはありえないものであり、またこの相互関係によってさらに一つのなお一層測りえない巨大な体系を構成するものであることを推定できるであろう。[14]

さらに、カントは第一編の最後に自然の多様性に対する知識を拡大するのに役立つ発見は宇宙の巨大な体系にのみあるのではなく、例えば太陽系にもまだまだ未知の星が存在するであろうことを惑星の離心率についての考察から指摘している。カントは水星、火星を除いて、金星、地球、木星、土星の離心率は太陽からの距離に比例して増大するのは一つの法則であると強調し、土星の外側にも離心率のより大きい惑星が存在し、それが彗星へと段階的に移行するであろうとしている。

宇宙論は、構造論と生成進化論を基本内容とするが、ここで整理したものはカントの構造論に該当する。カントの宇宙論といえば、すぐに星雲説＝生成論が強調されるが、その生成論はこの構造論が前提となっている。カントの構造論の重要性と意義については、後に改めて考察する。

(2) 太陽系の起源

カントの宇宙構造は、一つの体系がそれをより大きい体系が包括するという階層的構造であるが、次にはそのような構造をもたらした起源が問題となる。『天界論』第二編・第一章は、太陽系を例として、それを述べている。カントの出発点は、太陽系の惑星はその公転を引力によって支配している太陽の自転の方向に運行し、その軌道が共通の平面から遠く外れていないという事実である。これによってカントは、〝一つの原因が、体系の全空間に一貫した影響を及ぼしたのであること、また惑星軌道の方向や位置における合致は、それらの惑星がすべてその運動を与えられたのと同じ物質的原因との必然的結果である〟[15]とする。さらに、惑星間には、それらに影響を与える物質は存在しないという意味で空虚であることを認め、これが惑星系の空間中に拡がって運動の共通性を保持するような物質的原因を承認できなかったニュートンをして神の一撃を考えせしめたものと指摘する。そこでカントは、かつてはそこに存在するあらゆる天体に運動を与えるような物質に充たされていて、引力によって惑星などを形成した後には、その物質がそれらの運動の妨げにならないことを前提に理論を展開する。

すべての惑星、彗星を形成する物質は、万物の初めにおいて元素的な根本素材に解体しており、それが宇宙空間に充たされていたと仮定する。その根本素材は、自然的な発展によって一つのもっと完全な自己を形成しようとする志向を持ち、かつその種類が多様であり、とくに大きい密度と引力をもつそれは、まばらに空間に配置されたとする。

> このような仕方で充たされた空間においては、普遍的な静止は単に一瞬間持続するに過ぎない。諸元素は相互に運動せしめる本質的な力を有し、それ自身が生の源泉である。物質はただちに自己形成の努力をあらわす。比較的密度の大きな種類の分散した元素は、引力によって、自分の周りをめぐる一つの領域から、より比重の小さなあらゆる物質を集める。しかしそれ自身は、自分と結合した物質とともに、もっと密度の大きい種類の部分のある点へ集まり、……次々に密度の大きい部分へと集まっていく[16]。

そうすると、最後には一つの大きな塊ができるだけとなるが、ここでカントはそれを防止するために別な力、すなわち物質が微粒子に解体したときに現れる斥力を導入し、引力との競合のなかで永続的な運動を保証する。この斥力は、アルコール性物質などの拡散の場合に現れるある種の化学的な力とカントは説明しているが、これは彼自身も認めているようにニュートン力学の範囲外のものである。このように物質の永続的運動を保証した後、カントは具体的な場合として、太陽系の起源の解明へと向かう。

> ……大きな空間中に一つの点があり、この点に見いだされる元素の引力が他のどこよりも強く自分自身の周りに作用するとすれば、全範囲に拡がった元素的根本素材は、この元素に向かって沈下するであろう。この

普遍的な沈下の最初の作用はこの引力の中心点に一個の物体を形成することであり……この中心物体の質量が非常に増大して、この物体が非常に遠くにある粒子を自分のもとへ牽きつける速度が、粒子の相互に妨げ合う弱い程度の斥力のために側方へ曲げられ側方運動になり、中心物体を遠心力によって一つの円の中に包むようになるとき、それぞれの粒子はおのおの引力と側方へ向けられた転回力との合成による曲線を描き、粒子の巨大な渦巻が生じる。[17]

この渦の中で、粒子の軌道は交差することになるが、それらは互いに制限し合い、ついには同一の方向に進むようになる。また、それは引力の中心へと近づく自己の垂直運動を制限し、引力の中心の周りを並行して走る円運動になる。そのような特定の粒子のみが空間のその範囲に浮遊し続け、円運動を持続する。運動が保持されない粒子は中心に吸収され、これが後に太陽となる。

次に、惑星の起源についてであるが、その前にカントは方向の揃った円運動は太陽を中心軸とした円柱上の運動にも当てはまるが、太陽を横切る平面の上下における物質は求心力により、ある幅でこの面に集中すると強調する。そのように、一つの平面で円運動する物質が、自分の近くの物質を引き付け、これが惑星を形成する。ただ、その物質を引き付ける力は初期の段階では重力はあまりにも微弱なので、〝通常の複合法則〟によって元素が結合し、それが増大して重力による牽引になるとする。この通常の複合法則とは、化学的な結合を意味すると思われるが、その根拠は明確ではなく、先に運動の永続性を保証した拡散の場合の斥力との関係も不明瞭である。

最後に、カントは惑星の起源をこのように考える理論の利点は、質量の起源が運動の起源と軌道の位置を同時に説明するものであるとしている。

惑星は粒子から形成される。そしてその粒子はそれらが浮遊している高さの所で円軌道への精密な運動をなしているものなのである。かくてこれらの粒子から合成された質量は、ちょうど粒子と同じ運動を同じ速度で同じ方向へ持続するであろう。このことは、何故に惑星の運動がほぼ円形であり、その軌道が一平面上にあるか、を洞察せしめるに足りる(18)。

以上が、いわゆるカントの星雲説として知られている宇宙生成論であるが、その特徴と力学的問題点については後に考察する。

(3) 土星の環の形成と自転速度の計算

『天界論』第二編・第二章〜六章で、カントは惑星の密度と太陽からの距離(公転半径)との関係、各惑星の質量の分析、惑星軌道の離心率と彗星起源、衛星の起源と惑星の自転運動、土星の環の起源と自転速度の計算、黄色光についてなど、太陽系内での様々な問題について考察している。カントは、それらは生成論の帰結であると強調し、とくに土星についての問題によって、今まで述べてきた仮説の信憑性が確証されるとしている。カントは土星の環は、蒸気のような物質でできたもので、それはもともと土星上にあったものが太陽熱によって浮遊したものとする。そして、それ自身は土星の自転運動と同じ運動を持っているので、それが保持されるような空間点で公転運動を行うが、その集積が土星の環であろうとする。

次にその自転速度を次のような方法から算出している。それは環の内側の粒子の速度と土星の赤道上の速度は同じであり、その環の速度とその空間点での位置は、土星の衛星の位置と速度と同じ比例関係にあるとするのである。結果として、六時間二三分五三秒という値を与えているが、カントが土星の分析にかなりの自信を持っていた理由が、この自転速度の計算にあったと思われる。それは定量的予測は理論の有効性を示すものであり、その確認が理論の正当性になるからである。ゆえに、ここでその計算を再現しておこう。

まず、土星の半径と土星の環の内径の比を8：13とし、また土星の第四衛星の距離をその比で144とする。その衛星の公転周期をτとするとケプラーの第三法則から、環の内径の周期は $t=\left(\frac{13}{144}\right)^{\frac{3}{2}}\tau$ となり、その速度vはその半径をrとして $v=2\pi r/t$ で与えられる。カントの仮定により、それが土星の赤道上での速度と等しいとすれば、土星の半径をRとして、その自転周期Tは $2\pi R/v$ となる。いままでの式を総合し、その半径に上の比を導入すれば、次のような式になる。

$$T=\frac{\sqrt{13}}{216}\tau$$

τに『プリンキピア』にある一五日二二時間四一分一四秒（一三七七六七四秒）を与えて求めてみると、六時間二三分一六秒となる。カントの数値とは数十秒の違いがあるが、カントの数値と一致させるためにはtに一五日二三時間一七分三二秒という値を用いなければならない[19]。

太陽系において、環が存在するのは土星だけだが、では他の惑星はなぜ環を持たないのかについて、その生成機構から説明する。カントは、かつて地球が環を持っていたという想像を行い、それがある彗星の引力によってこの環の粒子の規則的運動を乱すとか、あるいは環がとどまる領域が冷却化して蒸気粒子が凝結して、地球上に大雨を降らせ大洪水を引き起こしたとする。もちろん、これは完全に想像に過ぎないが、『天界論』にしばしば見られるこのような発想は、カントの宇宙論の性格を規定する時に考慮されなければならないだろう。

(4)宇宙の全体的構造と生成消滅

カントは恒星系について体系的な構造を考えているが、第二編・第七章では宇宙の全体的構造について述べている。宇宙全体の起源も太陽系と同種のもので、引力および斥力が普遍的なものであれば、この宇宙全体も一つの連繫を持つだろう。カントは、その構造を土星や木星が一つの独立な体系を持ちながら太陽系の構成要素となり、その太陽系も銀河系の構成要素であり、それらの銀河系もより大きな体系の一つの要素になるという階層的構造を考えている。そして、宇宙が太陽系と同じメカニズムによって形成されるとすると、原始物質の沈下運動が初めに行われた領域から宇宙の形成が始まり、それが徐々に広がったとする。宇宙空間は無限であり、そのなかに特定の中心点は考えにくいが、原始物質の分布に非均一な領域が生じたとすれば、それが宇宙の中心というべきものとなる。

カントは自然のすべての存在は不断の生成消滅過程にあり、宇宙も例外ではなく、その消滅もやはり中心付近から起こるだろうと主張する。そのメカニズムは太陽系を例にとり、機械の静止のように惑星の公転運動が止まったとすれば、それらはすべて太陽に吸収されその熱い火力によって爆発を起こして、それらを形成した物質が広い宇宙空間に飛び散ったとする。さらに、カントはそれらが原始物質となって再び恒星系を生成するだろうとする。宇宙の消滅では系の中心にある太陽のような燃える星が重要な役割を果たしているが、カントは系の中心に太陽のような星が存在する理由とともに、太陽の黒点についても言及している。

(5)宇宙体制の秩序と神の存在

カントは第二編の最後の章で、いままで展開してきた理論の正当性を神の存在と関連させて論じている。カントの主張は要するに、神によって与えられた法則によって、自然は調和と秩序を持った運動を行い、その最も顕著な例が宇宙の生成消滅・構造に現れたというものである。自然それ自身の内に運動の源泉を認めているところは、ニュートンが神による最初の一撃を考えたこととは極めて対照的であるが、その自然観は目的論的であり、それが神学と深く結び付いている点が特徴的である。

(6)宇宙人の存在と特徴

カントは『天界論』の第三編を付録の形として「天体の居住者について」という題で、宇宙人の存在とその特徴について述べている。カントの時代には、地球以外の天体に人間と同じような生命体（宇宙人）を想像することは自体は珍しいことではなかったが、カントが考えた理性的存在は、体系の中心すなわち太陽からの距離に関係し、遠くにいくほど完成度が増すというものである。その理由は、理性的存在を形成する粒子自体の性質が太陽からの距離によって規定され、それが遠いほど軽やかであり、様々な面でその理性的存在が弾力的であるというものである。それによって、太陽系の中間に位置する地球に住む人間は、物理的性状および道徳的性も中間段階にあるとする。カントの考察はまったく空想に過ぎないが、重要な点はそれぞれの天体の居住者の進化発展さえも宇宙論の帰結として説明しようとしたことである。

四　カントの宇宙論の特徴と基本性格

以上のようにカントの『天界論』の全体的内容を整理したが、その最大の特徴は宇宙の生成消滅に見られるように、自然に歴史性を持ち込んだことであるが、この点についてはすでに詳しく論じられているので[20]、ここではカント以前の代表的宇宙論であるデカルトの渦動説との比較において、内容そのもの特徴をみることにしたい。

デカルトの渦動説は次のようなものである[21]。太初に神が延長性を本質とする無限の物質を創造し、それに運動を与え、その法則として慣性法則と運動量保存則などを定めると、それから後は物質はそれ自身で変化発展する。物質のない空虚な空間（真空）は存在せず空間即物質である。ある物体と他の物体の間に隙間というものはなく、一つの物体が動くということは、他の物体がその代わりにその場所を占めるということであり、初めに動いた物体もまた別の物体にとって代わったはずである。ゆえに、一系列の運動物体は初めと終わりがつながるような円環運動にならざるをえない。デカルトは、神が宇宙に運動を与えると多くの渦巻状の運動が生じるとする。そして、このような運動によって、物質は無限の断片にひきさかれ、さらに摩擦によって微粒子になる。これは光の媒体であり第二元素といわれるが、これら粒子が丸くなるときに生ずる小さな屑は第一元素といわれる発光物質で、これは渦の遠心運動のために第二元素の粒子に押されて渦の中心に集まって恒星になる。また、第一元素で互いに結合しやすい形のものが結びつき大きくなった粒子からなる物質を第三元素というが、これが恒星の表面に付着して斑点になるが、これが太陽の黒点にあたる。それが、大きくなり星の全表面をおおうと周辺の第二元素との摩擦が増大するためその恒星の自転が衰えて、これをとりまく第二元素の渦も弱まり、ついには隣の渦に巻き込まれる。これが惑星である。宇宙は、無数の渦巻の運動の集まりであり、その渦巻の一つ一つが中心が恒星であり、そのまわりに惑星が浮かんで回る。これが「渦動説」である。

カントの星雲説とデカルトの渦動説は、しばしばその類似性が指摘されるが、確かに思想的には発展的宇宙論で、太初の混沌とした状況から物質それ自体が持つ、あるいは与えられた運動によって宇宙が生成され、円運動あるいは渦動性を持った天体が形成される、またそれらの運動法則も神が与えたものであるとするなどの共通点がある。デカルトの渦動説についてカントは『天界論』の序文で〝人々はわたしから、デカルトが天体の形成を単に力学的法則から敢えて説明しようとしたとき公正な裁判官たちによってつねに与えられていた同じ権利を奪いはしないであろう[22]〞と書き、それに続いてイギリスで出版された『一般宇宙論史』から、デカルトは宇宙の形成を混沌たる物質から、一度与えられた運動の単なる継続によって説明しようと努め、そしてその試みを少数の簡易で普遍的な運動法則へ帰着させたが、このデカルトの試みはその後に、それをさらに進め一層多くの賛同を得た他の哲学者たちと同様に、多くの人たちが想像したように犯罪的でも神を軽視するものでもなく、むしろそれによって神の無限の知恵という一層高い概念が生じる、という説明を引用している。

デカルトがガリレオの宗教裁判の結果を知り、自身の著作『宇宙論』の出版を断念したことはよく知られているが、カントも『天界論』についても宗教的な理由からの批判を懸念していた。ゆえに、その序文でカントは、自身の理論が神の存在を否定するものではなく、〝自然は渾沌のうちにあってさえも規則的に、かつ秩序正しく行動するほかはないのであるから、まさにこの理由によって神は存在するのである〟[23]と述べ、第二編・第八章でもそのことを強調している。デカルトについて言及したところも同様の主旨であるが、それはカント自身も思想的にはその宇宙論がデカルト的なものであると意識していたということだろう。

カントの宇宙論の思想的系譜はデカルトのそれにつらなるものといえるが、カントはデカルト的宇宙を近代科学によって構築しようとしたのであり、当然、展開方法と内容は大きく異なる。その差異と発展がそのままカントの宇宙論の特徴といえるだろう。まず、第一に指摘できるのは宇宙構造の理解についての違いである。デカルトは、太陽も一つの恒星であるという観点から、恒星は同一の天球上にあるのではなく（もしそうであれば太陽もその天球上に存在しなければならない）、どの恒星も自分のまわりに他の恒星を含まない広大な空間を持っていること、さらに宇宙にはそのような恒星が無数に散在するとした。ピタゴラスからプトレマイオスまで、西洋の伝統的宇宙構造は同心円的であり、地動説によって転換をもたらしたコペルニクスでさえも太陽を中心とした同心円的構造に止まっていた。この同心円的構造の一番外側には恒星があり、人間の認識はそれ以上におよばない。ところがデカルトは一様無限の宇宙を考え、ニュートンもその力学的要請から無限の宇宙空間を想定した。そこでは、同心円的構造は克服されているとはいえ、依然として恒星が認識の限界点になっている。それに対して、カントの宇宙構造は、太陽のような一つの恒星を中心とした系があり、その恒星を含む円盤状の銀河系があり、それらの銀河系が全体的体系に包括されるという階層的宇宙である。その階層性によって、宇宙は空間的には無限であるが、認識可能という意味で有限な明確な宇宙像が提示された。カントの宇宙生成論は、この構造の原因追究が重要な動機であるが、それは思想的には認識可能な対象として宇宙を捉えたことによって、その起源を解明すべき、あるいは解明しうる問題として提起したということである。カントの宇宙論といえば星雲説といわれ、その生成論のみが強調されるが、その構造論の重要性も再認識しなければならないだろう。(24)

次に、両者の違いは生成論で重要な役割を果たす天体を形成する物質と、それが行う運動にある。デカルトは空間それ自体が物質と考え、神によって与えられた運動によって三種類の元素的粒子が造られ、それによって恒星や惑星が形成されたとする。これに対して、カントはまず無限の空間を想定し、そこに元素的粒子が分布し、それらに働く引力と斥力によって運動が起こり、その引力による粒子の結合によって天体が形成され、またその引力と斥力の総合によって円運動を行うとする。観察された自然現象（この場合は宇宙構造）を原子論的にニュートン力学によって解明しようとするのは、まさに近代科学的方法そのものである。

残る問題はそれが正しくなされたかどうかであるが、まずカントが『天界論』で用いたニュートン力学の概念、法則がどのようなものであったかを確認しておこう。カント自身は、『天界論』第一編で以下の叙述に必要なニュートン力学の原理として、天体は直進力と重力によって円形運動を行うこと、それが従うところのケプラーの三法則を強調している。また、本文でカントが用いたニュートン力学の概念は引力と斥力、運動あるいは力の合成、運動量保存などである。カントの宇宙論はニュートン力学によると普通いわれるが、土星の自転速度の計算を除いて、ほとんど定性的議論で終わっている。また、その計算もケプラーの第三法則の半径と周期との関係による比例計算で、運動方程式を立ててそれを解くというようなものではない。

では、カントの宇宙論は定性的にはどうなのかという点を検討しなければならないが、ここでとくに問題になるのが、彼の斥力に対する理解である。カントの宇宙論では、斥力は二つの重要な役割を担っている。一つは、引力とともに物質の永続的な運動を保証する要因であり、もう一つは密度の大きい中心部へと物質が引力によって集まる時に、斥力が作用して側方への運動を与え、それによって渦動が生じ、生成された星たちも円運動を行うというものである。カントは、引力・斥力は等しく確実で、等しく単純で、また同時に等しく根源的かつ普遍的であると述べて、両者はニュートン力学から借用してきたものであるが、斥力は引力ほど自然法則として確固たるものではないが、その存在は否定できないだろうと言明している。[25] 確かに、ニュートンも『プリンキピア』の序文で、天体の現象と同じように他の自然現象も力学的に説明しうるものであるが、その際にまだ知られていない斥力のようなものがあるかも知れないと書いている。[26] ゆえに、運動の源泉は物質に内在する力によるとするカントの観点からすれば引力とともに斥力を確実なものとして導入したしたことは納得できる。

カント以前、天体の円運動に対するデカルトの渦動説についてはすでに述べた通りであるが、ガリレオもその著書『天文対話』で〝世界の物体も、またこれが造りあげられまったく形が固定されたのちは、しばらくの間その創造者によって直線運動をさせられ、ある定められた場所に達したのちは、直線運動から円運動に移り、一つずつ回転させられ、それ以来その状態で維持され、今も保持されている[27]〟と書いている。ニュートンはケプラーの第三法則からデカルト説を、またガリレオ説についても、その逆過程すなわち公転運動を行う天体が、ある点から無限遠にまで上昇しようとするならば、太陽の重力は今の大きさの半分であることを明らかにして、それを否定した。[28] ニュートン自身は、空間に物質が一様に分布した状態が、部分的に重力の収縮が起こって星が造られると考えたが、物質が一点に集中せず回転している惑星系が何故できるのかという解答を得ることができず、神の一撃を仮定した。[29] ゆえに、天体に円運動をもたらす要因の追究は、当時、最も重要な課題として提起されたものであり、カントも『天界論』のなかでそれに答えるものであるということを強調している。

では、カントは斥力によって、それを解決したかというと、まず、これに対するカントの説明は一貫していない。というのは、『天界論』第二編・第一章では、その粒子の渦動は斥力によるとしながら、第八章で神の存在を強調するときにもう一度その理論を繰り返すところでは、〝垂直に沈下する分散された元素の微細な素材は、牽引点の多様によってと、また相互に交叉する方向線のなす妨害とによって、種々の側方運動をなすにいたらざるをえなかった[30]〟というように記述している。

この点について松山は、「遠心力」（粒子の落下運動が何等かの原因によって側方運動に転じる際の衝撃によって刻印される粒子の衝動力と定義している）を重力に解消しようとして斥力の起源を不問にしたとして、その説明が一貫していないことの問題点を指摘している[31]。さらに、その牽引点の多様さによる解消方法自体も、それは摂動的問題となり軌道交錯の問題になりうるかどうか、もしなりうるとしても落下運動が側方運動に転化するという議論自体が力学的難点を含むと指摘している。その難点とは、落下粒子の運動方向の瞬間的な変化を含んでおり、それはある物体に特定の速度を瞬間的に付与する場合と同様に困難であり、中心物体（具体的には太陽）の引力も下方向の運動がある循環運動に転化する瞬間、二重に作用しなければならないというものである。そして、円運動は直線運動と中心力との総合であり、前者はとくに物体の慣性に関係するものであり、重力による「遠心力」の解消という試みは力学の根本原理を正面にすえない逆立ちした議論であるとしている。

松山の論文はこの分野の数少ない研究で、とくにカントの理論の力学的難点を追求しようとする点は著者の問題意識と共通するものがある。しかし、以下に述べるように著者が考える力学的難点は別なところにある。カントの『天界論』の最も重要な部分は星雲説であり、その力学的検討の要点は次の二つである。まず、粒子に落下方向と垂直な運動量成分（すなわち角運動量）を与えることが可能であるかということであり、そのような運動量を与えた時それが果たして円運動になるかということである。

すでに述べたように、前者についてカントは斥力と牽引点の多様さの一貫しない理由を持ち出した。松山は、牽引点の多様さについては遠心力を重力に解消しようとする試みとして否定したが、斥力についてカントはその起源を不問にしたと指摘するのみで、それを力学的に否定したのではない。しかし、浜田の著書[32]や近藤の論文[33]をはじめとして多くの場合、カントによる渦動の説明はその斥力による粒子の反発と衝突の結果、粒子が側方への運動を得て起こるものと理解されている。ゆえに、その力学的な検討はこの点こそが重要である。ただし、カント自身は衝突という言葉を用いず、一粒子の運動が別な粒子の運動を制限すると表現している。

さて、落下運動する物体に横向きの運動量（角運動量）をいかに与えるかは、要するに力積（力×作用時間）をいかに与えるかであり、それは斥力でも衝突でも可能だろう[34]。次にそれを与えたとして粒子は必ず循環運動を行うかというと、それは与えられた角運動量の大きさに依存する。力学的には粒子の運動エネルギーと中心力ポテンシャルエネルギーの総和すなわち全エネルギーと角運動量の値によって粒子の軌道の離心率が決まり、それに従って円運動、楕円運動、放物線、双曲線となる。

では、カントの議論が力学的に正当かというとそうではなく、確かに一粒子が他の粒子の作用によって循環運動を行う可能性は否定できないが、多粒子が何らかの理由で一方向への回転運動を行うという主張には、別な理由から無理がある。カントが主張するように太初に元素的粒子が引力・斥力によって運動し、重力の中心へと集まりながら、一平面上で一方向への回転運動を行うとすれば、それは非常に大きな角運動を持つことになる。角運動量は保存量であり、太陽系のような惑星系を孤立系とした時、それを形成する粒子はその過程で様々な衝突や引力・斥力（この場合、両者は内力になる）の作用があったとしても、その総和は変化しない。つまり、最終的に惑星系が持つ角運動量はあらかじめ元素的粒子が持つものでなければならず、これはきわめて困難なことだろう。ニュートンが神の一撃を仮定したことの要因は力学的見地からは、まさにこの点にあったといえる。とくに、カントの生成論の場合、惑星系を形成する粒子はすべての方向から集まってくるのだから角運動量は互いに相殺しあう。ところが、カントの議論は、角運動量が多粒子系の運動過程で増加するように展開されており、これが彼の理論の最大の難点である。カントはニュートンの神の一撃を克服したと考えたが、本質的には同じ過ちを犯したのである。

角運動量の保存則は力学の基本法則であり、現在では常識といえるが、カントの時代では、どの程度に認識されていたのだろうか。ニュートンは『プリンキピア』で運動量は定義しているが[35]、角運動量については明確に述べてはいない。ケプラーの第二法則（面積速度一定の法則）が角運動量保存則と同等であるということは改めて述べるまでもないが、実はニュートン以降も角運動量保存という表現ではなく面積保存の法則として用いられていた。マッハは著書『力学の発達――その歴史的批判的考察』（初版一八八三）で、運動量保存の法則、重心保存の法則、面積保存の法則を同じ節で取り上げ、ニュートンは面積保存の法則をほとんど手中に握っていたが、それを明白に法則の形に言い表したのはオイラー、ダルシーおよびベルヌイらであると指摘している[36]。また、マッハは力学の基本量のディメンジョンを示すときに、速度、加速度、力、運動量、力積、仕事、運動エネルギー、慣性能率、静力能率を挙げているが、角運動量はそこにはない[37]。したがって、マッハの時代までも、角運動量という用語は一般には用いられていなかったということになる[38]。ゆえに、カントが角運動量保存に関する理解に欠けていたことは、当時としては仕方のないことであった。

最後に、カントの宇宙論の難点をもう一つだけ指摘するならば、宇宙の始源の問題である。カントは太初にすべての粒子が空間に散らばり一瞬の静止状態から話を始めたが、力学的には平衡状態は外的要因がなければ変化しない。これは、空間と物質をアプリオリに与えた結果に生じた問題点で、これを解決するためには空間と物質そのものの生成を追究しなければならない。現在では、この問題はビッグバン以降の宇宙が膨張し物質も生成されたと考えられているが、カントの時代には想像の枠でもそこまでは辿り着けなかった。

カントは普通いわれているように、ニュートン力学の原理によって宇宙論を論じたのではなく、論じようとしたというのが正しいところであり、そのことを踏まえてその宇宙論の基本性格を規定すれば、それは歴史的概念としての「自然哲学」である。その定義は第四章で述べたように、〝経験的自然科学がまだ自然の多くの現象その客観的関連、相互依存性に科学的な説明を与えることができなかった時代に発展した自然学で、それは経験的所与に基づいてではなく、抽象的な思弁的原理に基づいて世界に関する知識を与えようとする試み〟であるが、エンゲルスはこのような自然哲学は、まだ知られていなかった現実の関連のかわりに観念的・空想的関連をおき、欠けている事実を思想形像でおぎない、現実のすきまは想像でみたすもので、多くの天才的な思想とかなり多くの後年の発見を先見予感したが、ばかげた考えもさらけ出したと指摘している[39]。

カントの『天界論』は、構造論に基づき近代科学的に生成論を展開しようと試みたが、それを果たしたとはいえず、それに続く惑星の密度、衛星の形成、土星の環の形成、太陽の形成と燃焼などについての説明、さらには土星の環と同じ様なものがかつて地球にも存在し、それが消滅するときに地球に大洪水が起こったという記述や宇宙人の存在など、全体的には憶測と想像による部分が多くを占める。また、すでに指摘したような微粒子に作用する斥力と重力とは異なる引力についての不明瞭さや、円運動の要因についての二通りの説明も、実証科学にはなりきれない理論の限界を露呈したものといえる。なかには、現在「星雲説」と呼ばれているように、先見的な部分もあったが、それの評価を含めて、カントの『天界論』の基本性格はやはり自然哲学とするのが妥当だろう。

それによって、カントの宇宙論の科学史的意義も明確になる。デカルトは自身の『宇宙論』を作り話と称したが、それは自然科学が自然物語的段階から脱出しようとしていた時期の、羞恥と躊躇があると同時に、ひろく科学研究がもつべき自制が暗示されているようであると指摘されている[40]。それからみれば、カントが宇宙論を正面から近代科学的に解決しようと試みたこと自体が大きな発展であったが、当時の知識水準ではそれは自然哲学としてのみ展開せざるをえなかった。しかし、それは宇宙論の発展過程で必ずや通過すべき段階であり、それが後の発展の重要な契機となる。ここに、カントの『天界論』の科学史的位置とその意義がある。

五　カントと洪大容の宇宙論の比較検討

カントが『天界論』を出版した頃、朝鮮では洪大容が『毉山問答』で独自の宇宙論を展開している。その詳細は第四章で述べたとおりで、洪大容はニュートン力学に触れることができず、その宇宙論は初めから自然哲学的性格を持つものであるが、カントの宇宙論と次のような類似点を持つ。まず、根本素材による宇宙生成論であり、階層的構造を持つ無限宇宙論であり、さらに両者とも宇宙人の存在を考えていたことである。ここでは、第四章および前節と若干重複するが、その三点について詳しく見ることにしたい。

(1)根本素材による宇宙生成論

宇宙生成論という時、現在では時空それ自体の生成をも論じられるが、ここでは天体の形成に限る。カントと洪大容は、ともに無限の宇宙空間を想定し、根本素材による生成論を展開した。カントは『天界論』で次のように書いている。

> われわれの太陽系に属している球天体やすべての惑星や彗星をつくっている一切の物質は、万物の初めにおいては、その元素的な根本素材に解体しており、今日これらの形成された諸天体が回転運動をしている宇宙構造の全空間を充たしていた、と私は仮定する。(41)

この根本素材がまばらに散らばり、引力によって密度の濃い部分に集まって天体を形成し、同時にそれが集まる過程での衝突あるいは斥力によって渦動が生じるというのが、カントの星雲説の本質的内容である。

カントの場合は質量というニュートン力学の基本性質を持ち、他と衝突を繰り返す粒子的存在であるのに対して、洪大容の場合は、中国古来の概念である「気」である。洪大容は『毉山問答』で次のように書いている。

寥廓な太虚に充満しているのは気である。内も外もなく始めも終わりもなく、積もった気が凝集して物質を形成し、虚空に回転しながら留まった、いわゆる地球、太陽、月、星たちはまさにそういうものである。[42]

洪大容の宇宙論の基本性格はカントと同様、自然哲学といえるが、彼が万物の根本素材と考えた気の特質によって、その性格がより顕著である。というのは、その気が確かに万物を形成する原子論的な概念ではあるが、実体が明確ではないからである。西洋では、原子論がそのまま粒子論へと集束して、自然界の様々な現象をその構成要素である粒子の運動に還元し、粒子の運動の要因としての力の存在を認め、その法則の数量化を追求する過程で近代科学すなわち力学が発展した。カントの星雲説は、まさにそのような近代科学的な方法論に沿うものである。それに対して、気は強いて言えば「場」のようなものであり、それをモデル化して法則を数量化することは容易ではなく、思弁的にならざるをえない。この点については第一章ですでに述べたが、これは洪大容に限らず東洋で近代科学が発展できなかった一つの理由に挙げることができるだろう。

カントはその生成論によって天体の公転と自転の起源も同時に説明したが、洪大容の場合はそれと異なり地球の自転は引力の源としての結果である。洪大容は次のように書いている。

地球がこのように速く回転することにより、空気は上で密封され下に集まり、上下の勢が作られる。これが地面の形勢であり、地から離れればこのような勢はない。また、磁石が鉄を吸収し琥珀が藁屑を引き付けるが、自己と同じような部類が互いに感応するのは物体の固有な理致である。[43]

すでに述べたように朝鮮前期までの伝統的宇宙観は蓋天説あるいは渾天説であり、その本質は地球を面とする天動説である。そこから脱皮するためには、まず地球説を確立しなければならないが、それは同時に引力に関する理解を伴わなければならない。洪大容は、もともと宇宙空間は一様であり上下の区別はないと考えた。であれば地球上での上下の形勢は、地球それ自体の特殊性から導き出さなければならない。それが自転というわけである。

最後に、根本素材の特徴によって、その宇宙像がカントの場合は動的で、洪大容の場合は静的という違いが生じたことを指摘しておこう。カントは宇宙の一点から天体の形成が始まり、またそこから消滅が起こり、それが繰り返されると主張した。これは、現代に通じる進化的宇宙論である。これに、対して洪大容は内も外もなく始めも終わりもないとして、循環的宇宙の生成消滅については否定的である。

(2)階層的構造を持つ無限宇宙

次に、彼らの宇宙論の類似点は、両方とも階層的構造を持つ無限宇宙論である点である。この点は、それ以前の宇宙論と比べて両者の宇宙論の特徴といえるものであるが、それに至る経緯は異なる。

カントは、天の川の存在から銀河の円盤状の構造を推測し、同じ力学的起源により他の天体も必然的に同じ形状になるとした。さらに、引力が普遍的な存在であるため、すべての天体は互いに連関するだろうと考えた。太陽系とそれを含む銀河系、そして他の天体との連関、カントによる宇宙の階層的構造は、観測結果とともにその生成論による帰結である。カントは銀河の円盤状の構造をもたらした原因を追究するという問題意識から、生成論を展開し、それによって宇宙の全体的構造の階層性を導き出した。ゆえに、カントにおいては生成論と構造論は一体のものである。

これに対して、洪大容の宇宙構造はその生成論から直接導き出されたものではない。洪大容の構造論で重要な役割を果たしたのは、宇宙の一様性とすべての世界の同等性という見解、そして中国を通じて伝わった太陽系の構造に関するティコ・ブラーエ説である。洪大容は次のように書いている。

空いっぱいの星たちも世界でないものはなく、星の世界から見れば地球もやはり一つの星である。限りない世界が空間に散らばっているのに、ただ地球が巧妙に真中にあるそのような理致はない。……五星とは太陽を周回するので太陽を中心とし、太陽と月は地球を周回するので地球を中心としている。……火星、木星、土星の横にある四つ五つの小さな星は、各々三つの星を中心にしている。地球から見るのがこのようなのだから、様々な星の世界から見るのも推測できる。ゆえに、地球が太陽と月の中心にはなれても五星の中心にはなれず、太陽が五星の中心にはなれても、すべての星の中心にはなれない。(44)

宇宙は一様であり中心は存在せず、そのなかの星はそれぞれが一つの世界で、すべて同等であると洪大容は主張する。しかし、ティコ・ブラーエ説に従えば太陽系の星は他の星の周りを公転するので、その意味で中心は存在する。一見、矛盾するような両者を洪大容は、段階的には中心が存在しても、それは全体の中心にはならず、一つの世界がより大きな世界に包括されるという階層的構造を考えることによってそれを免れる。そして、銀河と宇宙全体にも同様の考えを適用した。

銀河は様々な星の世界が凝集して一つの世界を形成し、空界（宙）で旋回する大きな環をなし、その中には数千万の世界を包括し、太陽と地の世界もその中の一つに過ぎぬ。これが宇宙空間の一つの世界である。しかし、地球での主観がこうで、地球から見える範囲外に銀河世界のようなものが幾千億か知れず、われわれの小さな目を信じて軽率に銀河を一番大きい世界と規定することはできない。(45)

世界の同等性や階層性の理解に見られる、すべてのものを相対化する認識の方法論は、『毉山問答』全編を通じて適用されており、洪大容の思想的特徴といえるものである。

(3)宇宙人の性格

次にカントと洪大容の類似点は、両者とも宇宙人の存在を認めていたことである。カントと洪大容が考えた根本素材の背景とその特徴について簡単に比較したが、それがそのまま彼らが考えた宇宙人の性格に反映される。すでに明らかにしたように、カントが考えた理性的存在は体系の中心すなわち太陽からの距離に関係し、遠く離れるほど完成度が増すというもので、太陽系の中間に位置する地球に住む人間は、物理的性状および道徳的性質も中間段階にあるとした。カントはそれぞれの天体の居住者の進化発展さえも宇宙論の帰結として、説明しようとしたのであるが、この問題意識は洪大容の場合も同じで、そもそも『毉山問答』で、洪大容が宇宙論を展開するきっかけになったのは、まさに人間を含む万物の源を「虚子」が「実翁」に問うことから始まる。この問いに対し、実翁は万物の源は宇宙に根本があるとして、宇宙について述べるのである。

さて洪大容が考えた宇宙人はどのような存在だったのか。彼は、万物が気から生成されたように、すべての世界に存在する生命体もその世界を造った気によるものであるとする。すなわち、太陽であれば「火」の気であり、月は「氷」の気であり、地球は「氷」と「土」の気である。ゆえに、太陽、月、地球それぞれに住む者は、その気によって性格が規定されているとする。太陽に住む者は純然な火の気によって生まれその「体」は明るく「性」は強烈で「智」は聡明であるという。月に生まれた者は純然な氷の気によって生まれ「体」は透明で「性」は清く「智」は明哲で、地球に生まれた者はその源が氷と土であり「体」は太く「性」は粗雑で「智」は昏闇であると主張する。カントも洪大容も地球の住人をあまり評価していないところが面白い。今日から見れば、なんとも奇妙な生命体＝宇宙人を考えたものだが、それは人間および生命についての理解がまだまだ不十分であった一八世紀の限界を示すものだろう。それは同時に、やはり彼らの宇宙論が自然哲学として展開されたことを示すものである。

六　おわりに

自然科学において同じような理論がまったく別個に提唱されることは、しばしば起こることである。ただし、その場合は問題意識の成熟とともに、その問題を解決する能力や手段、例えば数学的水準が同じというようなことがなければならない。だとすれば洋の東西で、その背景と知識の内容で異なるカントと洪大容が類似の宇宙論を提唱したのはどういうことなのだろうか。

彼らの宇宙論は、現在「宇宙物理学」と呼ばれるような「学」ではなく、あくまでも「論」として成立した自然哲学であった。歴史的概念としての自然哲学は、人間の思惟が決定的な役割を果たすが、彼らの宇宙論こそは一八世紀の知識水準で、人間の思惟が到達できる宇宙像の最後の姿であったのだろう。これが、カントと洪大容の宇宙論における類似性の要因である。ただし、カントの場合はニュートン力学の諸原理を前提としたものだけに、近代科学に近い側面を持ち、その一部が現在も星雲説として残され、その後の宇宙論の発展を促した。ここに、カントの宇宙論の科学史的意義がある。ニュートン力学に触れることができなかった洪大容の宇宙論が、カント以上に思弁的になるのは当然のことであるが、むしろそれによって『毉山問答』における論理展開は隙がなく、自然哲学としての完成度はカントよりも高い。

カントの思想形成は一七八一年に出版された『純粋理性批判』による批判哲学の成立を境に、前期と後期に区分されている。『天界論』は前期に属する著作であり、それが後期の批判哲学の展開でどのような役割を果たしたかについて考察することは興味ある問題である。カントは、『天界論』で宇宙＝自然に関する問題は完全に解決したと自負していた。そして、次にはそのように人間が自然を認識することのできる根拠はどこにあるのかという問題意識を持った。これが批判哲学へと進む契機になったと思われる。つまり、哲学者カントにとっては、宇宙論がその出発点であった。

　これに対して、実学者・洪大容にとっての宇宙論は終着点といえる。洪大容が『毉山問答』を著した正確な年代は知られていないが、晩年の頃と推測され、彼の思想が集大成された著作である。その宇宙論は「大道」の要は何かという虚子の問いに始まり、人間の源が天地にあり、その根本を述べるとして展開されたものであった。ゆえに、カントの場合はその宇宙論の完成を機に人間の問題を追究したのに対し、洪大容の場合は人間の問題に答えるために宇宙論を展開したのである。西洋の自然観が自然に対する客観的立場を確立したのに対し、東洋のそれは人間それ自身も自然のなかに含める傾向があるといわれるが、カントと洪大容の宇宙論にもそれが表れている。

(1)　荒木俊馬訳『カント・宇宙論』(恒星社厚生閣、一九五四)。
(2)　高峯一愚訳『カント全集第十巻・自然の形而上学』(理想社、一九六六)。
(3)　浜田義文『若きカントの思想形成』(勁草書房、一九六七)。
(4)　カント研究会編『自然哲学の射程』(晃洋書房、一九九三)。
(5)　エンゲルス「自然弁証法」(『マルクス・エンゲルス全集第二〇巻』、大月書店、一九六八)、三四六頁。
(6)　近藤洋逸「近代の自然観」(『哲学講座6・自然の哲学』、岩波書店、一九六八)、一二六頁。
(7)　同右、一二八頁。
(8)　浜田義文、前掲書(3)、一四二―一四五頁。
(9)　伊東俊太郎・坂本賢三・山田慶児・村上陽一郎編『科学史技術史事典』(弘文堂、一九八三)、五三八頁。
(10)　浜田義文、前掲書(3)、一三五―一八七頁。
(11)　松山寿一「力と渦――カントの宇宙発生論と一七、一八世紀の思想潮流」(カント研究会編『自然哲学の射程』、晃洋書房、一九九三)、三三―七二頁。

(12) 本章における『天界論』の引用は、前掲書(2)の高峯訳『カント全集第十巻』を用いる。
(13) 『カント全集第十巻』、四九頁。
(14) 同右、五六―五七頁。
(15) 同右、六四頁。
(16) 同右、六七頁。
(17) 同右、六八頁。
(18) 同右、七一頁。
(19) 土星の衛星の半径および環の比などの数値は、前掲書(2)の注釈で高峯が同じ計算を行った時に用いた値で、それはホイヘンスによるものである。ただ、そこで高峯は衛星の自転速度を約一三七七〇〇秒としてカントと同じ値を出しているが、計算自体に誤りがあると同時に、その値を約数で与えたのでは、秒まで一致させる意味がない。
(20) 浜田義文、前掲書(3)、一四七―一五六頁。
(21) 井上庄七・小野和久・小林道夫・平松希伊子訳『デカルト・哲学原理』(朝日新聞社、一九八八)。デカルトの宇宙論については、同書の小林の解説「デカルトの自然哲学」と、近藤洋逸『デカルトの自然像』(岩波書店、一九五九)が詳しい。
(22) 『カント全集第十巻』、二四頁。
(23) 同右、二三頁。
(24) 山田慶児「天体物理学成立史序説」(『科学史研究』七三号、一九六五)、九―一七頁。ここで、山田は天体力学から天体物理学への移行は一八世紀に宇宙の形の認識と有限宇宙宙論の確立、恒星天文学の成立、分光学的熱学的研究の進展の三段階をへて成されたと指摘し、その第一段階におけるカントの構造論の意義を強調している。
(25) 『カント全集第十巻』、三一―三二頁。
(26) 河辺六男訳『ニュートン・自然哲学の数学的諸原理』(中央公論社、一九七一)、六〇頁。
(27) 青木靖三訳『ガリレオ・天文対話(上)』(岩波書店、一九五九)、三六頁。
(28) 中山茂「ガリレオ―ニュートンの宇宙生成論」(『科学史研究』五六号、一九六〇)、一―七頁。

(29) 佐藤文隆『宇宙論の招待』（岩波書店、一九八八）、七一頁。
(30) 『カント全集第十巻』、一五六頁。
(31) 松山寿一、前掲書(4)、四二-五五頁。
(32) 浜田義文、前掲書(3)、一五〇頁。
(33) 近藤洋逸、前掲書(6)、一三九頁。
(34) 前述のように松山はある物体に特定の速度を瞬時に付与することは困難としているが、著者の見解は異なる。
(35) 河辺六男訳、前掲書(26)、五七頁。
(36) 青木一郎訳『マッハ・力学の発達――その批判的考察』（内田老鶴圃、一九三一）、三〇〇-三一五頁。マッハの著書の初版は一八八三年で、青木訳は一九一二年の原著第七版による。近年では、原著第九版による伏見譲訳『マッハ力学――力学の批判的発展史』（講談社、一九六九）と岩野秀明訳『力学史――古典力学の発展と批判』（中央公論社、一九七六）が出版されている。
(37) 同右、二九七頁。
(38) その後、それがどのような経緯で力学の基本法則として一般化されたという問題は興味ある課題である。著者は、もしかすると量子力学の形成とともにそれが常識化したのではないかと推測している。
(39) エンゲルス「ルートヴィヒ・フォイエルバッハとドイツ古典哲学の終結」（『マルクス・エンゲルス全集二一巻』、大月書店、一九七一）、三〇〇頁。
(40) 浜田義文、前掲書(3)、一二五-一二六頁。
(41) 『カント全集第十巻』、六五-六六頁。
(42) 本書、二一三頁一〇行。
(43) 本書、二一四頁一七～一九行。
(44) 本書、二一六頁一〇～一六行。
(45) 本書、二一六頁一八～一九行。

第七章　志筑忠雄『混沌分判図説』の検討とその科学史的評価

一　はじめに

前章ではカントと洪大容の宇宙論を比較検討して、その本質が歴史的概念としての自然哲学であり、それが類似点の要因であったことを明らかにした。それによって宇宙論が神話的宇宙論から宗教・教義的宇宙論、自然哲学的宇宙論、そして近代および現代的宇宙論へと発展してきた、という道筋をより明確にすることができた。もっとも、このことは現在までも神話的あるいは宗教・教義的宇宙論を信奉している特定の地域や人々の存在を否定するものではない。さらに、すべての国々で前述の過程にそって画一的に宇宙論を発展させてきたということでもない。むしろ、総体的に宇宙論が前述のような発展段階を経てきたとしても、それぞれの歴史的・地理的条件その他による多様な展開こそが興味深いところである。

さて、本書は一八世紀の宇宙論に焦点を合わせているが、カント、洪大容とも異なるユニークな宇宙論を展開したのが志筑忠雄である。すでに、第一章で近世における朝鮮と日本の科学史の特徴的展開を述べ、ニーダム問題に留意しながら洪大容と志筑忠雄の宇宙論についても言及した。志筑忠雄の『混沌分判図説』はカント・ラプラスの宇宙論と類似するものと高く評価されているが、実はこれまで詳しい検討は行われていなかった。そこで本章ではカントの宇宙論との類似点を念頭に置きながらその作業を行い、問題点を指摘するとともに改めて洪大容の宇宙論と比較する。

前述のように『混沌分判図説』を高く評価したのは、『暦象新書』の発見者である狩野亨吉である。[1]狩野は同時に二つの問題点も指摘したが、その後は肯定的評価のみが強調される傾向があった。そのような認識から出発して『混沌分判図説』を検討し、カントの宇宙論との比較を行ったのは吉田忠の論文「志筑忠雄『混沌分判図説』再考」である。[2]吉田は、そこで『混沌分判図説』は宋学の気の理論をベースにニュートン力学の概念を応用して構想され、その発想形式は志筑忠雄の思惟構造の基本であったと指摘した。また、『混沌分判図説』は量的にも数理的にもカントの宇宙生成論に比すべきもないが、ニュートン力学を応用したというモチーフの点では類似性が認められるとした。

吉田による検討は現時点で最も詳細であり、その指摘も自然哲学者としての志筑忠雄の特質を浮き彫りにするうえで重要である。しかし、その論文では志筑忠雄の天文学および宇宙論史上における評価についてはカントとの若干の比較結果を指摘することに留まっていた。とくに、留意したいのは『暦象新書』において志筑忠雄は地動説の正当性を認めながらも、天動説を完全に否定していないという事実である。この点は吉田をはじめ以前から、志筑は運動の相対性および動静に対する陰陽観念の解釈によって、明確なコミットを避けたと指摘されている。[3]しかし、それによって彼の立場は理解されても、天動説を否定しきれなかったという問題点は残されたままである。さらに、その問題点が『混沌分判図説』にも如実に反映されており、この問題は志筑忠雄の天文学および宇宙論史における評価を考えるうえで避けては通れない。

二　『暦象新書』の性格

志筑忠雄の本姓は中野であるが、長崎阿蘭陀通詞志筑家に養子に入り、一七七六年に養父の跡を継いで稽古通詞となった。翌年に病気および口下手を理由に職を辞し、その後、独り蘭書の翻訳・研究に専念した。そして、一七八二年の『天文管闚』以下、一八〇六年に没するまで、現在知られているところで二七編の著訳書を残している。[4] そのうち一七編が自然科学に関するものである。キールの蘭訳書は当時『奇児全書』と呼ばれ、『暦象新書』の原文である『天文学・物理学入門』はその一部である。その他、志筑忠雄の著訳書で『奇児全書』に依拠するものは、『動学指南』、『火器発法伝』、『天文管闚』、『日蝕絵算』、『鈎股新編』、『三角提要秘算』、『三角算起源』、『求力法論』などである。[5]

『暦象新書』に関するこれまでの研究を概観したものに、発見者の狩野亨吉以降一九六一年までについては、大森実の「『暦象新書』の研究史」がある。[6] そこでは『暦象新書』の概説的評価、海外における『暦象新書』、数学的評価、天文学・物理学的評価などの項目に分けて考察しているが、大森はその時点では〝図説の内容についての研究、また新書の内容についての全体的評価はいまだに行われていないといっても過言ではない〟としている。

その後の研究もけっして多いとはいえず、著者が知る限り総合的研究といえるのは吉田忠「暦象新書の研究」のみである。[7] その他、いくつか興味深い文献を挙げるならば、日本の天文学および蘭学における志筑忠雄の占める位置と役割に関するものとして、広瀬秀雄「洋学としての天文学」[8]、中山茂「近代科学と洋学」[9]、志筑忠雄の思考方法と関連するものとして、吉田忠「蘭学管見」[10] などがある。

広瀬、中山の論文は、志筑忠雄の著訳書『求力法論』が収められた『日本思想大系・洋学(下)』に掲載されたものである。広瀬は、〝志筑が一八、一九世紀の天文学の主流となった力学に注目し、その部門での組織化に成功し、また『混沌分判図説』によって、カント＝ラプラスの太陽系の起源に関する星雲説に対応匹敵する考えを発表した独創性を高く評価〟する反面、中国古典やその自然哲学の枠から全面的に解放されてはいなかったことを考慮して、志筑忠雄を〝力学的な洋学天文学を樹立した人ではあるが、蘭学と洋学の分水嶺に立つ人〟と評価している。ただし、そこでは西洋自然科学が体系を持つものであることの認識なしに、ある限られた範囲の西洋自然科学の成果を必要に応じて部分的に技術として取り入れる態度に通じるものを「蘭学」、西洋自然科学は組織化・体系化された学問体系で、学術として全体を眺めるという考えが成立した時、これを「洋学」と表現している。

中山は、近代科学の形成で大きな役割を果たしたコペルニクス、ケプラー、ニュートンらの業績が日本の洋学にどのように現れ、消化され、いかなる役割を演じたかという問題意識から、ニュートン力学と粒子哲学に志筑忠雄がどの様に立ち向かったかを考察している。結果、志筑忠雄を東洋最初のニュートン主義者であると同時に、日本の知的伝統の中では稀有な自然哲学者であると評価している。

広瀬の評価は志筑忠雄の学問的業績に、中山の評価は科学思想に焦点を当てたものといえる。ただし、広瀬論文は題名にある通り洋学としての天文学がどのように形成・展開されたのかを明らかにすることにあり、志筑忠雄についての記述は多くない。ゆえに、その指摘自体は興味深いものであるが、その根拠となった力学の組織化に成功したという具体的内容については触れられておらず、『混沌分判図説』の評価は従来のものをそのまま踏襲している。中山論文は、志筑忠雄の自然哲学に関する分析を重要な構成部分としたものであり、その評価も正当性を持っているといえるだろう。なお、中山茂は著書『日本の天文学』[11]でも同様の議論を展開している。

吉田論文は中山の問題意識を発展させたものといえるが、そこではニュートンの物質理論を初めて紹介した志筑忠雄が粒子・真空・重力・物質量の概念を気の理論を援用して理解しようとしたことを明らかにしている。さらに、地動説について西洋ではどのような思考でそれが提出され理解を深めたのかについて検討し、志筑忠雄が天動説・地動説のいずれにも最終的にコミットを避けた論理を明らかにしている。そして、そこには東洋の自然哲学で西洋科学を基礎づけようとした意図が窺われると指摘している。

右に挙げた文献は一九七〇年代のものであるが、その後一九八九―九〇年に総合的研究である吉田忠の「『暦象新書』の研究」が発表された。論文自体は二部に分かれ、(一)では『暦象新書』上編、(二)では中編について考察している。

吉田の論文(一)では、原著者キール及び蘭訳者ルロフスの経歴を概観し、志筑の科学関係の著訳書が『奇児全書』研究・翻訳過程で成ったことを書誌学的考察から明らかにしている。さらに『奇児全書』の『天文学入門編』と『暦象新書』上編との比較対照を行い、後者は三一課で構成された前者の第一課「目に見える運動、あるいは見かけの運動について」、第二課「観測者の運動から生ずる見かけの運動について」、第三課「世界の体系について」、第四課「上述の世界の体系が真であること」、第五課「太陽黒点について、太陽と諸惑星の自転について、そして恒星について」までの記述に多くを負っているが、自由に内容を要約し、さらにはルロフスの注をしばしば活用しており、それは厳密な意味で翻訳とはいえないと指摘している。さらに、『暦象新書』上編の特徴的内容である視動、心遊術、世界の複数性、地動説と惑星の相対距離について検討し、最後に志筑忠雄の西洋天文学史の理解の程度を明らかにしている。そこでは、キールによるニュートンとケプラーへの高い評価を正しく継承し、〝太陽中心説の歴史的推移に係わるキールの説を、大筋をとらえて要約したといえるであろう〟としている。

論文(二)では、キールの蘭訳本との比較対照により、ニュートンの運動の第一、第二法則をはじめ、重力・引力・遠心力などの力学概念、それに落体の運動、逆二乗の法則、ケプラーの第三法則などが、『奇児全書』に多くを負っていることを具体的に明らかにしている。また、志筑は単に蘭訳原本の記述の理解に留まらず、長崎や北京のデータを利用して、試算したり応用問題を解いてみたりと、積極的に消化しようとしていたと指摘している。

現時点では、志筑忠雄の円運動、楕円運動の数理的解析の理解を中心とした『暦象新書』下編に関する研究は未発表であるが、吉田の論文が今後の『暦象新書』の研究における基本文献であることを改めて強調するまでもない。

さて、吉田の研究を踏まえて『暦象新書』の性格を一言で表現するならば、今日の「研究ノート」といえるのではないだろうか。研究ノートは自身の学習の成果を整理し、本格的研究のための準備とするためのものである。では、志筑はどのような目標を持っていたのか？　前述の中山論文の〝忠雄の本心としては彼の気一元論の上に西洋のニュートン学を取りこんで、独自の自然哲学大系を構築したかったのであろう[12]〟という指摘が、その答えとなるだろう。

『暦象新書』の上編・中編は以前にやはり志筑忠雄が訳した『天文管闚』、『動学指南』を改めたものである。それらはより原文に忠実な訳に近かった可能性もあると指摘されており、自身の見解を随所に述べた『暦象新書』は、第三者に読まれることを想定しているが、全体として志筑の独自の著作とはなっていない。それでも、彼自身は独自の自然哲学を構築しようと試みた。その意欲の表れが西説にもまだないと自負した『混屯分判図説』である。

三　『混沌分判図説』の検討

『暦象新書』の印刷本には一九一四年の『日本文明源流叢書[13]』、一九三四年の『日本哲学全書[14]』および一九五六年の『日本哲学思想全書[15]』に所収されたものがある。『日本哲学思想全書』に所収されたものは、いくつかの写本および『文明源流叢書』とも校合されたものなので、本章ではこれをテキストとして用いる。両者を照合してみるといくつかの字句が異なる他、『文明源流叢書』では二つの短い文が欠如している箇所があった。

志筑が『混沌分判図説』の問題意識を述べたのは、『暦象新書』中編末尾の次の文章においてである。

又問ふ、大中小の諸曜、悉く皆四維の腰に当りて、周旋するも右し、廻天するも右す。是れ又一理に本づくことあるが如し、何の故ぞ。悉く、是の事は西説にも見へず。予寛政五年一二月（其の日は忘れぬ。）或る夜の夢に奇なる模様を見しに因って、窃に天運の然る所以の大概を理会しぬ。ゆえに粗其の事を四維図説の末に記し置きつれども、未だ意に満たざる所あるがゆえに、容易に人に見することを欲せず。後に稍其の論を詳にして、是の書の下編の末に加ふることもあらん。(16)

右の文章のなかの大中小の諸曜とは『暦象新書』の全体の流れから太陽系の諸天体であることは明白であり、ゆえに『混沌分判図説』はしばしば宇宙生成論あるいは進化論と呼ばれるが、正確には太陽系形成論と呼ぶべきである。ただし、『混沌分判図説』には、太陽系の固有名詞は出てこない。

『混沌分判図説』の中心問題は、第一に太陽系の諸天体が同一面にあり、第二にそれらがすべて同じ方向に自転・公転を行う事実の説明にある。ゆえに、その検討に際しては、この二点がまず吟味されなければならないが、志筑が『暦象新書』上編で述べた天体構造を中編で展開された力学概念によって説明しようとした問題設定は、それ自体評価に値する。

カントは『天界論』の第一編で銀河の構造について述べ、第二編・第一章でその構造の起源を太陽系を例として論じている。そこでのカントの出発点は、太陽系の惑星は、その公転を引力によって支配している太陽の自転と同じ方向に運行し、その軌道が共通の平面から外れていないという事実である。志筑の問題意識もカントと同様である。以下、『混沌分判図説』にできるだけ忠実に項目別に内容を整理し、カントの宇宙論との類似点を見ることにしたい。

（1）回転の起源

『混沌分判図説』は、太初に気が充満している状態から始まる。そこに、なんらかの契機が与えられ（志筑の言葉でいえば「神霊」)、全体に動きが生じる。ここで、志筑は引力の及ぶ範囲によって内と外を区別し、その内だけを考察の対象としている。さて、運動しはじめた気であるが、そこには濃淡があり、密度の濃い場所での運動には勢いがあり、その他の場所での運動をも吸収して最終的には次のようになる。

終には動力の大なる方、動の主となりて、全団をして一和の動に帰して、中外の相帯びて水の輪旋するが如くにして廻転せしむ。是を動根とす。其の転、右に向へば是を右転と云ふ。右転の腰、右転の枢能、是れ四維二極の方位の定まる所以なり。[17]

これが志筑による回転が生じることの説明である。ただし、これはあくまでも憶測であり、この点については、吉田は〝その具体的なメカニズムには立ち入らず、水の旋回とのアナロジーに終わっている〟と指摘している。[18]系の回転についてカントは、粒子間の斥力あるいは衝突による説明を行っているが、全体として力学の基本法則である角運動量保存に抵触しており、説明自体は誤りであることは前章で指摘した通りである。ニュートン力学の諸概念を用いたカントの説明はもっともらしいように見えるが、本質的には志筑と差はない。

(2)分判のメカニズムと平面構造の形成

さて、志筑による気は軸を中心とした円柱状の回転であることに注意したい。ゆえに、それが平面状となるメカニズムを与えなければならない。その前に、忠雄はその気から天が分かれる様相を次のように説明する。

求団心の力止むことなきゆえに、其の気中心を臨んで漸々巻きて縮す。縮するに随つて、彼の隕石の下るに随つて加速する如くにして、廻転の動漸にして速なり。速なるに随つて遠心力盛なり。初は遠心力未だ求心力に敵すること能はず。全団大に縮して後、両力相等しき至る。是に於て第一天定まる。[19]

つまり、気は回転しながら縮むが、それに従い回転速度も増加する。すると遠心力も増大し、それが求心力と平衡を保つ位置で第一天が定まる。すでに、志筑は引力の及ぶ範囲のみを対象としているが、この第一天はそれよりも系をより小さな範囲に限定することになる。運動が保持される位置で粒子が円運動を行うという考えはカントも同様である。

ところで、気は円柱状に回転しているが、そうすると遠心力は回転軸に平行に作用することになるが、それは求心力よりも小さく、その位置にある気は上下から一つの平面上に集まることになる。

二極の方も求団心の力は一なり。而も其の諸輪皆四維と平行なるを以て、遠団心の力は甚だ微なり。因て其の気皆縮し、来つて中心及び其の廻転の腰の方に合会して、全団の形をして偏ならしむ。是を以て諸天の位皆四維にあたることを致す[20]。

これが、志筑による太陽系の諸天体が同一面上に存在する理由である。カントはこの問題に関して、系の回転が生じる理由を述べた後で、方向の揃った円運動は太陽を中心軸とした円柱上の運動にも当てはまるが、太陽を横切る平面の上下における物質は求心力により、ある幅でこの面に集中するとしたが、志筑の主張も同様である。

さて、第一天のなかの気は次にどのように変化していくのか。志筑は次のように述べる。

第一天の気中に於て天機更に変動すれば、其の周天気一処に聚まりて一団をなす。是れ其の本天の本団にして中団たり、気の動力を約するがゆえに、其の本行亦其の本天の動に同じ。全団内辺の気巻き縮して、第二第三及至第六の天を分かて諸団をなさんも、亦猶右の如し。終に諸天の中団と中央の大団とを生ず[21]。

すなわち、第一天の内部でやはり気が巻き縮みながら、求心力と遠心力との平衡が実現する場所で、いくかの天が分判していくのである。ここで、注意したいのは分判する天を第六天までとしていること、そして、彼の言葉をそのまま受け取れば、それらは内に向かって順次、天が形成され、中心に大団が残されるということである。ここで、彼が第六天までとしたのは、月を除外した太陽系の諸天体の数に相応している。であれば、最後の大団は太陽中心説であれば太陽に、地球中心説であれば地球に相応しなければならないが、志筑はそれについては何も言及していない。同心円的構造を論じながらその中心を曖昧にしたことは致命的な欠陥といえるが、この点については次節で詳しく論じることにしたい。

ところで、それぞれの天の間の距離は当然異なり、各天体の軌道も完全な円軌道ではなく、まったくの同一平面状に存在するのではないが、志筑は気の密度の違いと引力の大小をその理由として次のように説明している。

各天の中団を起こすことは、本天の気の聚むるなり。本天中に厚重の気、或は多寡不同あり。ゆえに諸団大小参差たり。其の引力不同なり。ゆえに諸天の中間広狭一ならず。又許多の微団生じて、相会して中団をなすがゆえに、諸方の引力同からざる所ありて、中団其の引力の梢大なる方に引かるることあり。是を以て諸天の行道全く正円ならず。其の線路全く一面にあらず。而も其の不正も正を去ること遠からず、其の互絡も僅かに数度なれば、同位に在りて同輪を画すと謂ひて可なり[22]。

カントもこの問題について、惑星を構成する粒子が様々な所から集まってくるので、その軌道は正確な円を描かないとしている。

(3)諸天体の形成

さて、諸天が分判した後、天体はどのように形成されるのかが、次に問題となるが、志筑は次のように述べる。

中団の気厚濃にして引力甚だしければ、急に縮して直ちに塊をなす。緩なれば更に小天を分かちて小団をなすこと、大団の中団を成すが如し。終に大中小の諸団各凝して塊となる。塊は諸小塊を合して成る所なり。ゆえに全塊の上面に必ず凸凹の形ありて、平坦なること能はず[23]。

要は引力による気の凝集であるが、元々、気の哲学ではその聚散は自然発展的なものであり、その要因として引力を持ち込んだことは、東洋で初めてニュートン力学を紹介した志筑ならではの発想である。そして、それによってすべての天体が同じ方向に回転することを次のように強調している。

小塊の回転は小団の回転に本づき、小団中塊の回転は中団の回転に本づき、中団の回転は其の本天の回転に本づく。(24)　　（傍線は著者、以下同）

志筑の考えでは、中団と小団における気が凝集したものが、それぞれ惑星と衛星に対応する。カントも惑星の形成について、一つの平面で円運動する物質が自分の近くの物質を引き付け、徐々に巨大化して惑星を形成するとした。衛星の形成についても、惑星を中心とした粒子の円運動を考え惑星の形成とのアナロジーを強調している。また、惑星の自転については〝普遍的な回転運動を得るところの降下する根本素材の諸粒子は、大部分は惑星平面上に落下し、惑星の塊と混同する。……それらの粒子は今や惑星の合成中に入ってわけであるから、惑星の部分として、それらが惑星と合一する以前に持っていた全く同じ方向へ、ちょうど同じ回転運動を続行せねばならない。〟として、元々の粒子の回転運動がその要因であるとしている。志筑の考えもこれと類似している。

ところで、この節の冒頭で『文明源流叢書』では欠けた箇所があるとしたが、それが右の文章の〝小塊の回転は小団の回転に本づき、小団中塊の回転は〟という傍線部分である。狩野亨吉は『混沌分判図説』の問題点として次のように指摘した。

唯二点に於て大いに遺憾とすべきものあり、自転廻転と軌道運転の周期を比較を説くこと詳細ならず。吾人して其意の存するところを見るを得ざらしむる是其一なり。又先後を通じて自転廻転の右旋ならざるべからずを明説するところなし、強く之を求むれば、唯、気の動力を約するがゆえに其（中団）本行亦本天ノ動ニ同ジの数語あるのみ(25)

ここで、狩野はすべての天体が右旋することが説明不足であるとしているが、前述の〝小塊の回転は小団の回転に本づき〃云々の文章は、明確に右旋とは述べていないが、すべての天体が同じ方向に回転する理由の説明にはなっている。さらに、狩野はもう一つの問題点として、自転と公転周期との比較の説明が詳細ではないとしているが、『混沌分判図説』全体を通じてそれに該当する文章と思われるのは、右の引用文に続く次の文章である。

塊の中腹は早く質をなして　重なるがゆえに、外辺に来り加はる者、速力大なりとも是を帯ぶることを難しとす。是のゆえに諸廻転の腰の行を、其の分天小塊の行に較ぶるに却に遅なり。小天分るるに至つては其の気漸く厚濃なり、若し其の気先ず団をなさずして直ちに塊をなすは、本天一周と一廻転と同時なり。(26)

小団は中団から分判したものであるが、中団が太陽系の惑星を形成するのであれば、小団はその衛星を形成する。右の文章は中団の天体が重くて、その側を通過する小団の天体とは同じ早さにはならないというものである。このことは、惑星の周回する衛星は同時に系の中心の回りの公転を行うので、それまでを含めると惑星よりも早く運行していることとの説明になる。

その最後の〃小天分るるに至つて〃以下の文章は小さい字で印刷された注釈といえるもので、衛星の公転と自転周期が同じ場合もありえるとしたもので、これは明かに月を想定したものである。自転と公転周期を比較した箇所はここしかなく、狩野の指摘はこの文章に対するものと思われるが、確かに自転と公転周期の比較は詳細にはなされえていない。

(4)環と彗星

志筑は続けて小団が衛星とはならず、環になる場合もあること、さらに、彗星の存在についても次のように述べている。

中団より小団の天を分かつに及んで、其の天の気、若し周辺等しく厚濃ならば、凝合して環ともなりぬべし。

若し全団の外に別に一中塊をなして、遥に大塊と引力相及び、遅々として来つて、内天諸塊定まるの後に至つて大塊に近づかば、其の位四維二極を選ばず、其の行左転右旋を嫌はず、其の本道楕円甚だ細長ならん。是は全団一和の動に與からざるものなり。此の如きは別種の塊と謂ふべし。(27)

そして、最後に次の文章で『混沌分判図説』を締めている。

右は、気質聚散の大理を云うのみして、敢て天地の始初を語るにはあらず、而も後世必ずこれを詳にする者あらん。或は西人既に其説あらんも知らず、唯未だ聞かざるのみ(28)

さて、以上のように『混沌分判図説』の内容を整理したが、当初に志筑が課題とした諸天体が同一平面上で同じ方向に自転・公転する理由の他、惑星の地形、衛星、環、彗星の形成など、太陽系の様々な問題について答えようとしていたことがわかる。

四　志筑忠雄の宇宙論の性格と問題点

ここでは前節の整理内容を踏まえて、志筑の宇宙論の性格と問題点について考察するが、その前に量的にも数理的にもカントの宇宙生成論と比すべくもないが、ニュートン力学を応用したというモチーフの点で類似性が認められるとした吉田の指摘について吟味しておこう。

カントの『天界論』は全三編から構成され、さらに第二編は八章に分かれ、その一つの章と類似する『混沌分判図説』は、明かに量的に比すべくもない。また、『混沌分判図説』は憶測に基づく定性的議論に終始しており、数理的側面に乏しいことも事実である。ただし、ここで留意しなければならないのは、ではカントの『天界論』はどの程度数理的かということである。カントが用いたニュートン力学の概念は引力、斥力、運動あるいは力の合成、運動量保存などで、土星の自転速度の計算を除いて、ほとんど定性的議論で終わっている。惑星の密度や離心率などについての考察も、それ自体は量を意味しているが、その説明はやはり推測の枠をでない。

カントの宇宙論は、しばしばニュートン力学によるといわれるが、それは運動方程式を立てて解くというものではなく、数理的という表現も今日のそれと同じような意味で捉えてはならない。このことを念頭におくと、吉田はニュートン力学を応用したモチーフの点では類似しているとしたが、内容的にも類似している所が多いというのが、著者の見解である。このことは、微小な根本素材にニュートン力学の諸概念を適用して太陽系のような同心円的系を形成しようとすると必然的にカントの星雲説のようになることを示している。ただし、志筑の場合は構造論に問題があり、その根本素材が伝統的東洋思想の基本概念である「気」であることが決定的に異なる。それを踏まえて志筑忠雄の宇宙論の性格を規定するならば、和洋折衷の自然哲学的宇宙論といえるだろう。

気は物質を形成する根本素材であるが、西洋の「粒子」とは異なり、実体が明確ではなく、その定量的把握は困難で思弁的にならざるをえない。ゆえに、宇宙論を含めて気による自然現象の説明は常に自然哲学でのみ展開される。自然哲学による説明は、いわゆる定性的説明ではない。定性的説明は定量的関係が把握された場合に正当性を持つのであり、それがない場合は単なる仮説、あるいは憶測に過ぎない。自然哲学はまさにこの段階に位置するものであり、ゆえに、その一部分は以降の理論的発展に寄与する場合もある。宇宙に初めて歴史性を持込み、近代的宇宙論の先駆けとなったカントの宇宙論がその典型であり、志筑忠雄の『混沌分判図説』の基本性格も同様である。

次に、同心円的構造を論じながら、その中心を曖昧にした問題について考えてみたい。東洋における伝統的天文学の重要課題は正確な暦書の作成にあった。星の運行だけを考えるならば、運動の相対性から座標の中心は太陽でも地球でもどちらでもよい。ゆえに、東洋では伝統的に太陽系の構造を明らかにするという問題意識が薄かった。志筑が太陽中心説、あるいは地球中心説のどちらにもコミットしなかったのも、ニュートン力学を日本に初めて紹介した志筑でさえもその伝統的枠内から抜け出ることができなかったということである。

しかし、それでも志筑は『暦象新書』の上巻で地動説の正当性について書き、自身の見解として、地が動くならばその影響が大きく現れるはずであるという、地動説に関して必ず提示される疑問について見事に説明している[29]。その彼が地動説を確固として受け入れることができなかった理由を、伝統的枠組みから抜け出ることができなかったという指摘だけでは不充分である。

地動説は最終的に恒星の視差の測定によって正当性が認められるが、それ以前ではどのような理由から支持されていたのだろうか。コペルニクスは、惑星の動きを正確に捉えようとすると地球中心座標では複雑な軌道が、太陽を中心とすると簡潔になり、また惑星の周期と太陽までの距離に一定の関係があるとして、地動説の正当性を主張した。ゆえに、もし志筑が実際に天文観測を行い、太陽中心説・地球中心説それぞれの立場からの解釈を試みたならば、彼をして地動説の正当性を充分に理解しえたのではないだろうか。

しかし、長崎通詞出身で、職を辞した後も独力で『暦象新書』を翻訳した志筑には実測天文学者としての経験に欠けていた。これは、日本の天文学が構造論に無関心であったという前述の指摘と一見矛盾するようであるが、そうではなく西洋天文学の内容に誰よりも精通していた志筑なればこその指摘である。元々、長崎蘭学派は江戸蘭学派に比べて究理的側面が強く、その学問の目的が実用性に乏しいということがあったと指摘されているが、その傾向は志筑にも見てとれる[30]。

この構造論の問題点は志筑忠雄の宇宙論にどのような影響を与えたのだろうか。宇宙論は構造論と生成進化論から構成されている。構造論は太陽系およびそれを含む銀河系の形状、そして宇宙全体がどのようになっているのかを追究し、生成進化論は宇宙がどのように始まり、または創られ、それがどのように発展していくのか、その終わりはどのようになるのかということを追究する。構造論は、まずは身近なところの星の配置の観測から始まり、太陽系、銀河系の構造へとその内容を深めていくので、初期の段階は天文学に等しい。ゆえに、宇宙論はまず天文学から構造論へと発展し、次にそのような構造をもたらした要因をその生成過程から明らかにするという問題意識が提示され生成進化論へと発展していく。したがって、志筑が構造論を曖昧にしたということは、生成進化論への道を閉ざしたということである。もっとも、志筑の『混沌分判図説』ははじめから限定された系のみを考察の対象としてはいる。それでも、その系の形状が理論上、完全に認識されたのであれば、他の系との関係が必然的に提起され、宇宙全体の構造とその生成進化についても考えを巡らす契機となったはずである。残念ながら、志筑はそこに至ることができず、これは次の段階の課題として残された。

五　洪大容の宇宙論との比較

前節では、志筑の宇宙論は東洋の気の哲学とニュートン力学の諸概念を基に構築された自然哲学的宇宙論と規定したが、この節では同時代の洪大容の宇宙論と比較して、その特質をより明確にしたい。また、同じ東アジアに属しながらも志筑と洪大容の宇宙論には共通点よりも相異点が多く、その比較は一八世紀の東アジアの宇宙論の位相をより深く把握するうえで有意義である。

洪大容の『毉山問答』は、儒学者として型通りの学問を修めた「虚子」が、「実翁」に人間を含む万物の根本を問い、実翁がその根本は天地にあるとして、宇宙論を展開する。ゆえに、洪大容の宇宙論は内容は別にして、その端緒となった問題意識は道学的である。この宇宙論の道学的性格は朝鮮の伝統といえるもので、ニュートン力学を適用して太陽系の形成を説明しようとした志筑の問題意識とは極めて対照的である。もっとも、これは東洋最初のニュートン主義者といわれる志筑の問題意識が傑出していたというべきで、やはりこの点が志筑の評価でもっとも重要な点といえるだろう。

前章ではカントと洪大容の宇宙論を比較検討し、両者には根本素材による宇宙生成論、階層的構造をもつ無限宇宙論という類似点があることを明らかにした。とくに、カントの場合は構造論から生成論へと必然的に発展したのに対し、洪大容の場合には構造論と生成論とは一体のものとはなっていなかった。その要因はカントの根本素材はニュートン力学に則って運動する微粒子があるが、洪大容のそれは東洋の伝統的概念である気であり、そこには力学的な性質は付与されていなかったことにある。志筑の宇宙論はカントの太陽系生成論と類似するものであり、この点からも洪大容の宇宙論とは異なることははじめから予想されることではあるが、その要因は気に付与された特質の違いにある。次に、この点について見てみよう。『毉山問答』における洪大容の宇宙論は次のような文章から始まる。

寥廓な太虚に充満しているのは気である。内も外もなく始めも終わりもなく、積もった気が凝集して物質を形成し、虚空に回転しながら留まった、いわゆる地球・太陽・月・星たちはまさにそういうものである。[31]

志筑も洪大容もその出発点は同様であるが、前述のように志筑は気の濃淡による運動の勢いに差があり、それが要因で最終的に回転が生じるとした。そして、それによって天体の自転、公転を説明し、天体形成の要因も引力による気の凝集とした。それに対して、洪大容は気の運動と凝集については言及せず、地球の自転は引力の源としての結果であり、公転はアプリオリに与えられたものである。洪大容は次のように書いている。

地球がこのように速く回転することにより、空気は上で密封され下に集まり、上下の形勢が作られる。これが地面の形勢であり、地から離れればこのような形勢はない。また、磁石が鉄を吸収し琥珀が藁屑を引き付けるが、自己と同じような部類が互いに感応するのは物体の固有な理致である。[32]

自然のなかの客観的存在として引力を認め、電磁気力を自然の固有な理とする洪大容の指摘には鋭いものがある。しかし、右の文章の重力に関する説明と電磁気力の説明は同質のものではなく、それらの定量的把握への関心も見られず、ここにニュートン力学の接することがなかった洪大容の限界が表れている。一方、気の力学的性質に関する志筑の認識であるが、彼は『暦象新書』の中編の重力の項で次のように書いている。

重力は大地の万物に引くに起こるものなり。大地能く万物を引くのみにあらず、万物亦能く大地を引く。其の実は、万物の実気と地の実気と相引くものとなり。(33)

すなわち、志筑は重力を気による相互作用として理解していた。また、志筑はすべての物質も気によって形成されたものであり、そこには当然引力が作用するものと考えていた。そして、電磁気力も気による引力であるが、遠くにまで及ぶ引力を重力として、それを区別している。(34) 周知のように、重力は質量をもつ物質間で働く力であり、電磁気力とは質的に区別されなければならないが、それを気による作用という一つの範疇で捉えている志筑の理解は、一面ではニュートン力学に即しながらも、その立脚点は東洋的である。

次に志筑と洪大容の宇宙論の大きな違いは、太陽系の構造が異なることである。志筑の場合は同心円的であるが、中心が明確ではないことは前節で強調した通りである。これに対して洪大容は中国を通じて摂取したティコ・ブラーエの体系を採用している。ブラーエの体系は太陽と月は地球を中心にして公転し、その他の惑星は太陽を中心として公転するというもので、どちらかといえば地球中心説である。よく知られているようにコペルニクスの地動説は、当初から宗教的理由によって弾圧の対象となるが、そのようななかで思想的にはコペルニクス説を否定し、プトレマイオス説を数学的に洗練させたティコ・ブラーエの体系が一時的に受け入れられて中国に伝達され天文学の内容にも影響を及ぼした。

後にコペルニクスの『天体の回転について』が禁書目録から外され、一八世紀後半には中国でもコペルニクス説が堂々と伝えられることになるが、西洋ではそれが様々な葛藤の末にその位置を確立したことに対し、中国では宣教師によってご都合主義的に伝えられたため、西洋天文学に対する不信感が生まれ、それが正しく理解されるようになったのは一九世紀中期以降のことである[35]。

第四章で詳しく述べたように洪大容の場合は、誤ったブラーエの体系であるが、すべてのものを相対化するという方法論によって、宇宙全体の階層的構造を考え、段階的には中心は存在しても構わないとしてブラーエの体系を受け入れた。そして、銀河と宇宙全体にも同様の考えを適用した。洪大容の階層的宇宙構造は、彼の宇宙論のもっとも卓越した部分で、カントにも同様の主張があるが志筑にはまったくないものである。これは、もし洪大容の宇宙論に志筑流の形成論があればカントの宇宙論に内容的により類似したものになったということであり、志筑と洪大容の宇宙論は相補的関係にあるということを示すものである。もし、それが統合されたような宇宙論が構築されたならば科学史的にも重要な位置を占めたことになったはずである。しかし、両者を統合するような宇宙論は東アジアでは生まれることはなかった。

洪大容の『毉山問答』は当時は知られることがなく、彼の墓誌銘を書いた朴趾源でさえ洪大容は著書を残さなかったと書いているほどである。洪大容以降、コペルニクス説を正確に伝え、その他の西洋近代科学的知識を朝鮮に導入したのは一九世紀の実学者・崔漢綺であるが、彼の宇宙論も洪大容を超えるものではなかった。『毉山問答』を含む洪大容の著作集『湛軒書』が刊行されたのは死後一五六年を経た一九三九年のことである。これは朝鮮社会における学問の普及と大衆化に大きな問題があったことを示す事実といえるが、この問題が朝鮮の科学技術の近代化の遅れをもたらした要因の一つでもあった。

志筑の場合は、彼のニュートン力学の理解は当時としては突出しており、他の学者が『暦象新書』を理解し、そこから前進するには水準が違いすぎたようである[36]。それでも、彼の自然哲学的側面を確かに受け止めた人物はいた。『夢の代』の著者で出色の町人学者として知られる山片蟠桃である[37]。山片が『夢の代』で、洪大容の階層的宇宙構造と通じる宇宙論を展開したことは知る人ぞ知る事実である。であれば、山片こそ志筑と洪大容の宇宙論を統合する可能性があった人物といえる。『夢の代』では『暦象新書』をからしばしば引用しており、彼が志筑から大きな影響を受けたことは間違いない。しかし、それは上編・中編に限られ、山片は『混沌分判図説』を知ることはなく、宇宙論の統合は幻に終わった。

六　おわりに

カントの宇宙論は宇宙に初めて歴史性を持ち込んだ宇宙論であり、とくにその星雲説は近代、さらには現代的宇宙論の先駆けとなった宇宙論である。同時代、日本と朝鮮でも志筑忠雄と洪大容が独自の、そして相補的な宇宙論を展開した。

当時、カントは西洋科学の中心から遠く隔てられたドイツの辺境にあった。この地理的条件はカントにとって科学に対する若干の誤解をいだかせたが、同時にかえって大胆な想像力と思弁による包括的自然像構築の冒険を企てさせたと指摘されている[38]。同様の傾向は、実測・実用を重視する江戸の天文学とは距離を置いた長崎に住み、孤立した状況でニュートン力学を吸収し、独自の思索を深めた志筑忠雄にも当てはまる。さらに、中国を通じて間接的、かつ断片的にしか西洋科学知識に触れることができなかった洪大容にとっては、物質的性格を強めた気一元論とすべてのものを相対化する認識の方法論がその拠りどころであった。

彼らの宇宙論の本質は歴史的概念としての自然哲学であるが、彼らが独自の宇宙論を形成したことには、このような必然性があった。この自然哲学は人間の思惟が決定的な役割を果たすが、彼らの宇宙論こそは一八世紀の知識を基に人間の想像力で到達できる最後の宇宙像であった。以後、宇宙論は観測手段の発展による豊富なデータを駆使し、物理学的手法による、近代・現代的宇宙論へと発展する。彼らの宇宙論において歴史的概念としての自然哲学はその役割を終えたのである。

(1) 狩野亨吉「志筑忠雄の星気説」(安倍能成編『狩野亨吉遺文集』、岩波書店、一九五八)、三―一一頁。
(2) 吉田忠「志筑忠雄『混沌分判図説』再考」(『東洋の科学と技術』、同朋舎、一九八二)、三五四―三六九頁。
(3) 吉田忠「蘭学管見(Ⅱ)」(『知の考古学』一一号、一九七七)、二三一―二四五頁。
(4) 神田茂「志筑忠雄の著訳書」(『蘭学資料研究会研究報告』八〇号、一九六一)、六五頁。
(5) 吉田忠「『暦象新書』の研究(一)」(『日本文化研究所』第二五集、一九八九)、一〇七―一五二頁。
(6) 大森実「『暦象新書』の研究史」(『科学史研究』六八号、一九六三、一五七―一六六頁、六九号、一九六四、二六―三五頁)。
(7) 吉田忠、前掲書(5)および「『暦象新書』の研究(二)」(『日本文化研究所』第二六集、一九九〇)、一四三頁
(8) 広瀬秀雄「洋学としての天文学」(広瀬秀雄・中山茂・小川鼎三校注『洋学(下)』、岩波書店、一九七二)、四一九頁。
(9) 中山茂「近代科学と洋学」、同右、四四一頁。
(10) 吉田忠、前掲書(3)および「蘭学管見(Ⅰ)」(『知の考古学』一〇号、一九七七)、二二一―二三七頁。
(11) 中山茂『日本の天文学』(岩波書店、一九七二)。
(12) 中山茂、前掲書(9)。
(13) 『日本文明源流叢書・第二巻』(国書刊行会、一九一三)。
(14) 三枝博音編『日本哲学全書・第九巻』(第一書房、一九三六)。
(15) 三枝博音編『日本哲学思想全書・第六巻自然編』(平凡社、一九五六)。
(16) 同右、二二四頁。
(17) 同右、二八六頁。
(18) 吉田忠、前掲書(2)。
(19) 前掲書(15)、二八六頁。
(20) 同右、二八七頁。
(21) 同右。
(22) 同右。

(23) 同右、二八八頁。
(24) 同右。
(25) 狩野亨吉、前掲書(1)。
(26) 前掲書(15)、二八八頁。
(27) 同右、二八八頁。
(28) 同右。
(29) 同右、一三六—一三七頁。
(30) 杉本勲編『科学史』(山川出版社、一九六七)、六六頁で佐藤昌介は次のように指摘している。〝江戸の蘭学を特徴づけるものは、実用性と実証性の統一であり、基礎科学の研究は、究極において実用と結びつくものとされ、それは技術の確実性を保障し、技術の開拓の基礎となるとの自覚に貫かれていた。したがってそこでは、思弁的なものの介入する余地がなかったのである。しかるに、志筑の研究には、そのような自覚に欠けていた〟。
(31) 本書、二一三頁、一〇行。
(32) 本書、二一四頁、一七〜一九行。
(33) 志筑忠雄、前掲書(15)、一四七頁。
(34) 同右。
(35) N・シビン(中山茂・牛山輝代訳)『中国におけるコペルニクス』(思索社、一九八四)、八九—一一一頁。
(36) 中山茂、前掲書(9)。
(37) 有坂隆道「山片蟠桃の大宇宙論について」(『洋学史研究(Ⅵ)』、創元社、一九八二)、一八一頁。また、山片蟠桃の著作『夢の代』に関する詳細な研究として末中哲夫『山片蟠桃の研究・「夢の代」篇』(清風堂、一九七一)がある。
(38) 浜田義文『若きカントの思想形成』(勁草書房、一九六七)、一〇七頁。

付録　『毉山問答』——原文と訳文——

〔原　文〕

子虚子隠居読書三十年窮天地之化究性命之微極五行之根達三教之蘊経緯人道会通物理鉤深測奥洞悉源委然後出而語人聞者莫不笑之

虚子曰小知不可与語大陋俗不可与語道也

乃西入燕都遊談干搢紳居邸舎六十日卒無所遇於是虚子喟然歎曰周公之蓑耶哲人之萎耶吾道之非耶束装而帰

乃登毉巫閭之山南臨滄海北望大漠法然流涕曰老聃入于胡仲尼浮于海烏可已乎烏可已乎遂有遯世之志

行数十里有石門当道題曰実居之門虚子曰毉巫閭処夷夏之交東北之名嶽也必有逸士居焉吾必往叩之

遂入門有巨人独座于檜巣之上形容詭異斫木而書之曰実翁之居

虚子曰我号以虚将以稽天下之実彼号以実将以破天下之虚虚虚実実妙道之真吾将聞其説

虚子膝行而前向風而拝拱手而立于右巨人俛首視嗒然若無見也

虚子挙手而言曰君子之与人固若是其倨乎

巨人乃言曰爾是東海虚子也歟虚子曰然夫子何以知之無乃有術乎

巨人乃拠膝張目曰爾果虚子也余有何術哉

見爾服聴爾音吾知其為東海也観爾礼飾譲以偽恭専以虚与人是以知爾為虚子也余有何術哉

虚子曰恭者徳之基也恭莫大於敬賢俄者吾見夫子以為賢者也膝行而前向風而拝拱手而立於右今夫子以為飾譲而偽恭何也

巨人曰来吾試問爾爾以余為誰也虚子曰吾知其為賢者而已吾烏知夫子之為誰也

巨人曰然雖然爾既不知我之為誰則又烏知我之為賢者乎

虚子曰吾見夫子土木之形笙鏞之音遯世独立不迷於大麓吾以是知夫子之為賢者也

巨人曰甚矣爾之為虚也爾独不見夫右門之題斫木之書乎爾由門而入見木之書吾之名爾所已知而反謂不知吾之賢爾所不知而反謂之知甚矣爾之為虚也

且吾語子生民之惑有三食色之惑喪其家利権之惑危其国道術之惑乱天下爾無乃有道術之惑者乎

且爾過矣名者徳之符也号者徳之表也爾知我之為実翁則知我之為実者而已反以我為賢者　何哉爾見吾之形擬之土木聴吾之音擬之笙鏞以吾之居山擬之以遯世独立不迷於大麓是爾触物而意萌随境而口弁非誣則妄也

夫膚肉之脆去壌樹遠矣喉肺之気去金竹遠矣且遯世独立孔子也不迷於大麓虞舜也爾果以我為孔子乎且我為虞舜乎

我之学悪知不如孔子我之聖悪知不虞舜惟爾無所得於我而擬議已遽是非誣則妄也

且吾問爾何哉爾所謂賢者虚子曰崇周孔之業習程朱之言扶正学斥邪説仁以救世哲以保身此儒門所謂賢者也

実翁昂然而笑曰吾固知爾有道術之惑

嗚呼哀哉道術之亡久矣孔子之喪諸子乱之朱門之末諸儒汨之崇其業而忘其真習其言而失其意正学之扶実由矜心邪説之斥実由勝心救世之仁実由権心保身之哲実由利心四心相仍真意日亡天下滔滔日趍於虚

今爾飾譲偽恭自以為賢見形聴音擬人以賢心虚則礼虚礼虚則事無不虚虚於己則虚於人虚於人則天下無不虚道術之惑必乱天下爾其知之乎

虚子默然有間曰虚子海上鄙人也棲心古人之糟粕誦説紙上之套語浮況俗学見小為道今也聞夫子之言心神惺悟如有所得敢問大道之要

実翁熟視良久曰爾顔已皺矣髪已蒼矣吾請先聞爾之所学

虚子曰少読聖賢之書長習詩礼之業探陰陽之変測人物之理存心以忠敬作事以誠敏経済本於周官出処擬於伊呂傍及芸術星暦兵器籩豆数律博学無方其帰則会通於六経折衷於程朱此虚子之学也

実翁曰如爾之言儒者之学綱領倶備爾且何所不足而問我為爾将窮我以弁乎将角我以学乎試我以章程乎

虚子曰起拝而言曰夫子是何言也虚子局於謏僿未聞大道妄尊如井蛙窺天膚識如夏虫談冰今見夫子心竅開豁耳目清快輸倩竭誠夫子是何言也

実翁曰然爾儒者也先灑掃而後性命幼学之序也今吾将語爾以大道必将先之以本源

人之所以異於物者心也心之所以異於物者身也今吾問爾爾身之異於物者必有其説

虚子曰語其質則頭円者天也足方者地也膚髪者山林也精血者河海也双眼者日月也呼吸者風雲也故曰人見小天地也

語其生則父精母血感而結胎月満而降生歯増而智長七竅通明五性具足此非人身之所以異於物者乎

実翁曰噫如爾之言人之所以異於物者幾希夫髪膚之質精血之感草木与人同況於禽獣乎

我復問爾生之類有三人也禽獣也草木也草木倒生故有知而無覚禽獣横生故有覚而無慧三生之類坱軋泯棼互相衰旺抑将有貴賤之等乎

虚子曰天地之生惟人為貴今夫禽獣也草木也無慧無覚無礼無義人貴於禽獣草木賤於禽獣

実翁仰首而笑曰爾誠人也五倫五事人之礼儀也羣行呴哺禽獣之礼義也叢苞條暢草木之礼義也以人視物人貴而物賤以物視人物貴而人賤自天而視之人与物均也

夫無慧故無詐無覚故無為然則物貴於人亦遠矣且鳳翔千仞龍飛在天耆亀通神松栢需材比之人類何貴何賤

夫大道之害莫甚於矜心人之所以貴人而賤物矜心之本也

虚子曰鳳翔龍飛不離禽獣蓍亀松栢不離草木仁不足以択民智不足以御世無服飾儀章之度無礼楽兵刑之用其於人也若是班乎

実翁曰甚矣爾之惑也魚鮪不淰龍之択民也鳥雀不獝鳳之御世也雲気五采龍之儀章也遍体文章鳳之服飾也風霆震剝龍之兵刑也高崗和鳴鳳之礼楽也蓍亀廟社之実用松柏棟梁之重器

是以古人之択民御世未嘗不資法於物君臣之儀盖取諸蜂兵陣之法盖取諸蟻礼節之制盖取諸拱鼠網罟之設盖取諸蜘蛛

故曰聖人師万物今爾曷不以天観物而猶以人視物也

虚子矍然大悟又拝而進曰人物之無分敬聞命矣請問人物有生之本

実翁曰善哉問也雖然人物之生本於天地吾将先言天地之情

太虚寥廓充塞者気也無内無外無始無終積気汪洋凝聚成質周布虚空旋転停住所謂地日月星是也

夫地者水土之質也其体正円旋転不休渟浮空界万物得以依附於其面也

虚子曰古人云天円而地方今夫子言地体正円何也

実翁曰甚矣人之難曉也万物之成形有円而無方況於地乎

月掩日而蝕於日蝕体必円月体之円也地掩日而蝕於月蝕体亦円地体之円也然則月蝕者地之鑑也見月蝕而不識地円是猶引鑑自照而不弁其面目也不亦愚乎

昔者曾子有言曰天円而地方是四角之不相掩也此其言有自来矣

夫天円而地方者或言其徳也且爾与其信古人伝記之言豈若従現前目訂之実境也

苟地之方也四隅八角六面辺際斗絶如立墻壁爾見如此虚子曰然

実翁曰然則河海之水人物之類萃居一面歟抑布居六面歟虚子曰萃居上面爾盖旁面不可横居下面不可倒居也

実翁曰然則居不可横倒豈不以墜下歟虚子曰然
実翁曰然則人物之微尚已墜下大塊之重何不墜下虚子曰気以乗載也
実翁厲声曰君子論道理屈則服小人論道辞屈則遁水之於舟也虚則載実則臭気之無力也能載大塊乎
今爾膠於旧聞狃於勝心率口而禦人求以聞道不亦左乎
邵尭夫達士也求其理而不得乃曰以天依於地地附於天曰地附於天則可曰天依於地則渾渾太虚其依於一土塊乎
且地之不墜自有其勢不係於天尭夫知不及此則強為大言以欺一世是尭夫之自欺也
虚子拝而対曰虚子失辞敢不知罪雖然羽毛之軽莫不墜下大塊之重終古不墜何也
実翁曰膠旧聞者不可与語道狃勝心者不可与争口爾欲聞道濯爾旧聞祛爾勝心虚爾中愨爾口我其有隠乎哉
夫渾渾太虚六合無分豈有上下之勢哉
爾且言之爾足墜於地爾首不墜於天何也虚子曰此上下之勢也実翁曰然
我又問爾爾胸不墜於南爾背不墜於北左膊不墜於東右膊不墜於西何也
虚子笑曰此無南北之勢亦無東西之勢
実翁笑曰穎悟哉可与語道也今夫地日月星之無上下亦猶爾身之無東西与南北也
且人莫不恠夫地之不墜独不恠夫日月星之不墜何也
夫日月星升天而不登降地而不崩懸空而長留太虚之無上下其跡甚著世人習於常見不求其故苟求其故地之不墜不足疑也
夫地塊旋転一日一周地周九万里一日十二時以九万之濶趍十二之限其行之疾亟震雷急於炮丸地既疾転虚気激薄閡於空而湊於地於是有上下之勢此地面之勢也遠於地則無是勢也
且磁石吸鉄琥珀引芥本類相感物之理也

是以火之上炎本於日也潮之上湧本於月也万物之下墜本於地也
今人見地面之上下妄意太虚之定勢而不察周地之拱湊不亦陋乎
且曰河海之水人物之類萃居一面也是夷夏数万理遠近均平不泰山巨獄海外国士升高測望可以一覧而尽之其果然乎
虚子曰窃常聞之此人視有限也理或如是
実翁曰人視固有限也雖然海行則日月出於海而入於海野望則日月出於野而入於野天接於海野無所障礙視限之説不可行矣
量地準於測天本於両極測天之術有経有緯是以垂線而仰測其直線之度命之曰天頂距極近遠命之曰幾何緯度
今中国舟車之通北有顎羅南有真臘顎羅之天頂北距北極為二十度真臘之天頂南距南極為六十度両頂相距為九十度両地相距為二万二千五百里是以顎羅之人以顎羅為正界以為真臘横界真臘之人以真臘正界以顎羅為横界
且中国之於西洋経度之差至于一百八十中国之人以中国為正界以西洋為倒界西洋之人以西洋為正界以中国為倒界其実載天覆地随界皆然無横無倒均是正界
世之人安於故常習而不察理在目前不会推察終身載履昧其情状惟西洋一域慧術精詳測量該悉地球之説更無余疑
虚子曰地球之体上下之勢謹聞命矣敢問地体旋転如是颷疾虚気激薄其力必猛人物之不靡仆何也
実翁曰万物之生各有気以包之体有大小包有厚薄有如鳥卵黄白相附
地体既大包気亦厚籠絡経持摶成一丸旋転于空磨盪虚気両気之際激薄颷疾術士測之認以罡風過此以外渾渾清静両気相薄内湊於地如江河之涯激作匯洑上下之勢所由成也
若飛鳥之廻翔雲気之舒巻如魚龍在水如土鼠行地涵泳於湊気無慮其靡仆況人物之附於地面乎且爾不思甚矣地転天運其勢一也若積気駆走猛於颷颶人物靡仆必将倍甚譬如蟻附磨輪疾転而不悟遇風而靡無恠於天運而疑之於地転不思甚矣

虚子曰雖然西洋之精詳既云天運而地静孔子中国之聖人也亦曰天行健然則彼皆非歟

実翁曰善哉問民可使由之不可使知之君子従俗而設教智者従宜而立言地静天運人之常見也無害於民義無乖於授時因以制治不亦可乎

在宋張子厚微発此義洋人亦有舟行岸行推説甚弁及其測候専主天運便於推歩也

其天運地転其勢一也無用分説惟九万里之一周颷疾如此彼星辰之去地纔為半径猶不知為幾千万億況星辰之外又有星辰空界無尽星亦無尽語其一周遠已無量一日之間想其行疾震雷炮丸擬議不及此巧暦之所不能計至弁之所不能説天運之無理不足多弁

且吾問爾世人談天地豈不以地界為空界之正中三光之所包歟

虚子曰七政包地測候有拠地之正中宜若無疑然

実翁曰不然満天星宿無非界也自星界観之地界亦星也無量之界散処空界惟此地界巧居正中無有是理

是以無非界也無非転也衆界之観同於地観各自謂中各星衆界

若七政包地地測固然以地謂七政之中則可謂之衆星之正中則坐井之見也

是以七政之体自転如車輪周包如磨驢自地界観之近地而人見大者謂之日月遠地而人見小者謂之五星其実倶星界也

蓋五緯包日而以日為中心日月包地而以地為心金水近於日故地月在包圏之外五緯遠於日故地月在包圏之内金水之内数十小星並心於日五緯之旁四五小星並心於各緯地観如是各界之観可類而推

是以地為両曜之中而不得為五緯之中日為五緯之中而不得為衆星之正中日且不得為正中況於地乎

虚子曰地之非中謹聞命矣敢問銀河何界也

実翁曰銀河者叢衆界以為界旋規於空界成一大環環中多界千万其数日地諸界居其一爾是為太虚之一大界也雖然地観如是地観之外如河界者不知為幾千万億不可憑我渺眼遽以河為第一大界也

是以有明界有暗界有温界有冷界近明界者受明以為明近温界者受温以為温明温者日界也暗冷者地月也暗冷而為明温者地月之近日而受之者也
虚子曰衆星皆界也各界之形色情状可得悉聞歟
実翁笑曰邵尭夫謂天地有開闢也以一元十二万九千六百年為開闢之限自以為大観也世人亦期之以大観也爾為何哉
虚子曰開闢之限聞其説而不能信其理也
実翁曰然物之有体質者終必有壊凝以成質融以反気地之有開闢其理固也惟天者虚気蕩蕩灝灝無形無眹開成何物閉成何物不思甚矣夫吾之出世計以一元不知其幾千万億周遊各界閲其凝融又不知其為幾千万億前乎吾者又不知其為幾千万億後乎吾者又不知其為幾千万億是以各界之形色情状爾所不能知亦所不必知吾所不能言亦所不必言設或言之爾必驚疑無所徵信今此挻爾之所視語爾之所知
日者体大於地其数多倍其質火其色赤質火故其性温色赤故其光明焰煇四発漸遠而漸微極於数千万里生於本界者稟受純火其体晃朗其性剛烈其知炯透其気飛揚無昼夜之分無冬夏之候終古居火而不覚其温也
月者体小於地三十居一其質氷其色清質氷故其性冷色清故暎日発光遠日則凝空明如鏡近日則融汪洋如海生於本界者稟受純氷其体蛍澈其性潔浄其知澄明其気軽浮昼夜之分冬夏之候与地界同終古居氷而不覚其冷也
地者七政之滓穢其質氷土其色晦濁質氷土故其性寒色晦濁故映日少光近而受温土潤氷解生於本界者其体厖駁其性粗雑其知昏愍其気純滞日照而為昼日隠而為夜日近而為夏日遠而為冬日火蒸灸滋産衆生形交胎産人物繁衆神智日閉小慧日長利慾淫熬生滅芒忽此地界之情状而爾之所知也
虚子曰居日界者如火鼠之居火居月界者如水族之居水其理然也敢問両界之生可通其遊歴歟
実翁曰何言之愚也陸居者入水則窒死水居者出陸則喘死南人不耐寒北人不耐暑一界之中尚不能通各界之生形気絶異有如水火水火之同器豈有其理乎

虚子曰虚子濁界之物也聞夫子之言始知太虚之間有此衆界願頼神力陸彼九霄遊歴大虚今日月之界尚不相通将小子終不免芒忽於濁界也

実翁笑曰爾果欲陸彼九霄不患無術盖池魚成龍溟鯤化鵬壌虫蟬蛻野蚕蝶幻人之霊巧何患無術十年胎息丹成脱穀法身霊変超越雲霄不焦於火不濡於水遊歴衆界永享清快爾欲為之乎

虚子曰此世俗所謂仙人之術也小子聞其説而不敢信也果有此術棄妻子如弊屣也

実翁厲声曰吾以汝為可教也乃愚滞之難啓利慾之難清有如是乎

彼胎丹之術実有其理亦有其人雖然久則万年少則千年終帰消滅亦何益哉

人之生世也願慾無極華美之奉靡曼之色崇高之位燀赫之権珍恠之物詭異之観人皆慕之

其巧且黠者念其憂危苦其訕議患其芒忽又知其不可必得則乃反身清修逞慾於象外以図万千年清快

及其仙昇神思窈冥遊歴衆界七情永闋耳如無聞目如無見参以俗情無一楽事

衆生見其飛昇度世以世情妄意仙人乗龍御風招呼仙侶遊戯異境備諸快楽不亦愚乎

夫仙人之術要在無為恬恬漠漠浄清不撓艶楽俗情一萌于中真元渙散法身堕落苟令世人之慕仙者置之此境必将厭其寥廓苦其簡泊不欲斯須居也

且世人或有為幻妄之術者托以真仙閃忽詭奇以弄愚俗愚俗之妄慕実由於此

夫真仙飄飖遺世忘親戚之恩絶旧郷之恋況濁界臭穢不可嚮邇豈其辱身降志挟術驚世透露光景自作罪過甚矣地界之愚昏也

是以仙昇之徒無営無欲以葆真精万千年間終帰消滅畢竟就尽久速無分石火泡幻実同殤子

原其発願実由利心而卒無其利巧而実拙黠而実愚爾欲学道而乃有是願不亦悞乎虚子霍然而悟犁然而笑曰小子過矣

敢問各界俱転亦能周包他界獨此地界只能自転不能周行何也

実翁曰衆界之成体有軽重性有鈍疾軽而疾者転而能周重而鈍者転而不周軽疾之極周圏極濶五緯之類也重鈍之極周圏切面地界之類也軽界之生虚而霊重界之生実而滞

虚子曰然則五緯五行之精也恒星衆物之象也下応地界妖祥有徴何也

実翁曰五星之体各有其徳五行之分属術家之陋也

且自地界観之繁星連絡如昴宿之叢萃類居群聚其実十数点之中高下遠近不啻千万其里

自彼界観之日月地三点耿耿如連珠今以日月地合為一物而命之以三星可乎

惟暦象推歩資於宮度星之有名暦家之権定也乃若繁衍牽合参以俗事転作術家之欛柄支離乖妄極於分野

夫地界之於太虚不啻微塵爾中国之於地界十数分之一爾以周地之界分属宿度猶或有説以九州之偏硬配衆界分合伝会窺覘災瑞妄而又妄不足道也

虚子曰然則分野之説流伝已久或有明徴好風好雨螢惑守心凡乾象之符応皆不足信乎

実翁曰衆口鑠金積毀鎖骨口不可鑠金毀不可鎖骨猶致銷鑠者人衆而勝天也

技術雖妄人心有感依信之極或致徴応此撮空之虚影也眩於虚影不察情実惑之甚矣

且箕風畢雨因其俗諺借明民情非謂両星真有是好

若蛍惑之行時有包旋留守進退縁於地観天高聴卑司星之謬也

虚子曰月中明暗或謂水土或為地影願聞其説

実翁曰吾語其実爾信吾口不若捌爾所見開爾実見

夫鄙諺所謂桂兎東昇之望形也苟其水土也月之中天其形必横月之西落其形必倒今乃随行而随変不横不倒化成各形三停之形終古如一

且観弦月宜見其半而全形備焉特其魘而狭爾水土之説似是而実非盖月体如鏡地界半面随明透影東昇之影東界之半面

也中天之影中界之半面也西落之影西界之半面也謂之地影不亦可乎

虚子曰敢問天之有両極何也実翁曰地界之人不知地転故謂天有両極其実非天之極也乃地之極也

凡物之転動由於虚実而身外有界耳

今夫天者其体至虚其性至静其大無量其塞無間雖欲転動得乎

惟星宿衆界各有転動歳次之論所由起也其転動之勢各有遅速南北東西遊移無定特以距地絶遠視差甚微図象随時稽古無憑人自不覚爾

虚子曰敢問流妖彗孛何気致然実翁曰此不一端有凝合於空界而成者有各界之気相盪而成者有融界之余気流走而成者此皆所以然而致也

惟人地之気極其和而成者慶星之類也人地之気失其常而成者彗孛之類也

虚子曰太白午見芒気之盛也敢問衆界之気時有衰旺歟

実翁曰太白包日其囲半在日外半在日内在外者遠於地在内者近於地且太白無光受明於日晦望如月近於地而明満於下者光盛於地而日不能掩也非体有衰旺而然也

虚子曰日蝕者陰抗陽也月蝕者陽抗陰也至治之世当食而不食果有其理歟

実翁曰拘於陰陽泥於理義不察天道先儒之過也夫月掩日而日為之蝕地掩月而月為之蝕経緯同度三界参直互掩為蝕其行之常也

且日食於地界而地食於月界月食於地界而日食於月界此三界之常度不係於地界之治乱

雖然日没而為夜亦日之変也以処昼之道処夜則乱矣日食之為変亦猶是也処変修省人事之当然也

虚子曰風雲雨雪霜雹雷霆虹暈凡天道之変可得悉聞歟

実翁曰虚者天也是以井坎之空瓶罌之空亦天也凡風雲之属皆出於虚故謂之道其実地気之蒸成不専於天地

嘗試言之風者生於地角地之転也不能無掀揺山嶺之高隧壑之深不能無激盪故虚気簸漾四出而為風激之急者其風猛激之徐者其風緩近於激者其勢大遠於激者其勢微一激之後互相衝撞東西南北任其駆射且蛟龍之騰化雷雨之翻注亦能煽呼皆出於地面是以離地数百里未嘗有風焉

雲者山川之気騰結而成形其色本淡借日光以成雑采日午多白正受光也其黒者積厚而陰也朝夕多紅紫地気之盪日也

雨者甑露之勢也水土之気蒸騰于空欝于密雲無所泄而凝成気蒸而雲不密則不成雨雲密而気不蒸則亦不成雨

雪者冷気之蒸也霜者温冷之襍也雹者温冷相薄急雨之凍也皆成於蒸気雨之類也

雷者蒸気隔欝相撞発火電者其光也雷者其声也火之所触物必靡爛先電而後雷者発於遠也電雷並作者発於近也遠於地者散於空界近於地者触而震物不雷而電者百里以遠也不電而雷者積雲之隔也

鉄鎌扣石火鈴布地違避堅湿必就燥絨蓋堅湿者火之所畏燥絨者火之所嗜夫雷者其性剛烈其気奮猛違避正直必就邪沴蓋正直者雷之所畏邪沴者雷之所嗜

夫人之霊覚乃一身之火精況雷者天地之正火剛烈奮猛好生嫉悪翌時暴霆霊覚如神凡人者被震時顕奇跡曲施機巧是雷神乃有情也火之精霊覚実同人心

虹者水気也朝東夕西借日以成日之斜射必成半規日午無虹水気不厚也日月之暈虹之類也成於空故必成全規虹暈之成規日月之円也

虚子曰人在地上見天未半雖然哉日已東昇而西見月食且日月之在地面距人道遠而圏径必大其在中天距人近而圏径反小何也

実翁曰此気之所為也試将銅銭置于浴盤退而窺之纔見一点及灌注清水全形騰露此水之力也玻瓈籠眼秋毫如指此玻瓈之力也

今水土之気蒸包地面而外媰三光内眩人目映発如水靉靆如玻瓈騰卑為高幻小為大西洋之人有見於此命以清蒙仰測見

小清蒙之薄也横望見大清蒙之厚也
夫雷声之壮而不過百里銃丸之猛而不及千歩此遠近之勢也雖然遠近之所以致然必有其故
蓋遊気充塞穿撥有限声馳丸走力竭而止人之目力亦猶是也夫日月真径終不可測也
月体初朏明包魄外是光燄成暈非月本体弦望径囲靡所適従況太陽純火燄暈倍大真界深浅竟無概量
且測望図体近則見小遠則見大弾丸之微莫弁本形況於日月乎
虚子曰地体之円分野之妄既得聞命矣敢問一日之間朝昼異候一歳之中冬夏異候一地之中南北異候何也
実翁曰冷者地界之本気也温者日火之熏炙也
且以中国言之北京北至之日不及天頂十六度日光微斜温候已減従此以北至于極下則夏候如冬候若其冬候土地凍坼有氷無水
南海北至之日正当天頂夏日直射烈炎如焚終古無氷従此以南至赤道南二十余度一歳温候互有消長惟赤道南北冬夏易其候
赤道南数十度以南至為夏以北至為冬其温冷之候畧同中国由此益南至極下則夏候如冬若其冬候土地凍拆有氷無水亦如北極之下
由南極而南由北極而北其漸温漸冷極温極冷并同此地界惟南北易其候而已
蓋日由黄道出入於赤道内外各二十三度地界之近赤道而日光直射者其気極温稍遠於赤道而日光斜射者其気微温絶遠於赤道而日光横射者其気極冷是以地之有温受於日也温有微極日之斜直也察乎此則朝昼之異候明矣朝昼之異候明則冬夏之異候明矣冬夏之異候既明則南北之異候亦明矣
虚子曰日南至而一陽生日北至而一陰生陰陽交而為春夏天地閉而為秋冬南陽而北陰地勢之定局也夏温而冬冷陰陽之交閉也今夫子舍陰陽之定局去交閉之真機率之以日火之遠近斜直無乃不可乎

実翁曰然有是言也雖然陽之類有万而皆本於火陰之類有万而皆本於地古之人有見於此而有陰陽之説万物化生於春夏則謂之交万物收蔵於秋冬則謂之閉古人立言各有為也究其本則実属於日火之浅深非謂天地之間別有陰陽二気随時生伏主張造化如後人之説也

虚子曰地界生物統属於日火暇令日界一朝融滅即此地界将無一物

実翁曰氷土相結物不生成暗冷混沌成一死界虚空之中絶遠日火徒成死界奚啻千万

虚子曰天者五行之気也地者五行之質也天有其気地有其質物之生成自有其具豈其専属於日乎

実翁曰虞夏言六府水火金木土穀是也易言八象天地火水雷風山沢是也洪範言五行水火金木土是也仏言四大地水火風是也

古人随時立言以作万物之総名非謂不可加一不可減一天地万物適有此数也

故五行之数原非定論術家祖之河洛以伝会之易象以穿鑿之生克飛伏支離繚繞張皇衆技卒無其理

夫火者日也水土者地也若木金者日地之所生成不当与三者並立為行也

且天者清虚之気彌満無際其可以蕞爾地界之噓吸擬議於至清至虚之中乎

是知天者気而已日者火而已地者水土而已万物者気之粕糟火之陶鎔地之疣贅三者闕其一不成造化復何疑乎

虚子曰人物之生胎卵根子各有其本何待於日火乎

実翁曰人物之生動本於日火使一朝無日冷界凌兢万品融消胎卵根子将安所本故曰地者万物之母日者万物之父天者万物之祖也

虚子曰古伝天不満西北地不満東南天地果有不満歟

実翁曰此中国之野言也見北極之低旋即疑天之不満見江河之東注則疑地之不満泥於地勢之適然不察環面之異観不亦愚乎

虚子曰地面之昼夜長短彼此斉同無有差別乎実翁曰豈其然乎
仮如昼午於此則自此以東九十度為夕照過此則為昏曚自此而西九十為朝暾過此則晨曚東西各一百八十度即此之対面
而為夜半赤道南北各二十余度終年昼夜倶均所差不過刻分過此則昼夜之差漸多
極長或過十一時極短或不及一時至于両極而赤道為地平則日在赤道上為昼而占半年日在赤道下為夜亦占半年
虚子曰今夫海之為物也旱不渇雨不溢寒不氷百川灌注而不変其鹹潮汐随時而不失其期願聞其理
実翁曰月者水精也水遇月則感而応之湧而成浪月有常道潮有常期浪勢簸掀自成進退
近於本浪者進退倶猛遠於本浪者進退倶微其益遠者浪勢不及不成潮汐也
海水雖大蓄而不洩近於赤道日火蒸炎転成鹹味味鹹如塩豉浪湧如灘水地且近日冬不成氷
若両極之下地候極冷日火煮微而潮浪不及則亦有氷海
且積水巨涵汪洋無際江海之灌霖雨之浸実如一杯之水無所増損於千頃之波
且江河之源本於重泉重泉之源本於海水水随土脉如激如吸横流倒行無遠不到土気滲潤変鹹為淡溢為井泉湊成江河此
是互相輸瀉均是海水
且風陽之熯曝人物之沃飲足以当雨雪之淋漓則不渇不溢其勢然也
虚子曰古云桑海之変亦有其理乎
実翁曰余観地界人寿不過百年国史未伝実蹟地水之変漸而不驟人不能覚也蚌蛤之殻水磨之石或在高山海傍之山類多
白沙此其互相進退其蹟甚著
且観中国遼野千里乃是九河故道漠外沙磧乃是黄河故道孟子不云乎洪水横流汎濫於中国
夫流沙淤塞水道漸高不能不横決也
黄河横決正当尭時崇伯不察時運為中国遠慮欲復其故道陻之九年績用不成堤防一壊九州懐襄禹之祠興鑿龍門順其勢

而導之以救其急而卒為中国患観乎此則桑海之互変可知也
虚子曰地之有震山之有遷何也
実翁曰地者活物也脉絡栄衛実同人身特其体大持重不如人身之跳動是以少有変則人必恠之妄測其災祥也
其実水火風気周行流注閡而成震激而惟遷其勢然也
虚子曰地之有温泉塩井何也実翁曰太虚者水之精也太陽者火之精也地界者水火之渣滓也地非水火不能生活旋転定位
化成万物水火之力也夫温泉塩井水火之相盪也
虚子曰然則人之死也葬不得其地則風火之為災亦有其理歟
実翁曰水火風気運行有脉遇実則走遇虚則集葬失其道災必立至翻覆焦坼化生虫廉骨骸朽散不得安厝
虚子曰方其葬人土性浄潤水火風虫無所形現及其発開旧壙絶少安吉何也
実翁曰善哉問也人之於父母生則致其養死則致其敬遺書遺服尊奉而謹蔵之敬之至也況於遺骸乎宅兆者遺骸之蔵也敢
不敬謹也
雖然布帛衣衾養生之具也棺槨旌翣美観之文也入土則腐汚穢遺骸惟務目下之美観不念畢竟之汚穢可謂孝且智乎
況虚必引物地之理也旌翣之備而槨虚衣衾之腐而棺虚瀝青灰石之堅而壙虚水火虫風皆由於虚哀哉蔵父母之遺骸内被
腐穢外引風火肢節焦散不保其体於人心其能恔乎
夫土者物之母也而生之本也文繡不足以凝其美珠玉不足以凝其浄惟人生血肉湿処則病服用采色近地則汚是以高堂重
茵遠土以為貴陶穴藉処近土以為賤
人習故常遂忘其本及其死也衾冒襲殮惟恐其不厚棺槨灰石惟恐其不堅深憂永図惟遠土是謀
殊不知死生異道貴賤殊物黄中温潤莫貴於土真美真浄実為遺骸之実蔵也
是以不封不樹太古之已慤也包布裸葬達士之弔詭也荼毘舎利仏氏之浄法也堲周瓦棺聖人之中制也

虚子曰然則太上荼毘其次裸葬安用封樹堲瓦為哉

実翁曰葬師主義葬親主恩西竺之教割恩而立義中国之教屈義而伸恩王孫裸葬矯俗之激也

生于中国自有其義崇其倹節其文不忘其本参以時義勿循俗習永思安厝夫平原高崗俱是福地何有於風火之災此為人子之所当知也

盖成周尚文礼物太備孟氏距墨力排薄葬重棺明器之具無土親膚之論不能無流弊也

虚子曰宅兆有吉凶子姓有禍福一気感応亦有其理乎

実翁曰重囚在獄宛転楚毒至不堪也未聞重囚之子身発悪疾況於死者之体魄乎

雖然技術之妄実無其理伝信之久衆心合霊想無成有往往有中人之機巧天亦随之鑠金銷骨自有其理

夫天文之祥祲卜筮之休咎禱祀之格響地術之禍福其理一也

蔡季通之得罪也悔遷人墓夫無故改葬宜其罪悔惟崇信左術実為罪悔之本

況紫陽之山陵議状専主術説甚矣台史言出儒宗人不敢議異説鴟張天下若狂訴獄繁興人心日壊流弊之酷奚啻頓悟事巧之比而已哉

虚子曰天地之体形情状既聞命矣請卒聞人物之本古今之変華夷之分

実翁曰夫地者虚界之活物也土者其膚肉也水者其精血也雨露者其涕汗也風火者其魂魄栄衛也是以水土醸於内日火熏於外元気湊集滋生衆物草木者地之毛髪也人獣者地之蚤虱也

岩洞土窟気聚成質謂之気化男女相感形交胎産謂之形化

邃古之時専於気化人物不繁鍾稟深厚神智清明動止純厖養生不資於物喜怒不萌於心呼吸吐納不飢不渇無営無欲遊戯于于鳥獣魚鼈咸遂其生草木金石各葆其体天無淫沴之災地無崩渇之害此人物之本真太和之世也

降自中古地気始衰人物生成転就駁濁男女相聚乃生情欲感精結胎始有形化自有形化人物繁衍地気益泄而気化絶矣気

化絶則人物之生専稟精血滓穢漸長清明漸退此天地之否運禍乱権輿也
男女形交精血耗竭機巧攻心神火焦熬内有飢渇之患外有寒暑之苦齧草飲水以充飢渇巣居穴処以御寒暑於是万物各私其身而民始争矣
草水之薄而濫以佃漁鳥獣魚鼈不得遂其生矣巣穴之陋而侈以棟宇草木金石不得葆其体矣膏梁適其口而臓腑脆矣布帛暖其体而支節解矣園囿台榭陂塘之役作而地力捐矣忿怒怨詛淫穢之気昇而天災現矣
於是勇智多欲者生於其間駆率同心各占雄長弱者服其労強者享其利割裂彊界睢盱兼并治兵格闘張拳肉薄民始傷其生矣
巧者運技挑発殺気錬金刳木凶器作矣刀戈之鋭弧矢之毒争城争地伏尸原野蓋生民之禍至此而極矣
冀方千里号称中国負山臨海風水渾厚日月清照寒暑適宜河岳鍾霊篤生善長夫伏羲神農黄帝尭舜氏作而茅茨土階身先検徳以制民産欽文恭譲躬行明徳以敷民彝文教洋溢天下熙皞此中国所謂聖人之巧化至治之世也
因時順俗聖人之権制治之術也夫太和純厖聖人非不願也時移俗成禁防不行逆而遏之其乱滋甚則聖人之力実有不逮也
故曰居今之世欲反故之道災及其身
情欲之感既不可禁則婚姻之礼夫婦定遇禁其淫而已宮室之居既不可禁則蔀屋蓬藋不礱不斲禁其華而已魚肉之食既不可禁則釣而不網厲禁山沢禁其濫而已布帛之服既不可禁則老少異制上下有章禁其侈而已
是以礼楽制度聖人所以架漏牽補権制一時而情根未抜利源未塞勢如防川畢竟潰決聖人已知之矣
夏后伝子而民始私其家湯武放殺而民始犯其上非敷君之過也至治之余衰乱之漸時勢然矣
夏忠商質比唐虞則已文矣成周之制専尚夸華降自昭穆君綱已替政在列候徒擁虚器寄生於上待幽厲之傷而天下之無周久矣
霊台辟雍遊観美矣九鼎天球宝器蔵矣王輅朱冕服御侈矣九嬪御妾好色漁矣洛色鍋京土木繁矣夫秦皇漢武其有所受之

矣

且捨微箕而立武庚殷道不復興周之微意焉可諱也及成王初立管蔡鬩墻三年東征欠伐破斧八誥妹邦頑民梗化周之代殷其能無利天下之心乎

孔子賛舜以徳為聖人及武王則曰不失天下之令名称泰伯以至徳語武則曰未尽善也孔子之意大可見也

自周以来王道日喪覇術横行仮仁者帝兵彊者王用智者貴善媚者栄君之御臣啗以寵禄臣之事君餂以権謀半面合契隻眼防患上下掎角共成其私嗟呼咄哉天下穰穰懐利以相接

倹用蠲租非以為民也尊賢使能非以為国也討叛伐罪非以禁暴也厚往薄来不宝遠物非以柔遠也惟守成保位没身尊栄二世三世伝乃無窮此所謂賢主乃能事忠臣乃嘉猷也

或曰木石乃災肇於有巣鳥獣之禍創於包羲飢饉乃憂由於燧人巧偽乃智華靡乃習本於蒼頡縫掖乃偉容不如左衽乃使易揖譲之虚礼不如膜拜之真率文章乃空言不如騎射之実用暖衣火食体骨脆軟不如毳幕潼酪筋脉勁棹此或是過甚之論而中国之不振則所由来者漸矣混沌鑿而大撲散文治勝而武力衰処士横議周道日蹙秦皇焚書漢業少康石渠分争新莽簒位鄭馬演経三国分裂晋氏清談神州陸沈

六朝附庸於江左五胡跳盪於宛洛拓跋正位於北朝西涼一統於唐祚遼金迭主合於松漠朱氏失統天下薙髪夫南風之不競胡運之日長乃人事感召天時之必然也

虚子曰孔子作春秋内中国而外四夷夫華夷之分如是其厳今夫子帰之於人事之感召天時之必然無乃不可乎

実翁曰天之所生地之所養凡有血気均是人也出類抜萃制治一方均是君王也重門深濠謹守封彊均是邦国也章甫委貌文身雕題均是習俗自天視之豈有内外分哉

是以各親其人各尊其君各守其国各安其俗華夷一也

夫天地変而人物繁人物繁而物我形物我形而内外分

臟腑之於肢節一身之内外也四体之於妻子一室之内外也兄弟之於宗党一門之内外也隣里之於四境一国之内外也同軌之於化外天地之内外也夫非其有而取之謂之盗非其罪而殺之謂之賊四夷侵彊中国謂之寇中国瀆武四夷謂之賊相寇相賊其義一也

孔子周人也王室日卑諸侯衰弱呉楚滑夏寇賊無厭春秋者周書也内外之厳不亦宜乎

雖然使孔子浮于海居九夷用夏変夷興周道於域外則内外之分尊攘之義自当有域外春秋此孔子之所以為聖人也

[訳文]

第一章

虚子という人が隠居し本を読みて三〇年、天地の変化と性命の微妙な問題を究明し、五行に関する原理を極め三教[1]の真理に達し、人道に経緯し物の理に会通した。このように奥深く難しい問題を一つ一つ研究解明した後、世に出てその話をしたが、聞く人はみんな笑っていた。虚子がいうには小事のみ知る者には大事を語ることはできず、見聞が浅く俗っぽい者には道を語れずと。そして西の燕京に赴き士大夫と談話しながら舎舘にて六〇日も過ごしたが、自分の話を理解してくれる人はいなかった。

これに虚子がため息をつきながら嘆くには、昔の周公[2]の道が廃れたのか！　明哲な人はいないのか！　私の道が正しくないのか！　と。そして旅装を整えて燕京を後にした。帰り道に毉巫閭山[3]に登り南の滄海[4]を見おろし、北に大漠[5]を見渡し、止めどなく涙を流しながらいうには、昔、老子が胡地へと立とうとし、孔子が海を渡ろうとしたことを思うに、時代にそぐわなかった彼らにしては仕方のないことだったのか！　とついに世を捨てる決心をした。

そこから数十里入った途中に一つの石門が見え、そこには「実翁の門」という看板が掲げられていた。虚子はこの醫巫閭山は遼東と中国の境に位置する東北地方の名山であるから、ここには必ず隠士が居るはずだ、よし、その隠士と会おうと石門の中に入っていった。そこには巨人が朝鮮五葉に板を吊りその上に独り座っていたが、怪異な顔つきであった。彼が座っている木には、「実翁の居」と削って書かれていた。

虚子が考えるのには、私はなにもない虚から号して天下の実を考察しようとするのに、あの人は実から号して天下の虚を正そうとしているのか！　虚々実々、これが微妙な道の真理であるからには、あの人の話を伺おうと膝をついて前に進み、頭を下げ腕を組みながら右に立っていたが、巨人は一瞥した後は黙って何も見なかったようにしている。

虚子が手をほどきながら「君子が人に対する態度がこのように傲慢でいいのですか」と話しかけてみた。やっと巨人が「おぬしが東海に住む虚子かな?」と尋ねた。

虚子は「そうです。先生にはなぜ虚子とわかるのですか、術法でもお持ちですか?」

巨人が膝をたてて眼を開きながら言葉を続けた。「おぬしがやはり虚子かな！　わしはどんな術を持っているわけではないが、おぬしのかっこうを見ておぬしの声を聞いて、おぬしが東海の人ということを知り、恭譲な態度で恭敬なふりをしながら本当は虚（偽り）で人と接するということを見たから、おぬしが虚子ということがわかったのじゃ。わしにはどんな術もない！」

虚子「恭遜な態度は徳行の基本で、偉い人を敬うよりも恭遜なことがどこにありましょうか?　先ほど私は先生を見て偉い人と思い、膝をつきながら前に出て頭を下げ、腕を組みながら横に立っていたのに、今、先生が私に謙譲を装い偽りで恭遜なふりをしているとおっしゃるのはどういうわけでしょう?」

巨人「ここに来なさい！　おぬしを試すために尋ねるが、わしを誰じゃと思う?」

虚子「私は先生を偉い人と思っただけで、先生が誰だということをなぜ知ることができるでしょう」

巨人「そうじゃろう。なのに、おぬしはわしを誰だとも知らずに、どうしてわしが偉い人だとわかるのじゃ？」

虚子「私が見たところでは、先生の顔は土木のようで声は筆鏞(6)のようであり、俗世をはなれ硝然と一人いながら深山窮谷に泰然としておられるから、私は先生が偉い人だと思ったのです。」

巨人「ひどいのう、おぬしの虚は！　おぬしは石門に掲げられた看板と削った木に書かれた字を見なかったのか？　おぬしがその門から入り木に書かれた字を見てわしの名をすでに知っているはずなのに、いや知らぬとい い、わしが偉い人だとも知らぬのに、いや知るという。ひどいのう、おぬしの虚は！　もう一言おぬしにいっておこう。人を惑わすものに三つあるが、食と色に惑わされれば家を滅ぼし、利権に惑わされれば国を危機に落し、道術(7)に惑わされれば世を乱すという。おぬし、ひょっとして道術に惑わされているのではないかな？

また、おぬしの言葉自体も正当ではない。名と号は徳行の表現じゃが、おぬしがすでにわしの号が実翁ということがわかれば、わしが実心の学に力をそそいでいる者と見当つけられればすれ、わしを偉い人だとどうしていえるのじゃ？　おぬしがわしの顔を土木にたとえ、わしの声を筆鏞と比べ、わしが山中に居ると云って俗世をはなれ硝然と立っているとし、深山窮谷に泰然としているとしたが、これはおぬしが事物に接するとき、まわりを意識し状況によって言葉を選ぶとすれば、それは世辞あるいはたわ言というもんじゃ。

だいたいからして、肉体の軟弱さは土とか木とは全く違い、人の呼吸気管と声が鋼とか竹とは少しも似てはおらん。だけでなく、俗世をはなれ硝然と立っていたのは孔子であり、深山窮谷に泰然としていたのは舜王じゃが、おぬしがわしを孔子と思っているのか？　でなければ舜王と見ているのか？　わしの学問が孔子に及ばず、わしの英明さが舜王よりも劣るということは知るすべもないにしろ、おぬしがわしに対しなんの了解もなしに、あまりに早急に昔の聖人にたとえていうのは、これは世辞か、または、たわ言というしかあるまい。もう一度おぬしに尋ねるが、おぬしがいう偉い人とはどういうもんじゃ？」

虚子「周公・孔子の学問を崇拝し程子・朱子の教えを学び、正学を擁護し邪説を排斥し、仁で世を救済し哲で保身する、これが儒教でいう偉い人です。」

実翁はこれを聞き大きく笑いながら言葉を続けた。

「わしは、はじめからおぬしが道術に惑わされた人間ということがわかっていた。悲しいかな！　道術が消え去ってから久しい。孔子が死んだ後諸子が道術を混乱させ、朱子の末期には幾人の学者がそれを複雑にして、孔子の学業は崇拝すれど学業の真理を忘却し、朱子の言葉は学習すれど言葉の本意は喪失している。正学を擁護するというのは自慢する心から出たものであり、邪説を排するというのは実は人に勝とうとする心から出たものであり、世を救うという仁は実は権力を維持しようとする心から出たものであり、己を保全するという哲は実は利を得ようとする心から出たものじゃ。この四つの心が相まって、正学の真理と本意は日に日になくなり、世は乱れ月日がたつにつれ虚飾だけになってしまった。

今、おぬしは謙譲な態度を装い、恭遜なふりをするのを己の美徳のように思い、人の顔を見て声を聞いただけでその人を偉い人にたとえているようじゃ。だいたい、心が真実でなければ礼節も真実でなく、礼節が真実でなければ万事すべて虚飾で充満し、己を欺けば他も欺き、他を欺けばすべての天下が嘘で固まる。このように道術に魅惑されれば、必ず世の中を混乱させるもんじゃ。おぬしはこれをわきまえているのか？」

虚子はしばらく黙った後に口を開けた。

「私は海の近くに住む古い人間で、昔の人々の文章に惹かれ紙に書かれた命題などをそらんじるだけで、そのような主観もなく世俗学問にこだわり、狭小な一面だけを見て道と思い込んでいましたが、今、先生のお話を聞くと精神が洗われ目が開かれたような気がします。改めてお尋ねしますが、〈大道〉(8)の要は何でしょうか？」

実翁はしばらくの間、虚子を見つめて言葉を続けた。

「おぬしは、顔はしわがれ頭は白髪に染まっているのう。わしは、まず、おぬしが今まで学んできたものを知りたい。」

虚子「幼いころは昔の聖賢たちの書を読み、長じては詩経と礼記などの書籍に学び、陰陽の変化の根元を探求し、人間とすべての事物に対しての理致を推測し、心は忠誠と慎重さを持ち、仕事においては誠意と敏棲な態度で対し、政治制度は周礼に基づき出処進退は伊尹(いいん)[9]と呂尚(りょしょう)[10]を範とし、芸術・天文・兵制・祭礼・数学・音楽に至るまであらゆることを学び、その帰するところはすべての物を六経で会通し程朱学説にて折衷す、これが私の学歴です。」

実翁「おぬしのいう通りだと、儒学者の学問としてはすべて備えているようじゃが、おぬしは何が不足でわしに尋ねるのじゃ？　弁でわしを困らせようとするのかな？　学でわしと張り合うというのかな？　章程[11]で試そうとするのかな？」

　虚子は立ち上がって頭を下げた後、言葉を続けた。

「何をおっしゃるのでしょう。私の学識とは始めから大道については聞いたこともなく、せいぜい人によく見せ多くの言葉遊びをしたに過ぎず、ばかばかしい自尊心は井の中の蛙が空を見上げるようなもの、浅薄な知識は夏虫が氷を論じるようなもので、今、先生に出会い、心の中がすっきりし耳目が爽快としたおかげで精誠このうえないところなのに、先生は何をおっしゃるのでしょうか？」

実翁「そうじゃ、おぬしは儒学者じゃよ。水をまき塵を掃くことを知り、性命の研究を後にまわすのは幼学の順序じゃ。今、わしがおぬしに大道を説くためには、必ず本源から先ず述べねばなるまい。人間が万物と違うのはその心で、人間の心が万物と違うのはその身体にある。おぬしに尋ねる。おぬしの身体が万物と違う点は何じゃ？」

虚子「身体の本質についていえば、頭の円いのは天であり、足が角張るのは地であり、肉と毛は山林で、津液[12]と血は河海であり、二つの目は日と月で、息をするのは風雲です。ゆえに人間の身体は小天地といえ、人間の生まれた理致について述べれば、父の精気と母の血が受胎し、月が満ちれば出生し、歯がはえれば知恵が発展し、耳目口鼻の機能が発達すれば五性（仁義礼智信）が備わる、これがまさに人間の身体が万物と違う点ではないでしょうか？」

実翁「ほう！　おぬしの言葉通りに解釈すれば、人間が万物と違う点などほとんどないではないか！　毛と肉の本質とか、精気と血により受胎するのは草木も同じじゃ、ましてや空を飛び地を這う動物では人間と違うかな？おぬしに尋ねよう。生物の種類には人間と禽獣と草木があるが、草木はさかさに生まれるゆえに感覚があるが知覚がない、禽獣は横に生まれたから知覚はなく知恵がある。しかし、この三つの種類が際なく複雑に連関した世界で、互い興亡盛衰を同じくする、貴賤の差などあるかな？」

虚子「すべての生物のなかで人間のみが尊貴であり、獣と草木は知恵もなく知覚もなく礼節もなく義理もない。人間は獣に比べれば尊貴であり、草木は獣よりも劣ります。」

実翁は顔を上げながら笑って言葉を続けた。

「おぬしは本当に人間じゃのう！　五倫に忠実で五事（貌言視聴思）を正しくするのは人間の礼節であり、群れをなして動き親と子が呼びあいエサを与えるのは獣の礼節であり、花の房が繁り枝を拡げるのは草木の礼節であるからには、人間として他の物を見れば人間が貴くて他の生物が賤しくも、他の物から人間を見ればそれらは貴く人間を賤しいものと見るだろう。天から見れば万物は同等なものじゃ。だいたい、知恵がないからして嘘がなく、知覚がないから自然らしく、そうだとすれば万物が人間よりも数段尊貴なものじゃ。

それだけでなく、鳳凰は千里を飛び龍は空を昇り、蓍草[13]と鬯草[14]は神に通じ、松栢は材木として用いる。普通の人間と比べて、どれが貴くどれが賤しいものかな？　おおよそ大道に与える害毒は慢心よりもひどいものはなく、人間が人間を貴く思い、万物を賤しく思うのは慢心の本じゃ。」

虚子「鳳凰が高く飛び龍が空に昇れど獣の種類から逃れえず、耆草と鬯草、松栢は草木の類から逃れることはできません。ゆえに、民に恵みを与える仁もなく、世を治める智もなく、服飾も見る目なく、礼節とか音楽、軍事や刑罰に対する節次もなくして、それらが人間と同等でしょうか？」

実翁「ひどいのう、おぬしの錯覚は！　魚を驚かせないのは龍が民に恵みを与えるもので、鳥を恐がらせないのは鳳凰が世を治めるようなもので、雲が五色を表すのは龍の風采で、体中の模様は鳳凰の衣服であり、風と雷が震えるのは龍が適用する軍事と刑罰であり、高い山から和順に鳴くのは鳳凰の礼楽であり、耆草と鬱鬯酒は廟社の貴重品であり、松柏は棟梁に使われる貴重な材木じゃ。

ゆえに、昔の人は民に恵みを与え世を治める場合、万物の活動を参酌しないものはない。例えば臣下の間の義理はだいたい蜂の活動を参酌したものであり、軍師が陣を構える法はだいたい蟻の活動を参酌したものであり、礼節に関する制度は黄鼠の動作を参酌したものであり、網を張るのは蜘蛛の技巧を参酌したものじゃ。だから、聖人はすべての事物において学ぶというが、今、おぬしはなぜに天の立場から万物を見ずに、ひたすら人間の立場で万物を観察するのじゃな？」

第二章

虚子は驚いたように大きくうなずき、もう一度頭を下げて前に座って言葉を続けた。

「人間と万物には貴賤の差がないというお言葉はしっかりとお聞きしましたが、人間と万物が生まれた根本についてお聞きしたいと思います。」

実翁「よきかな、おぬしの問いよ！　しかし、人間と万物の生の根本が天地にあるだけに、わしはまず天地のありさまについて述べねばならぬじゃろう。寥廓な太虚に充満しているのは気じゃ。内も外もなく始めも終わりもなく、積もった気が凝集して物質を形成し、虚空に回転しながら留まった、いわゆる地球、太陽、月、星たちはまさにそういうものじゃ。だいたい、地球とは水と土で形成されているが、その形態は円く、少しもやむことなく廻転しながら虚空に浮いているからこそ、すべての物体がその表面に定着できる。」
虚子「昔の人は〈天円地方〉としましたが、今、先生が地球の形態が円いとされた理由は何でしょうか？」
実翁「ひどいのう、人間の愚かさは！　すべての事物の形態が角張らず円いものを、ましてや地球ごときは！月が日を隠し日食ができるが、日食の形が必ず円いのは月の形体が円いからで、地球が日を隠し月食になり、月食の形がやはり円いのは地球の形体が円いからじゃ。であれば、月食とは地球の反射じゃが、月食を見ても地球の円いのを知りえないならば、その人は鏡を見ても顔を見分けられないことと同じ、であれば愚なことではないか？

昔、曾子がいうには〝天円く地が角張っていれば地の四角はすべて覆い尽くせない〟としたが、天が円く地が角張るという言葉は昔からあった。また、天が円く地が角張るということは、その徳をいったものかもしれん。しかし、おぬしは人の伝えを信じるよりも、むしろ、直接、目で見る現実を信じるほうがよいじゃろう。もし地球が角張っているとすると、四隅・八角・六面がすべて平均し、へりは崖になり塀を立てるようなものじゃが、おぬしの考えはどうじゃ？」

　虚子はそうだと答えた。

実翁「であれば河川と海水、人間とすべての物が一つの面にだけ集まっているのかい？」

虚子「すべて上に向いた面に集まっているはずですが、それは側面にへばりつくわけもいかず、逆さにいることないのじゃ。」

虚子はそうだと答えた。

実翁「そのとおりに人間とすべての物のように微小なものが落ちるとするると、大きな土の塊はどうして落ちないのじゃ。」

虚子「空気に乗っているからです。」

実翁は厳しい語調で言葉を続けた。

「君子は道について論争して理致につまると相手方の主張に服従し、小人は道について論争し言葉につまれば遁辞を吐くものじゃ。水が船に対して、それが軽ければ浮かし重ければ沈む。無力な空気がなぜ、大きな土の塊を乗っけていられるのか？　今、おぬしは古びた見聞にしがみつき、人を負かそうとする心にとりつかれ軽率に人の言葉に対抗しながらも、かえって道を学ぶという、道理に合うかな？

邵尭夫[15]は見識が並外れて優れた人で理致を探求したが、それを発見できず、ただ〝天は地を支え地は天を支える〟としたが、地が天に支えられているというのは正しいが、天が地によって支えられているとすれば、限りなく大きい虚空をどのようにして一塊の土で支えることができるのか？　かつ地が落ちないのはそれ自体にそのような力があり天に支えられていることではないが、尭夫の知識はここに至らず無理して大言し欺いた、これは結局尭夫が自身を欺いたものじゃ。」

虚子は頭を下げて次のように言葉を続けた。

「私が言葉を間違いました。どうぞお許しください。しかし、羽のような軽い物も下に落ちるのに、大地のように重いものが今まで落ちなかったのは、どういうわけでしょうか？」

実翁「古い見聞にしがみつく者は互いに道を語ることはできず、他を負かそうとする心にとりつかれた者とは一緒に論争することはできない。もし道を尋ねようとするとき、おぬしが古い見聞を洗い流し、他を負かそうとする心を取り除き、真摯な態度で言葉を正すならば、わしに何を隠すものがあろう！　だいたい、限りなく広い太虚（宇宙空間）には天地とか東西南北の区分もないものを、なぜ、上下の勢(16)があろう？　もう一度聞こう、おぬしの足は地に落ちるのに、その頭が天に落ちないのはいかなるわけじゃ。」

虚子「それは上下の勢が違うからです。」

実翁「そうじゃ。もう一言聞くが、おぬしの胸が南に落ちず、おぬしの背中が北に落ちず、おぬしの左肩が東に落ちず、右肩が西に落ちないのは、どういうわけじゃ？」

虚子は笑いながら、それは南北に形勢はなく、東西の形勢もないからだと答えた。

実翁も笑いながら言葉を続けた。

「怜悧じゃのう。互いに道を語るには充分じゃ。今、地球、太陽、月、星たちに上下がないのも、おぬしの体に東西と南北がないのと同じじゃ。また、人間が落ちないのを不思議に思いながらも、太陽と月と星が落ちないことだけを尋常とする理由は何じゃ？　だいたい、太陽と月と星が空にあれどより高く昇らず、地に沈んでも落ちず永久に空間に浮かんでいるが、太虚に上下がないのは、あまりにも明白なことなのに、世の人々がそれをあたりまえのこととして研究しようとしない。もし、その理由を研究すれば、地が落ちないことも疑いのないことじゃ。

地球は一日一回ずつ回転するが、地球の周囲は九万里で一日は一二時間（今の時間で二四時）じゃ。九万里の距離を一二時間以内に走るとすれば、その速さは稲妻よりも銃弾よりも速い。地球がこのように速く回転することにより、空気は上で密封され下に集まり上下の勢が作られる。これが地面であり、地から離れればこのような形勢はない。また、磁石は鉄を吸収し琥珀は藁屑を引き付けるが、自己と同じような部類が互いに感応するのは物体の固有な理致じゃ。ゆえに、火が上に立ち昇るのは太陽に源を発したものであり、潮水が立ち上がるのは月に源を発したものであり、すべての物体が下に落ちるのは地に源を発したものじゃ。いま、人々が地面の上下を見て、勝手に太虚にも上下の形勢があるように考えて、太虚が地球を取り囲んでいることを見極めようとしないとすれば、やはり愚なことではないか？

もし、河川と海水、人間と万物がすべて地球の一つの面だけに集まっているとすれば、これは中国とその諸国の数万里がすべて平らで、高い所に登り観測すれば、泰山のような巨大な山岳とか海外万国を一望に眺められるじゃろう。本当にそうかな？」

虚子「人間の視力には限度がありますが理致はそうだと思います。」

実翁「人間の視力にはもちろん限度がある。しかし、海に出れば日と月は海から昇り、広い野に出れば日と月は野から昇り野に沈む。それは空が海に至り広い野にはどのような障害もないからで、人間の視力に限度があるという言葉は容認できるものではない。地を測量するには天体を観測する方法を標準としたが、天体を観測するには南極と北極を基本とし、観測する方法には緯度と経度がある。ゆえに、垂直線を観測し、直線に対する度数を〈天頂〉といい、南極と北極に対する距離を〈幾何緯度〉という。

現在、中国の舟と車が通じる所、北に顎羅（ロシア）があり、南に真臘（カンボジア）がある。顎羅の天頂は北極まで二〇度で、真臘の天頂は南極まで六〇度で、二つの相距が九〇度で距離は二万二千五百里じゃ。ゆえに、顎羅の人々は顎羅が地球の正面であり、真臘を地球の側面とするし、真臘の人々は真臘が地球の正面であり、顎羅を地球の側面とする。

また、中国と西洋との経度差も一八〇度じゃが、中国の人々は中国が地球の正面であり西洋を地球の裏面とし、西洋の人々は西洋が地球の正面であり中国を地球の裏面とする。しかし、其実は空を仰ぎ地を踏む以上、どの地域でも同じで、どのような側面も存在せず、どこもすべて地球の正面じゃ。人々は頑固な思想にとりつかれ、それが慣習となり、すべての問題を考察しないため、真理が目の前にあってもことさら探すこともなく、頭にのせ足で踏みながらもその実情について知ることもない。しかし、唯一、西洋のある地域での研究の方法が細密で、測量技術が充分に発展し、地球が円いという学説は疑う余地がないものになった[17]。」

虚子「地球の形体と上下の勢についてはありがたく教えをお伺いしましたが、ただ、地体がそんなに速く廻転し空気が激動すれば、その力も当然猛烈なものですが、人間と万物が倒れないのはなぜでしょうか？」

実翁「万物が生まれる時には気があり、各々気に包まれているからじゃ。体積には大小があり、気には厚さ薄さがあり、ちょうど鶏卵の黄身と白身が互いに附しているようなものじゃ。地の体が大きく包んでいる気も厚く、絡み合って一丸となり空間で廻転しながら、空気を擦り激動する。この空気と地の気の間には激烈な疾風が起こり、天文家はこれを剛風という。この境界線を過ぎれば、限りなく澄んで静かな虚空じゃ。二つの気が互いに衝突し地に集まるさまは、ちょうど河水が崖から流れ落ちて渦となるようなものじゃ。上下の形勢はここで生まれることになる。ちょうど鳥が空中で旋回し雲がフワフワとするようなもので、魚と龍が水の中にあるように、もぐらが土の中で進むように、集まる気の中で泳ぐようで倒れたり転ぶ心配はない。ましてや、地球の表面で生活している人間や万物が倒れる心配などありはしない。おぬしは、あまりにも考えなさすぎじゃよ。

地球の廻転と天体の運行は勢においては同じじゃ。もし、地球が止まり空が廻転するとすれば、空間に集まった大気の周行速度が台風よりも速くなり、人間と万物が倒れる程度は当然何倍もひどいじゃろう。これは、ちょうど蟻がちょうど小石にへばりつくようなもので、小石が回っても蟻は感じないが、風を受ければ飛ばされる。おぬしは、空が動くのは不思議と思わず、地球が廻転することは疑っているが、ひどいのう、おぬしの考えのなさは！」

虚子「しかし、理致に精通した西洋の人々も天が運動し地は穏やかだとし、中国の大聖人孔子も天は不断に運動するとしましたが、では彼らの言葉は間違ったものでしょうか？」

実翁「よきかな、おぬしの問いよ！　孔子は〝民に由らしむべし、知らしむべからず〟とした。これは君子が時俗によって教育し、知恵のある者が真理に従って理論をたてるということじゃ。天が動き地は運動しないというのは、人々の一般的な見解として民の道理に害するものがなく、暦を作り配るのに問題がなければ、そのままにして民を指導するほうが、やはり、いいのではないか？

宋の国の張子厚[18]が地が運動することについて若干言及し、西洋の人も舟が進めば岸も進むように見えるという推説を述べたが、それは条理のあることじゃ。しかし、天体を観測するにはすべて天が動くように主張したのは、これは天体を観測するには便利だからじゃ。

天が運動し地球が廻転することは、その勢において同じで区分する必要はないが、ただ九万里の距離を一日に一周することを見れば速さがどれほど速いことか？　あの星たちも地にたいし距離がやっと半径[19]にすぎないようじゃが、本当は幾千万億かもしれん。

まして、星のそのまた外に星があり、太虚は果てなく、星たちも限りなく、それらの一周といえば距離の大きさは測りえず、一日の運動速度は稲妻や弾丸では比べることもできない。これは精巧な暦法でも計算できず、雄弁でも説明できず、天が運動するというのは無理があるといえるじゃろう。

また、おぬしに尋ねるが、世の人々は天地について述べる時、地球が空間世界のまん中に位置し、それが太陽・月・星たちの光に包まれているとしたじゃろうが？」

虚子「七政が地球を囲んでいるというのは、天体を観測する時にも根拠があり、地球が空間世界の真ん中に位置しているのは、間違いのないことのように思います。」

実翁「そうではない。空いっぱいの星たちも世界でないものはなく、星の世界から見れば地球もやはり一つの星じゃ。限りない世界が空間に散らばっているのに、ただ地の世界が巧妙に真ん中にあるというような理致はない。ゆえに、世界でないものはなく、廻転しないものはない。様々な世界の主観が地界の主観と同じで自分こそが中心とはいうが、一つ一つの星たちがすべて世界じゃ。


七政が地球を取り巻いているということは地球での観測ではそうで、このような観点からは地球が七政の中心といえるが、すべての星の真ん中とは井のなかに座っての所見じゃ。ゆえに、七政の形体が水車のように自転し、驢馬が石臼を回すように回っている。地界からこれを見る時、地球に近くて人の目に大きく見えるのは太陽であり、月だとし、地球から遠く離れて小さく見えるのは五星というが、現実にはすべて星の世界じゃ。だいたい、五星とは太陽を包んで中心とし、太陽と月は地球を包んで地球を中心としている。そして、金星と水星は太陽に近く、地球と月はその包囲圏外にあり、火星・木星・土星は太陽から離れているので、地球と月はその包囲圏内にある。また、金星と水星の間にある数十の小さな星たちもすべて太陽を中心とし、火星・木星・土星の横にある四つ五つの小さな星は、各々三つの星を中心にしている。


地球から見える様子がこのようなのだから、それぞれの星の世界から見えるさまも推測できる。ゆえに、地球が太陽と月の中心にはなれても五星の中心にはなりえず、太陽が五星の中心にはなれてもすべての星の中心点にはなりえない。太陽も空間世界の中心になりえぬものを、まして地球であれば！」

虚子「地球が星たちの中心にはなりえぬという事はわかりましたが、銀河はどういう世界でしょう？」

実翁「銀河は様々な星の世界が集まって一つの世界となり、空界で旋回して大きな環をなし、環の中には数千万の世界が包括され、太陽と地界もその中の一つじゃ。これが太虚の一つの世界じゃ！　しかし、地球での主観がこうであるからといって、地球から見えるほかの銀河世界のようなものが幾千万億か知れず、我々の小さな目を信じて軽率に銀河を一番大きい世界とすることはできない。

ゆえに、明るい世界もあり暗い世界もあり、温かい世界もあり冷たい世界もあるが、明るい世界に近ければ明るい光を受けて明るく、温かい世界に近ければ温かい気を受けて温かい。明るく温かいのは太陽の世界であり、暗く冷たいのは地球と月で、暗く冷たいのに明るい光と温かい気があるのは、地球と月が太陽に近くその影響を受けるからじゃよ。」

第三章

虚子「集まった星がすべて世界だとすると、この各世界の形象と実状について子細に教えて頂けますか？」

実翁は笑いながら答えた。

「邵尭夫は天地には開闢という期間があり一元として一二万九六〇〇年が開闢の一期間と主張し[20]、自分を大観と称し人々も彼を大観と思った。おぬしはどう思う？」

虚子「開闢期間については聞いたことがありますが、その理致は信じられません。」

実翁「そうじゃ。形あるものは最後には必ず壊れるもので、それが絡まり質に成り、解ければ気に帰るということじゃ。地の生成消滅については、そのようなこともありえるが、ただ天のみは豪々蕩々な気であり、どのような形もなく、それがどうして開き閉じることがあろう？　ひどいのう、（邵尭夫の）考えのなさは！

もしも、わしが世にでている間を一元としてみても幾千万億年かも知れず、すべての世界をまんべんなく回り、絡まりほぐれる現象を見るも、また幾千万億年か知れん。そして、わしが生まれる前も幾千万億年かわからず、わしが死んだ後も幾千万億年になるのかわからない。ゆえにすべての世界の形象と実状はおぬしの知りえぬことであり、また必ず知らねばならぬことでもなく、わしにも述べることもできず、また、必ず述べることでもない。よしんば述べたにしろおぬしは必ず驚き疑うことじゃろう。ゆえに、おぬしの納得する範囲で話してみよう。

太陽の大きさは地球の何倍にもなり、その本質は火で、その火は赤い。その本質が火であるから性質は暖かく、その光が赤いゆえに明るく四方に発散し、だんだん遠くなり、だんだん小さくなっても数千万里まで届くのじゃ。この太陽の世界に住む者は純然と火によって生まれ、その体は明朗で、その性は強烈で、その知は総明で、その気が飛び散り、昼と夜の区別とか冬と夏の気候もなく、永遠に火の中に住みながら暑さを知らん。

月はその大きさは地球の三〇分の一位[21]に小さく、その質は氷でその光は清い。その質が氷であるから性は冷たく、その光は清く太陽を反射して光を出し、太陽から遠ざかれば凝固して鏡のように明るく、太陽に近づけば溶けて海のように揺れ動く。この月の世界に住む者たちは純然と氷の精気を持ち生まれたから、その体が透明で、その性がきれいで、その知が明哲で、その気が軽く、昼と夜の区別とか冬と夏の気候は地界と同じで、永遠に水の中に住みながらも冷たいことを知らん。

地球は七政の沈澱物で、その質は氷と土で、その光は濁っている。質が氷と土であるから、その性は冷たく、光が濁っているから太陽に反射しても光が少なく、太陽に近づけば温気を受けて土が柔らかくなり、氷が溶ける。地界に住む者は、その体が肉太で、性が粗雑で、その知が暗く、その気は鈍い。太陽が射せば昼になり太陽が隠れて夜になり、太陽が近づけば夏になり遠ざかれば冬になるが、陽光が降り注ぎすべての生物を発生させ、体が交わり胎産し人と物が増え、英明な知恵は日に日に細り、あさはかさが日に日に増えて私利私欲が氾濫し、生と死についてもかかわり知らぬ。これが地界の実状で、おぬしの知るところじゃ。」

虚子「太陽の世界に住む者は火鼠が火の中で生きるようなもので、月の世界に住む者は魚が水の中で生きるようなもので、理致に合うような気がします。敢えてお聞きしますが、太陽世界の生物と月の世界の生物が互いに行き来できるのでしょうか？」

実翁「どうしてそう愚なのじゃ？　陸に住む生物が水に入れば窒息して死に、水のなかで生きている生物が陸に上がれば息苦しくて死に、南方の人々は寒さに耐えきれず北方の人々は暑さに耐えられない。同じ世界でも互いに通ぜぬものを、ましてや異なる世界の生物たちの体と気の違いが水と火のようで、水と火を一つの器に注ぐならば、理致に合うかな？」

虚子「私は濁った世界に住むちっぽけな存在で、先生のお言葉を聞いて、初めて太虚に様々な世界があることを知りました。今、神奇な力でもってあの空へ昇り太虚を遊覧しようと考えていましたが、太陽と月の世界も互いに行き来できないのであれば、私はやがて濁った世界から消え去るのみでしょうか？」

実翁は笑いながらいった。「もし、あの空に昇りたければ、その方法がないわけではない。だいたい、池の中の魚が龍になり、北海にいる鯤魚(22)が鵬に化け、土の中に埋まっていた虫が蟬となって飛び、野にある繭が蝶と化ける、まして怜悧で巧妙な人間の知恵でなぜ、方法がないと心配するのじゃ？　一〇年の間、胎息(23)し錬丹(24)に成功すれば、肉体の外皮を抜け出し法身(25)と化し空に舞い上がる。空に上がれば火と燃えることもなく、水に濡れることもなく、様々な世界を回りながら永遠に綺麗で愉快な生活を送れるが、おぬしはそうなりたいのかな？」

虚子「それは世で普通いわれる神仙の術法で、私もその話は聞きましたが信じられませんでした。そのような術法があれば妻子を安い靴のように捨てるでしょう。」

実翁は大きな声で次のようにいった。「わしは、おぬしを見所のある奴だと思っていたが、なぜそんなに鈍く悟りに疎く、私欲を消し去ることができんのじゃ？　胎息・錬丹に関する術法はそれなりの理致があり、また実行した人間もいた。しかし、長ければ万年で少なくても千年、最後には消滅してしまうからには、何の助けになろう？　人の一生には、願いと欲望が限りなく、華麗な住まいと豪華なごちそうと綺麗な女、崇高な地位と大きな権勢と、珍奇な宝物と奇異なるものの見物は人それぞれ望むものじゃ。

そのなかで巧みで聡い者はその危うさを心配し、誹謗を煩しく思い、それがはかないことに心痛め、また必ず得えられるものではないことを知り、自身を反省し心を修練し、欲を捨てて自分がやりたいことだけで千万年の快楽を図る。

一度、神仙になれば精神と思いがかすみ、様々な世界を駆け巡る。七情（喜怒哀楽愛悪欲）が永久に働かず耳には何も聞こえず目には何も入らず、こんな生活を俗人から見れば楽しいことは一つもない。なのに俗人たちは、このように空に昇り長生きすることをみて、俗な心で神仙が龍にまたがり風をおこし神仙たちを呼び、他の世で遊びながらすべての快楽を得ているように錯覚しているが、やはり愚かなことではないか？

だいたい神仙になる術法の要点は無為にあり、心が平穏で何事にも関知しないことにある。もし、富貴享楽する俗な感情が一度でも現れれば、真なる精気は解かれ散らばり法身が堕落する。仮に神仙になることを望む人をこんな世界に連れてくるならば、必ず寂漠をいやがり簡素淡泊なことが辛く、少しも居ようとはしないだろう。また世には悪知恵の働く者が少しいて、神仙のようなふりをして奇弁で人を欺くこともある。愚かな俗人たちが公然と神仙を慕うところの心情は、このようなところに由来する。

だいたい真の神仙は梢然と世をはなれ、親戚の恩を忘れ望郷の念を断つ。まして濁った世の汚い者たちが彼に近づけないだろうに、彼が自分の心と体を汚し、ごまかしの術で世の人を驚かし、正体を現しすすんで罪を犯そうか？　ひどいのう！　地界の人の愚かさと鈍さは！

だから神仙になる者たちはどのような考えも欲もなく、真の精を保つ。しかし、千万年後にはついに消滅し結局消えるからには長く短いという意味はなく、火打ち石からでる火とか水の泡のようなもので幼な子の死のようなものじゃ。神仙になろうとする願いの原因は、実は利己心によるもので結局どのような利益も得ることなく、これは具合よさそうじゃが本当は拙劣で、理知的なようじゃが本当は愚かなことじゃ。おぬしが道を学ぼうとしながらも、かえってそのような願いを持っているとすれば、やはりそれは間違ったことではないか？」

　虚子は釈然と悟りにっこり笑いながら自分の間違いだとした後、次のように尋ねた。「いくつかの世界はすべて廻転しながらも、他の世界を囲み回るのに、地界はただ自転するだけで他の世界を囲み回らないのはなぜでしょうか？」

実翁「いくつかの世界の構成で形体の軽重と遅速に差異があり、軽く速いのは廻転しながら他の世界を囲み回り、重く遅いのは廻転するが他を囲んで回ることはできない。軽く速ければ囲み回る圏が非常に広く、火星・木星・土星がこの種類に属し、ごく重く遅ければその回る圏が切面(26)となるが地界がこれじゃ。軽い世界の生物は虚で神霊のようで、重い世界の生物は実で停滞している。」

虚子「そうであれば、五緯は五行の精気で、恒星は万物の象徴で、これが下の地界に感応し災殃と祥瑞の兆しを見せるのはどういう理由でしょうか？」

実翁「五星の体は各々自己の徳を持っているが、五行を五星に分けて呼ぶのは術家の愚かな所見じゃ。また世界から見れば、多くの星たちが互いに連結し、ちょうど昴の集団のように仲間どうし集まっているようじゃが、事実はいくつかの星の高低と遠近の差異が数千万里ではない。あの星の世界から見れば、太陽・月・地球の三つが連珠のように輝いているが、それで太陽・月・地球を一つに合わせて三星といえるじゃろうか？

　ただ、暦象推歩において宮と度を設定し、星の名を天文学者たちが臨時に定めたもので、煩雑な方法で牽強附会し俗な事物をまぜて術家の幼弄となし、ついには荒唐無稽な分野説(27)に至った。地界は太虚において微塵に過ぎず、中国は地面世界で一〇分の一にもならん。地界の全体を分けて星次に配属するのはまだ許せるが、その一部の中国の九州(28)を数多くの星の世界に配属し、牽強附会する方法で災殃と祥瑞を予言しようとするのは、虚妄または虚言というしかない。」

虚子「分野説が伝えられて、すでに久しく、たまには明らかな徴験ありました。箕星[29]は風を好み、畢星[30]は雨を好むとか螢惑星（火星）が心星[31]を守るという言葉がありますが、一切天体の徴験については信じるに足りないのでしょうか？」

実翁「多勢の口は鉄を溶かし、集中した誹謗は骨を溶かす、という。口で鉄を溶かすことはできず、誹謗が骨を溶かすことはないが、それは人が多ければ天にも勝るということじゃろう。術法がたとえ虚妄でも人の心に感じるところがあり、信心が深ければときおり徴験が当たることもある。しかし、これは虚空の影をつかむようなもので、影に幻惑され事実をみきわめられないとすれば、その迷いはひどいものじゃ。

また、〝箕星が見えると風が吹き、畢星が見える雨が降る〟という諺は、巷の話に倣ったもので二つの星が本当に風と雨を好むものではない。螢惑星は時に周回し止まったようにも見え、進んだり後退するように見えるのは、地上で見る観点で、〝空が高くても世の身近なことも聞く〟という諺は司星のいい加減な言動じゃよ。」

虚子「月のまん中に現れる明るい部分と暗い部分を、ある人は大地の影といいますが、これについてお話しください。」

実翁「話はするがわしの言葉を信じるよりも、むしろおぬしの見る範囲で真実の見解を持つことには及ばんじゃろう。だいたい諺による〝桂の木と白うさぎ[32]〟というのは、月が東天に昇る時見える現象じゃ。もし月自体が水や土であれば、月が中天にくればその形は必ず横になり、西天に傾けばその形が逆さに見えるが、動きにつれて変わっても、横でもなく逆さでもなくその形は変わってもその三停[33]の形状は昔も今も変わりはしない。

また半月はその半分だけが見えるものじゃが、全体の形状は整い狭く縮小されるだけで、これを見れば水だ土だとする言葉は正しいようじゃが、実状は違う。だいたい月の形体が鏡のようで地界の半分の明りが影を月に投げて、東天に昇る時の影は東半球の反映であり、中天での影は地球のまん中の反映であり、西天にかたむいた時の影は西半球の反映で、これは地球の影というのが正しいのではないか？」

虚子「またお尋ねしますが、天に両極があるのは、どういうわけでしょうか？」

実翁「地界の人は地球が廻転することを知らぬため天に両極があるというが、事実は天の極ではなく地球の極じゃ。すべての物体の動きは、その虚実により生まれ、自体の外に客観世界があるのみじゃ。しかし、天というのは体がほとんど虚で、性は静で、大きさが限りなく、隙間なく、動こうにもできるものではない。ただ、すべての星の世界が各々動くので歳次という言葉ができた。その動きには遅速があり東西南北に移動するのが一定ではない。ただ地球から距離があまりに遠く視差が非常に小さく、図象が時代によって異なっても過ぎた日を尚古するすべなく、すべての星の世界が移動する現象を人々が知らないだけじゃ。」

虚子「またお尋ねしますが、流星・妖星(34)・彗星・孛星(35)などは、どのような気でそのようになるのですか？」

実翁「これは一つによるものではない。空間で凝結し造られるものもあり、すべての世界の気が互いに混ぜ合わさり造られるものもあり、融解した世界の残った気が流れだし造られるものもあり、これらの星たちはみなそのように造られるものじゃ。しかし、人地の雰囲気が順調にして造られた星は喜ばしい星で、それが順調でなく造られた星が彗星・孛星というわけじゃ。」

虚子「太白星（金星）が昼に現れるのは、その気が盛んなためで、他の星の世界の気も時々衰退したり旺盛になることもありますか？」

実翁「太白星が太陽を囲む時、その周囲の半分は太陽の外にあり半分は内にあるが、外にある時は地球から遠く内にある時は地球から近い。また、太白星は自身の光を持たず太陽の光を受けて明るくなるが、晦日と一五日は月と同じじゃ。地球に近い所では光が下界に満ちるが、その光が地球よりも強く太陽がそれを遮ることがないので、それ自体に盛衰があるのではない。」
虚子「日食は陰が陽を抗拒するもの、月食は陽が陰を抗拒するもので、治世がすべてよい時代には日食とか月食はないといいますが、本当にそのような理致があるのでしょうか？」
実翁「陰陽学にとらわれ義理学にこだわり、天の理致を見極めようとしないのは、過去、儒学者の過ちじゃ。だいたい、月が太陽を隠せば日食になり、地球が月を隠せば月食になる。経度と緯度が同じで太陽・月・地球、三つの世界が直線に置かれる時に日食と月食が必ず現れるのは、その過程の当たり前のことじゃ。太陽が地球に隠され、地球は月に隠され、月は地球に隠され、太陽は月に隠されるが、これは三つの世界のはっきりとした規則で地界の治乱には関係ない。日が沈み夜になるのはまた太陽の変というもので、昼に生活していた方法を夜に適用すれば混乱するじゃろう。日食が事変になるのもこれと同じで、このような事変を経験し反省するのは人事においての当然のことじゃ。」
虚子「風・雲・雨・雪・霜・雹・雷・霆・虹・暈[36]など、すべての天道の変化についてお聞かせ下さい。」
実翁「虚なものが天じゃ。ゆえに、井戸や水たまりの空や、壺や小瓶の空もやはり天じゃ。だいたい風、雲などはすべて空虚なものから生まれ天道というが、事実は地面の蒸気で造られ天でのみ造られるものではない。たとえば風は地角[37]で起こる。地球が回転すれば揺れないわけにはいかず、高い山岳と深い谷は激動しないわけはなく、ゆえに虚ろな気が波動となって四方に広がり風になる。激動が激しければ風が強く、激動が小さければ風も穏やかで、激動に近ければ勢が大きく、激動から遠ければ勢が小さい。一度激動した後に互いに衝突し東西南北すべての所に風が吹くだけでなく、蛟と龍が空中に昇って雷雨となって降り注ぎ互いに煽るのは、これもすべて地面から出たものじゃ。ゆえに、地上から数百里昇れば、そこには風というものはない。
雲は山川の気が凝結し形を成したものじゃが、その光は本来は淡いが陽光を浴びて様々に色づく。昼に白い雲が多いのは陽光をまっすぐ受けるからで、黒い雲は厚くかさなり陰ったもので、朝夕に紅と紫が多いのは地の気が陽光を妨げるからじゃ。

雨はコシキ[38]に露が溜るようなものじゃ。水と土の気が空中に昇り、稠密な雲に遮られれば凝結し雨になる。ゆえに気が昇っても雲が稠密でなければ雨とならず、雲が稠密であっても気がなければやはり雨とはならん。

雪は冷気の蒸で、霜は温気と冷気が混ざりあったもので、雹は温気と冷気が互いに近づき急に降り出した雨が凍ったもので、これらすべて蒸気から作られる雨の種類じゃ。

雷は止められ鬱積した蒸気が互いにぶつかり火をおこし、稲妻はその光で雷（イカズチ）はその音であり、光がぶつかる所では物が必ず倒れ燃える。まず、稲妻が光り音が後から聞こえるのは遠くで起こったもので、稲妻と雷が同時に起こるのは近いところで起こったものじゃ。地上から遠いものは虚空で散らばり、地上に近いものは物に当たりそれを震わす。雷がなく稲妻だけ光るのは百里以上も遠く、雷だけが聞こえるのは積もった雲に遮られるからじゃ。鎌で石を打ち火花が散る時、濡れた所を避け乾いた所に向かうのは、濡れた所を火が嫌い乾いた所を火が好むからじゃ。

雷というのは性質が剛烈で気が猛々しく、直線を避け必ず曲がって出ていく。雷は正直を畏れ邪心を好むからじゃ。たいがい、人の霊覚は即ち体の火の精気で、雷はまさに天地の聖火といえる。剛く荒々しいが生を好み悪者を憎み、瞬時の雷鳴はその霊覚が神のようじゃ。もし、人とか物が雷を受ければ、奇跡がおこり機功を施すのは雷神にも精があるからじゃ。火の精気と霊覚がまさに人の心と同じじゃ。

虹は水の気じゃ。朝は東で夕は西で各々陽光を受けて現れるが、陽光が横から射す時は必ず半月形をなし、昼間に虹がでないのは水の気が厚くないからじゃ。陽環と月環は虹の種類じゃが、高い空に現れるので必ず円く、虹・日暈・月暈がすべて円形で現れるのは日と月が円いからじゃ。」

虚子「人は空の半分も見ることができませんが、時たま日がすでに東天に昇ったのに西天で月食の現象を見ることがあり、日と月が地面から近い所にある時には人との距離は遠くてもその周囲は大きく見え、中天にある時は人との距離が近くてもその周囲は必ず小さく見えるのはなぜでしょうか？」
実翁「これは気と関連したものじゃ。ためしに銅銭一枚を桶に入れ、少しさがって見ればやっと一つの点として見えたものが、澄んだ水を入れれば銅銭の全形が見えるがこれは水の力で、玻璨[39]を使えば細い毛も指のように太く見えるがこれは玻璨の力じゃ。水と土から生じる蒸気が地面を包み、外の日と月、星たちの光を弱め、内からは人の視力を曇らし、水のように揺らぎ玻璨のようにかすみ、低い所が高く見え小さいものが大きく見える。西洋の人はこの現象を〈清蒙〉といったが、仰いで小さく見えるのは清蒙が薄く、横からみて大きく見えるのは清蒙が厚いからじゃ。

雷の音が雄壮でも百里以上には及ばず、弾丸が速くても千歩以上は届かず、これは遠近の形勢じゃ。しかし、遠近がそうなのも当然のわけがある。だいたい、遊気が地上に充満し、これを貫くには限度がある。音が拡がり弾丸が飛んで力が尽きれば静止するが、人の視力もこれと同じで太陽と月の真の径は測ることができない。満月の三日間に白い環ができるのは、光が暈を造ったもので月の本体ではない。半月と満月のまわりと直径も正確に判定できない。まして太陽は純然な火の塊でその暈が倍も大きく、本当の太陽の大小も推し計ることができない。

それだけでなく円いものを眺める時、近くでは小さく見え、遠くでは大きく見え、弾丸のように小さいものは形体を見分けられない。ましてや太陽と月であれば！」
虚子「地球が円形になっているのと分野説が虚妄であるということはよくわかりましたが、一日に朝と夕の気候が違い、一つの地球上で南北の気候が違うのはどういう訳でしょうか？」

実翁「冷たいものは地界の本来の気で、暖かいものは太陽の火が照らしたものじゃ。また中国でいえば北京では夏至に太陽が天頂まで一六度離れ、陽光が少し傾いても暖かい気が減じ、ここから北の北極まで行けば夏の気候が冬の気候と同じじゃ。そして冬の時には土壌が凍り、氷だけになり水はない。南海地方では夏至に太陽がちょうど天頂にあり、夏の日差しが直射し熱い火花が燃えるようで、氷は永遠にない。ここから南に赤道以南二〇余度の所に至るまでは、一年のなかの暖かい気候に少しずつ差が出る。ここを境に赤道南北は冬と夏の気候が互いに逆じゃ。

赤道南数十度から南は冬至が夏で夏至に冬となるが、熱く冷たい気候はだいたい中国と同じじゃ。ここから南の南極に行けば夏の気候が冬のようで、本当の冬には土壌が凍てつき、氷のみで水のないのがやはり北極と同じじゃ。南極から再び南へ、北極から再び北へ行けば、だんだんと暑くなりだんだんと寒くなり、極暑・極寒となるのはどこでも同じで、ただ南と北でその気候が変わるだけじゃ。

だいたい太陽が黄道を過ぎて赤道内外二三度線上で出入りし、地界が赤道に近く陽光が直射すればその気が極めて熱く、赤道から少し遠ざかり陽光が斜めに射せばその気が少し熱く、赤道からかなり遠ざかり陽光が横から射せばその気が極めて冷たい。ゆえに、地が熱いのは日を受けるからで、少し熱いのと極めて熱い両方があるのは、日差しの傾斜と直射があるからじゃ。これを見れば朝と昼の気候の違いがわかるし、朝と昼の気候の違いがわかれば冬と夏の気候の違いがわかる。冬と夏の気候の違いがわかれば南北気候の違いも明確になる。」

虚子「太陽が冬至点を通過する日一陽が生じ、太陽が夏至点を通過する日一陰が生じます。陰陽が互いに交わり春と夏になり、天地が閉じて秋と冬になります。南が陽で北が陰になるのは地の定局した形勢で、夏暑く冬寒いのは陰陽が交閉によるものです。今、先生が陰陽の固定した形勢と交閉の機を否定し、太陽による火の遠近と傾斜・直射ですべて説明しましたが、それは間違ってはいないでしょうか？」

実翁「そのようにもいえる。しかし、陽の類があるというがその根本はすべて火で、陰の類にあるというがその根本はすべて地じゃ。ゆえに古人がこれを見て、陰陽説を唱えた。万物が春と夏に変化成長するのを交といい、秋と冬に刈り入れるのを閉という。古人の主張もそれぞれで訳があるが、その根本を追究してみれば、実は太陽の火の遠近を意味し、天地の間に陰陽二つの気が別にあり後人たちがいうように時に発生・潜伏しながら造化を自在にするのではない。」

虚子「地界のすべての生物がみな太陽の火の気に従属しているとすると、太陽が一日のうちに消滅すれば、この地面世界にはついには一つの生物もなくなります。」

実翁「この地界のどこであろうが氷と土が互いに凝結すれば生物が生成できず、寒冷と混沌が一つの死の世界になる。ましてや虚空の中で太陽の火から遠く、死の世界に変じたものが千や万ではない！」

虚子「天とは五行の気で地は五行の質で、天と地にその気があって、万物の生成が自ずと具わるものですが、すべて太陽にだけによるのでしょうか？」

実翁「虞夏時代には六府といって水火金木土と穀物とし、周易では八象といって天地水火雷風山沢とし、洪範では五行といって水火金木土とし、仏家においては四大といって地水火風とした。古人は随時言葉によって万物の総称を作った。

しかし、それは一つ加えたり一つ減らすことができないということではなく、万物がこのような数に合わせているということじゃ。ゆえに五行の数は元来固定した理論ではなく、術家がそれを基本として河図[40]・洛書[41]と周易の卦・象で自分の意見を強引にあてはめたものじゃ。そうして相生相克[42]とか飛伏[43]とかいうでたらめな解説といろんな技巧を長ったらしく述べているが、結局は何の真理もない。だいたい火は太陽で土・水は地であり、木・金は太陽と地によって生成されるもので、これが火・水・土と同等な位置を占め五行になることはできない。

また天は澄んで空虚な気で限りなく占められているのに、どうして小さな地界の動きによって、あの至極に澄んだ空虚と比べてああだ、こうだといえるのか？　つまり天とは気のことで、太陽は火のことで、地とは水と土のことで、万物は気の沈澱物、火の鋳物、土の余録じゃ。この三つの要素で一つでもなければ、造化されぬことをことさらに疑えるじゃろうか？」
虚子「人間と万物の発生は胞胎、卵、根、種子などに、それぞれその根本があるのですが、なぜ太陽の火の気が必要なのでしょうか？」
実翁「人間と万物の生は太陽の火の気によって根本が動く。もし一日のうちに太陽がなくなれば地界は寒く震え、すべての物が消滅し、胞胎、卵、根、種子などがどこに居られようか？　だから地は万物の母、太陽は万物の父、天は万物の祖というのじゃよ。」
虚子「昔からの言葉に天は西北が空き、地は東南が空いているといいますが、天地に本当に空いた所があるのでしょうか？」
実翁「これは中国でできた諺で、北極星が低く回るのを見て天に空いた所があるように思い、河川が東に流れるのを見て地に空いた所があるように思った。このように中国の地勢がちょうどそのようになっていることだけを見て、地球全体の実状は異なることを知らぬならば、やはり愚かなことではないか！」
虚子「地面の昼夜長短は互いに同じで差はないのでしょうか？」
実翁「どうしてそうなのじゃ？　例えばここが昼であれば、ここから東に九〇度に該当するある所では夕方じゃろう。そこを過ぎれば暗くなるだろうし、ここから西へ九〇度の所では朝の星が輝き、そこを過ぎれば夜明けであり、東西各一八〇度に該当する所、即ちここと正反対の面では夜中であり、赤道南北二〇余度では一年中昼夜が平均し分刻の差があるだけで、そこを過ぎれば昼夜の差がだんだん大きくなる。そして極めて長いのは約一一時間（今の時間で二二時間）以上で、極めて短いのは約一時間にもならず、南北両極に至り赤道が地平線となれば、太陽が赤道上にあれば昼が半年を占め、太陽が赤道より下にあれば夜が半年を占める。」

虚子「海は日が照っても干上がらず、雨が降っても溢れず、寒くても凍らず、すべての河川が流れてもその辛さは変わらず、潮汐が一定の時間から外れない理致をお聞きしたいと思います。」

実翁「月は水の精で、水が月に出会えば感応し上に昇り浪となる。月には一定の軌道があり、潮水には一定の周期があり、その時々で浪が激動する形勢が自然に満干を造り、本浪[44]に近い時は潮水の満干の形勢が巨勢で、本浪から遠ければ潮水の満干の形勢がすべて弱く、本浪から遠くその影響が及ばなければ潮水は起こらない。海水はたとえ多く満たされても溢れず、赤道近くでは太陽の火の気が降り注ぎ、だんだん辛いものとなる。その辛さは塩味噌のようで、ほとばしる波は早瀬のようで、また地が太陽に近く冬でも水は凍らない。しかし北極とか南極では地球の気候が極めて寒く、太陽の火の気が弱く射し、潮水の影響は及ばずそこでは氷海となっている。

また集まった水が大量で洋々さが際限なく、すべての河川と長雨も一杯の水に過ぎず大きな海の足しにならん。かつ、河川の源は地下の泉であるが、地下の泉の源は海水じゃ。水が地脈を通じぶつかり吸い上がりながら横に流れ逆に進み、どのように遠い所にも行き渡り、土の気が沁み込み、塩気が淡くなり、溢れて泉となり集まって河川となる。このように陸地で流れる水はすべて海水じゃ。かつ風と陽光の蒸発と人間と万物が消費するのは雨と雪でこれを充分にまかなえ、海が渇きもせず溢れもしないのは当然のことじゃ。」

虚子「諺に桑畑が海に変わるといいますが、そのようなことがあるのでしょうか？」

実翁「わしが見たところでは地界の人の寿命は百年に過ぎず、各国の史記に事実が正しく伝わらず、地と水の変遷が漸次的に進行してきたことを人は知ることができなかった。しかし、貝殻と水によって磨かれた石などがたまに高い山にあり、海岸に近い山などはよく白い砂からなっているが、これは海と陸地が互いに入れ変わった顕著な痕跡じゃ。

中国を見ても、遼東の千里平野は本来九河[45]の跡で、大漠の外にある砂の山はまさに黄河の跡じゃ。孟子がこれについて〝洪水がぞんざいに起こり全国に氾濫した〟といわんかったかな？　だいたい砂がたまり塞がれれば、水流がだんだん高くなり横に流れるしかない。黄河が横に溢れたのは尭王の時じゃが、崇伯[46]が時運を察することができず、中国の遠い将来を考え黄河の昔の水路を回復して九年間それを止めたが成功せず、堤防がついに壊れて九州が海になった。夏禹氏が代わって龍門山[47]を掘り地勢に沿って水を他に流し一時はしのいだが、後には歴代の悩みごとになった。これを見れば桑畑と海が互いに変遷したことがわかる。」

虚子「地震が起こり山が動くことがあるのはなぜでしょうか？」

実翁「地球は運動する物体で、その脈絡と養分がまさに人間の身体と同じで、ただその体が大きく重く、人間の体のように飛び跳ねることはできない。だから地に若干の変動があれば、人間は必ず奇異に思い、勝手に吉凶を推測している。しかし、本当は水、火、風、気がまんべんなく駆巡り、いったん詰まれば地震が起こり、ぶつかれば山が押し出されるのは、その形勢によるものじゃ。」

虚子「地上に温泉と塩井[48]があるのは、なぜでしょうか？」

実翁「太虚は水の精で太陽は火の精で、地球は水と火の沈澱物じゃ。水と火がなければ地は生きることができん。そして、地が廻り位置を定めて、万物を育むのは水と火の力で、温泉と塩井も水と火が互いに動かされてできるものじゃ。」

虚子「であれば、人が死に、よい場所に埋められなければ、風火の災いを受けるというのも、それなりの理致があるのでしょうか？」

実翁「水、火、風、気の運行には脈があり、実に会えば散らばり虚があれば集まる。人が死んでよく埋葬されなければ災いがあるというが、それは棺の中の死体がひっくり返ったり燃えたり虫がわいたり骨が散らばり安置されないということじゃ。」

虚子「人の死体を埋葬する時には、土質がきれいで潤っており、水、火、風、虫などの作用がないのに、掘ってみれば死体の状態が悪いのはどうしてでしょうか？」

実翁「よい質問じゃ。人々が自分の父母に生前には手厚く奉養し、死後には深く恭敬しなければならん。父母が使っていた書籍と衣服を大事にしまうのは、父母にたいする手厚い恭敬で、ましてや父母の遺骨であれば！　墓は父母の遺骨を安置するところで、どうして恭敬し大切にしないでいられようか？

しかし、錦繡布木と衣装衾枕は生時に奉養するもので、棺郭と旌・翣[49]は美観のための形式じゃ。これは地の中に入れれば腐り父母の遺骸を汚すだけで、人々はただ目の前の美観のみにとらわれ、結局、腐食物になることを考えず、これを孝心厚く賢いことといえるじゃろうか？　ましてや虚ろなものが外物を引っ張りこむのは地の理じゃ。旌・翣を具備しようが槨は虚ろで、衣装と衾枕が腐って棺は虚ろで、瀝青[50]と石灰が堅固でも壙（つかあな）のなかは虚ろで、水、火、虫、風がすべて虚ろな所から生ずる。悲しいのう！　父母の遺骨を安葬しながら、内では腐り汚れ、外からは風と火を引き込み骨が燃え散らばり、死体を保全できないとすれば、人情として悲しくなろう？

だいたい土とは万物の母で生命の根本じゃ。りっぱな絹でもその美しさをたとえることはできず、珠玉宝石でもその清潔さをたとえることはできない。ただ人間の血肉は湿気の多い所では病になり、綺麗な服を着ても地に近ければ汚れやすい。ゆえに高いところの房室に厚い布団で土を遠ざけることを貴く思い、穴蔵の中の藁を敷くことは土に近くて賤しく思う。

人の慣習が古くその根本を忘れ、死んだ後、棺に安置し死体に着せる着物や顔を包む布などが薄くはないだろうかと心配し、内棺・外槨と土灰・石壙が脆いのではないかと恐れ、死体が土にまみれないかとあれこれ考える。それは生死の道は異なり、貴賤の物が別々にあることを知らぬということじゃ。黄泉の暖かさと潤いが土よりもよいものはなく、本当は美しく清潔で、実に遺骸を安葬するにはよいところということを知らん。だから封壙をせず木も植えないのは太古のあまりに素朴な風俗で、布で包むだけの裸葬は達士(51)らの偽りの弔いで、荼毘に附して舎利を保存するのは仏家の浄法で、煉瓦で囲み土棺を使うのは聖人に合う制度といえる。」

虚子「先生のお言葉通りならば、一番いいのは火葬であり、その次は裸体葬で、なぜ封壙を造り木を植え土棺を造ろうとするのでしょうか？」

実翁「師の葬儀の時には義を重んじ、親の葬儀の時には恩を重んじるものじゃ。インドの仏教は恩を絶ち義を立てよとし、中国の教えは義を曲げ恩を貫けとするが、王孫を裸体葬としたのは世俗を正そうとした過激な処置じゃった。中国に生れ育った以上その国に合った義があり、倹朴を崇尚し礼文を省き、根本を忘れず、時代を参酌しながら俗習に追従せず、遺骸を永遠に安葬しなければならない。平坦な丘と山はすべてよい場所で、風火の災があろうか！　これは人の子として知っておくべきことじゃ。


だいたい周の時代は文を崇尚し礼物を度が過ぎるほど具備し、孟子は墨家を排斥するために薄葬を非難したが、重棺と各色祭器を具え、土が皮膚に触れることのないようにという主張は後の弊害となった。」

虚子「墳墓に吉凶があり、子孫の禍福に影響するといいますが、同じ気に感応する理致がありますか？」

実翁「重罪を犯した者が獄中でひどい杖毒(52)を受けるのはとても我慢できない苦痛じゃが、その罪人の子供も悪病になるということは聞いたこともなく、ましてや死んだ者の白骨であれば！　術家の虚妄な風火説は事実そのような理致はないが、それが伝えられ信じることすでに久しく、群衆の心理が無を有と考えたあげく、時々当たることがあり人々の機功に天も従い、〞多勢の口舌が鉄を溶かし、集中した誹謗が骨を溶かす〟という諺にも理致がある。天文家がいう祥瑞と妖気、占いの吉凶、祈禱や祭祀の目的する歆饗[53]、地術（風水説）にある禍と福がすべて同じ理致じゃよ。

蔡季通[54]が罪を犯した時、自分が人の墓を動かしたことを後悔したが、理由なく改葬するのも当然後悔すべきことじゃが、それよりも妖妄な地術を信じたことが、本当は罪であり最も後悔すべきことじゃ。ことに紫陽（朱子）の山陵議状[55]は専らその説を述べているが、ひどいのう、当時の台史[56]の愚かさは！　朱子は儒宗であり、人々は敢えて異を唱えることはできなかった。術家の異説が横行し、世の人々がそれを狂ったように信奉し、それで訴事と獄事が煩雑に起こり、人心が日に日に腐敗し、朽廃の酷毒が仏家の頓悟説[57]とか世の功利主義とは比較にならん！」

第四章

虚子「天地の形体と実状については、すでにお聴きしましたが、人と万物の根本と古今の変遷、華夷の区分について、お伺いしたいと思います。」

実翁「だいたい地球は太虚のなかの活物で、土はその皮膚と肉で、水はその精気と血で、雨と露はその汗と涙で、風火とはその魂魄と血気じゃ。これは内からは水と土で醸しだされ、外からは太陽の火で燻されて、元気が集中し万物が育まれる。草木は地球の毛髪で、人間と動物は地球の蚤と虱のようなものじゃ。

岩窟は気が集まり質をなしたもので〈気化〉といい、男女が交わり包胎するのを〈形化〉という。遠い太古の時代にはもっぱら気化のみで万物を育成し、人と万物はそう多くはない。生まれながらの気質は深く厚い。精神と知恵は聡明で、その動作は純で、生活は外部に頼らず、喜びと怒りが心中になく、呼吸するのみで飢渇を知らず、何の営みも欲もなく、遊戯のさまが自然らしい。そして鳥獣・魚類がすべて生を享有し、草木・金石が各自の形体を保ち、天は淫蕩妖妄な災殃をもたらさず、地には崩れ渇く害がなく、これは人と万物の本来の姿で最も平和な時代じゃった。

しかし中古になって地気が衰退しはじめ、人と万物の生成がだんだん複雑になった。男女に情欲が働き感情によって包胎した時から形化が始まり、形化があった時から人と万物が増え、地気がより細って気化が途切れ、気化が途切れた時から人と万物の生成は精子と血液のみを受けるようになった。そして、残骸と汚物がだんだん増え、清明さが漸次減退した。これは天地の不運であり、禍乱の始まりじゃ。

男女が交わり精と血が枯渇し、機功が心を複雑にして神火(58)が燃え上がり、内では飢餓の心配があり外では寒暑の苦があり、草を嚙み水を飲めば飢餓を免れ、岩穴と草幕で寒暑を防いだ。そして万物が自身の為にと争いを始めた。草を嚙み水を飲むことだけでは満足できず狩りと漁をし、鳥獣・魚類が自分の生を享有できず、草幕と岩穴に住むことをみすぼらしく思い、柱と梁で贅沢な家を建て草木と金石が自分の形体を保全できず、膏梁珍味(59)が口に慣れ臓腑が弱くなり、布帛で体を暖め四股が脆くなり、庭園、楼閣、池を造るようになって地力が減損し、憤怒、恨み、淫乱など不潔な気が昇って天に災殃が現れた。

ここで勇猛で知恵があり欲の深い者が生まれ、心を同じくする者たちを集めて頭目となった。弱い者は労役を納め強い者は利権を有し、領土を分割し侵略のために軍事を整備し、戦争を起こし拳を振り上げ肉迫戦を展開した時から、民が初めて生命を損傷するようになった。奸悪な者たちが悪知恵を用い殺りくを挑発し、鉄を鍛えて木を削り武器が作られた。鋭い刀・戈と毒の弓矢で城と領土を争い、野には死体が捨てられ、民の惨劇がここに至り極度に達した。

冀州千里は中国の中心といわれるが、ここは山を背にし海を前にし、風勢と水勢がすべて美しく、日と月が清く照らし、寒暑の気候が過ぎず、山川の霊気が集まり、善良な人々を輩出した。だいたい伏羲、神農、黄帝、唐尭、虞舜のような人が素朴な宮室で自身が率先倹素な徳を見せ、民に生活を与え、文を敬い恭譲で、みずから賢明な政治を実行して、民に豊かな道理を教え、文教が浸透し天下が睦まじく平和で、これは中国でいう聖人の徳で良く治めた時代じゃった。

時代と風俗に順応するのは聖人の権道で政治を行う方法じゃ。平和で純厚な風俗を聖人たちは願わんでもなかったが、時代が移り風俗が変わり、法令が施行されない以上、それを防ごうとすれば混乱がよりひどくなるだろう。そうなれば聖人たちの力でもどうすることもできなくなる。だから今の世に生きながら、昔のようにしようとするならば、災禍が身にふりかかるとした。

ゆえに情欲を抑えきれないならば婚姻制度として夫婦を定めて淫乱な風紀を禁じるだけで、宮室に住むことが不可避であれば倹素な構造で豪華な住宅を禁じるだけで、魚肉を食べる以上網のかわりに釣りをし、山林川沢にたいする禁法を制し狩りと漁をむやみにさせず、布帛で衣服を作る以上老若と上下の衣服制度を違えて贅沢を禁じるだけじゃ。

だから聖人は礼楽制度によって漏れる隙間を塞ぎ、空いた穴を埋め一時代を制御したが、情欲を根こそぎにできず、利己心の根源を抑止できず、これはちょうど河川を止めるようなもので、ついには裂けるということは聖人には始めからわかっていた。

夏禹が息子に王の座を明け渡した時から、民は自分個人の利益に重きを置き始め、殷湯が桀を追い払い、周武王が紂王を殺した時から、民が目上の者に反抗しはじめた。これはこれらの王たちの過ちではなく長い統治の後には衰退と混乱がついてまわるのは避けられないことじゃ。

夏の国の忠誠と商の国の素朴な風俗も、唐虞時代に比べればとっくに形だけだった。けれども周の国の制度はひたすら華麗なものだけを崇尚し、昭王(60)、穆(ぼく)王(61)時代には、国家紀律がすべて解弛し政権が諸侯に掌握された。こうして君主である周はその名に寄生しているようなもので、後に幽王[62]、厲王[63]のような暴君が王室の威信を傷つける前に、世にはすでに周の存在はなかった。

周の霊台（天文台）、辟雍（大学）は遊びのために美しく造られ、九鼎[64]、天球[65]は貴重な宝物として保管され、王輅[66]と朱冕[67]で宮中の衣服は奢侈で、九嬪と御妾は女色を漁るもの、洛陽と鎬京では土木工事が頻繁で、だいたい秦の始皇帝と漢の武帝もこれをならったようじゃ。

また微子[68]と箕子[69]を追放し、武庚（紂の息子）のような不尚な者をたて殷の道を復興せんかったことから、周の内心をどうして隠しきれようか？　幼い成王[70]が初めて王位に就いて、管叔・祭叔[71]の兄弟が争い、周公が三年の間東に出向き彼らを征伐しようとしたが果たせず斧を折り、八回も妹（紂の故郷）地域に布告文を下したが頑な民を従わせることができず、周が殷に代わり天下をと考えんかったとはいえんじゃろう？

孔子は舜王の徳を賛揚し聖人としたが武王には天下に名を失うことはないとし、泰伯を誉め称え至極な徳があるとしたが武王についてはすべてにおいて善ではないとしたことから、孔子の本意ははっきりとわかる。

周以後、王道が日に日に廃れ、権謀術策が横行し、仁を仮装した者が帝となり、強い軍隊を持った者が王となり、智略を用いるものが貴くて、へつらう者が栄華を手にした。こうして王が臣下を遇するには寵愛と禄棒で誘引し、臣下が王に仕えるのに謀略で地位を得て、半面では機嫌をうかがい半面では災いを免れるために王と臣下が互いに牽制し、各自私利私欲を肥した。悲しいのう！　世の人々がすべて利己心を持って人と対するのは！

用途を節約し租税を減免するのは民のためではなく、偉い人をたて才がある者に仕事をさせるのは国のためではなく、反逆者を討ち罪人を懲罰するのは暴悪な行動を禁じることではなく、多く与え少なく受けると共に遠い地方の宝を欲せずは遠くの人々を安堵させるのではない。ただすでに得た成果を維持し自分の地位を保全し、ひたすら栄華を願い二代三代から万代にまで引き継ぐのは、いわゆる賢明な王のりっぱな業績で忠誠にあふれる臣下の良い計策というわけじゃ。

ある人がいうには木石に及ぼす災殃は有巣氏（ゆうそう）[72]から始まり、鳥獣に及ぼす災映は伏氏から始まり、飢饉に対する心配は燧人氏（すいじん）[73]から始まり、奸功な知恵と贅沢な風習は蒼頡（そうけつ）[74]に始まった。しかし縫掖[75]の仰々しさが左袵[76]の簡便さには及ばず、揖譲な虚礼が膝をついての挨拶の誠には及ばず、文筆による空談が馬に乗り矢を射る実用には及ばず、厚着してよく食べても体は脆く毛幕と動物の乳で筋肉が健壮なことには及ばない。これはひょっとして言い過ぎかもしれんが、いま中国が隆盛しないのは、ここにその因があるといえる。

混沌が席巻し太古の質朴がなくなり、文治が優って武力が弱まり、処士たちがやたらに政治に口を出し、周の王道が日に衰弱し、秦の始皇帝が書籍を焼き捨て漢の王業がしばらく安定したが、石渠[77]では紛争が起こり、王莽（おうもう）[78]が王位を奪取し、鄭玄（ていげん）[79]、馬融（ばゆう）[80]などが経を広めて国が三国に分裂し、晋の文人たちが清談[81]に明け暮れ神州が滅びた。六朝[82]は江左に弱小国で存在し、五胡[83]が宛洛に跋扈し、拓跋[84]は北朝時代に帝王の地位をつかみ、西涼は唐に統合された。遼と金がかわるがわる中国を統治し、後に松漠（蒙古）に合併され、朱氏が統治権をなくし天下は胡のものとなった。だいたい南風がなびかず、胡の勢力が日に成長するのは、人事の感応によるもの、時代変遷の必然的なことじゃ。」

虚子「孔子が春秋を書きながら、中国を内とし、四夷[85]を外としましたが、だいたい華夷の区分がこれだけ厳格だったのに、今先生が人事の感応、時代変遷の必然的なこととされるのは適当ではないのではないでしょうか？」

実翁「天が生み地が育んで血と気を持つのはみな同じ人間で、そのなかで優れ一つの地域を統治する者はみな王であり、城柵を堅くし自己の領土を守るのはみな同じ一つの国で、章甫（しょうほ）[86]や委貌（いぼう）[87]をかぶるとか文身（ぶんしん）[88]や雕題（ちょうだい）[89]を行うのはすべて同じ習俗であり、天の立場から見れば、なぜに内外の区分があろう？　ゆえに各々自分たちだけ親しく、自分の王を敬い自分の国を守り、自分の風俗に安住するのは華夷で同じじゃ。

だいたい天地が変遷するにつれて人と万物が増え、人と万物が増えるにしたがい他と自身の区別が生じ、他と自身の区別が生じたから内外に分かれた。五蔵六腑と四股関節は一身の内と外で、自分と妻子は家庭での内と外で、兄弟と親戚は家門での内と外で、村とまわりの郡は一国の内と外で、自国と他国は世界の内と外じゃ。たいがい自分の所有でない物の取ることを盗みといい、罪のない者を殺すことを賊といい、四夷が中国を侵略することを寇といい、中国が四夷に武力を濫用するのを賊というが、寇とか賊とかいうのは同じ意味じゃ。

孔子は周の人じゃ。当時、王室の威信は日がたつにつれ落ち、諸侯の勢力が弱くなり、呉楚が夏（中国）を侵略し寇賊行為を継続していた。このような時期にかいた〈春秋〉が周の事記であるからには、内外の区分を厳格にするのが、やはり当然なことではないか？　しかし、もし孔子が海を渡り九夷[90]に住んだならば、中国の文化のように九夷の風俗を改変し、周の道を域外でも興したことじゃろう。ならば、内外の区分と尊譲の大義によって、当然域外春秋を記したはずで、これゆえに孔子を聖人とするのじゃよ。」

（1）儒教、道教、仏教。
（2）周の政治家で文王の子。兄の武王を助けて紂を滅ぼした。周代の礼楽制度を定めたといわれる。
（3）中国遼寧省、北鎮県にある山。
（4）一般的には青い海のことであるが、地理的に渤海を意味すると思われる。
（5）ゴビ砂漠。
（6）笙とは管楽器の一種、鏞とは大きな鐘。
（7）道徳と学問、または無為自我の道を体得していること。
（8）天地の理法に基づく人類の行うべき道、宇宙の本体、正しい道。

(9) 殷湯を助け殷の国の王業を創始したという中国の古代人。
(10) 東海の人で周の時代に文王を助け大きな功をあげた人物。一般的には太公望という呼び名で知られる。
(11) 法の条目、事務の細則。
(12) 生物の体内でつくられる液体。
(13) 植物の一種。昔これを占いに用い、千年たてば三〇〇の枝にわかれ吉凶を知るという。
(14) 酒の一種。鬱金香草を煮て黒黍で醸した酒に和して造った酒。宗廟に祭り神を招降するに用いる。
(15) 宋の哲学者。名は雍で尭夫はその字、号は康節。彼の宇宙論については第五章で詳しく述べている。
(16) 原文の用語をそのまま用いたが、その意味は、力、ありさま、かたむき、成行き、模様である。
(17) 地球が円いというのは、かなり昔から言われていたが、それが疑う余地のないものとなるのは、やはり地球の円周の測定ではないだろうか? ギリシャの古代の数学者エラトステネスは夏至の日に南エジプトのシェネ(現在のアスワン)で真上にある太陽が、アレキサンドリアでは天頂から七度傾いている事実を記録し、これは地球の表面が円いためとし、地球の周囲の大きさを約四五〇〇〇キロメートルという値を算出した。
(18) 宋の哲学者で名は載で子厚はその字、号は横渠。彼の宇宙論については第五章で簡単に述べている。
(19) 原文の語句をそのまま用いたが、感覚的には指先半分程度といった意味と思われる。
(20) 邵尭夫の『皇極経世書』では、三〇年を一世、一二世を一運、三〇運を一会、一二会を一元としている。
(21) 月の半径は地球の半径の四分の一。
(22) 想像上の大魚。
(23) 道教で修練する方法の一種。母胎で息をするように鼻で空気を吸う。
(24) 修道者が朱沙のような薬を煎じることで、この薬を飲めば長生不死するという。
(25) 仏教で仏の本当の体。
(26) 地球が重いため、その公転面と地転面が一致した意味と思われる。
(27) 中国を二八宿に分けたもの。
(28) 冀、克、青、徐、荊、揚、豫、梁、雍の九つの州。

(29) 二八宿の七番目の星。
(30) 二八宿の一九番目の星。
(31) 二八宿の五番目の星。
(32) 月の表面に見える陰影を動物や植物に例えた。
(33) 元は相術家が分けた人体および面部の三ヶ所のことであるが、ここでは月の面相を表している。
(34) 迷信で災害の兆しを見せるという星。
(35) ほうきぼし。この星が現れると乱の兆しという。
(36) 太陽の周りに見える光の環のようなもの。
(37) 遠く隔てた地の果て。
(38) 米などを蒸すときに用いる品。
(39) ガラスや水晶でできたレンズのようなもの。
(40) 中国伏羲氏の時代、黄河から龍馬が飛び出したという日月星辰の模様を描いたもの。
(41) 中国夏禹氏の時代、洛水から出た亀の甲の字、これで八掛けをたてた。
(42) 五行の運行で互いに生じる関係と互いにかち合うこと。
(43) 卦の見否をいうもの。
(44) 原文にある用語であるが、潮水が月の引力で起こる現象であるので、その引力が一番強い時または場所を意味していると思われる。
(45) 禹代の黄河の九つの支流。
(46) 夏禹氏の父・鯀を崇の地に奉ったことから崇伯と呼ばれた。
(47) 山西省と西省の間にある山。
(48) 塩水を出す井戸。
(49) 旌は死者の官職・姓名などを記録した旗のことで、翣はひつぎかざりのこと。
(50) 松脂に油を加えてねったもの。ねばって黒く腐朽を防ぐために塗る。

(51) 事物の理致に明るい識者。
(52) 杖刑（棒で打たれる刑）を受けた傷の毒。
(53) 神明が供えものを受けること。
(54) 宋の学者で名は元定、号は西山。
(55) 朱子が紫陽山に学堂を建てて講義を行った時の講義録。
(56) 台とは中央政府を意味し、史はその記録。
(57) 仏家の用語。客観世界を研究し悟りを開くこと。
(58) 原文の語句をそのまま用いたが鬱火（心に積った憤り）を意味する。
(59) 肥えた肉と美穀。
(60) 周の四代目の王。
(61) 周の五代目の王。
(62) 周の一二代目の王。
(63) 周の一〇代目の王。
(64) 夏禹氏が九州の金を集めて作ったという釜。
(65) 天体を測量する器具。
(66) 玉で装飾した車。
(67) 昔、帝王と敬待夫がかぶった礼冠。
(68) 殷の末王である紂王の庶兄啓、賢者として知られる。
(69) 殷王紂の叔父、紂の無道を諫めた。
(70) 周武王の息子。王位に就いた時、幼いため彼の叔父周公が七年間摂政を務めた。
(71) 周武王の二人の弟・鮮と度を、管と祭に奉ったことからこう呼ぶ。
(72) 太古の時代に人民に初めて家を立てる方法を教えたという中国の古代王。
(73) 古代の王で初めて火を発見し人民に火食を教えたとされる。

(74) 中国古代黄帝の史官で、鳥の足跡を見て文字を発明した。
(75) 袖の下から両腕を縫い合わせた服。
(76) 野蛮人の衣服の着方。
(77) 漢の時代蕭何が建てた政閣。
(78) 漢の平帝を殺し自称王となり、国号を新としたことから新莽とも呼ばれる。
(79) 東漢時代の経学に明るかった学者。
(80) 東漢時代に学識豊富で有名な人。
(81) 魏・晋の時代に盛行した哲学的談論。
(82) 中国戦国時代の斉・楚・燕・趙・韓・魏。
(83) 漢・晋の頃、西北方から中国本土に侵入移住した五種の異民族。
(84) 中国の南北朝時代の北魏の太祖。
(85) 中国四方の異民族で東夷・西戎・南蛮・北狄。
(86) 殷代の礼冠。
(87) 周の冠。
(88) 体に文彩をほどこすこと。
(89) 額に刺青すること。
(90) 漢民族が称した東方の九つの野蛮国。

あとがき

著者は物理学を専攻しているが、ある時、朝鮮には物理学者はいなかったのか？という問いが頭をよぎった。もちろん、ここでいう物理学とは厳密な意味ではなく、物理的理論あるいは技術のことである。そして、出会ったのが実学者として知られる洪大容であり、彼の地転説であった。コペルニクスの地動説は近代科学の幕開けを告げるものとしてあまりにも有名であるが、同様の説を唱えた人が朝鮮にもいたのである。

その事実に驚き、すぐに洪大容に関する書籍や研究論文を読み始めた。そして、日本における研究の状況と、原典『毉山問答』の検討に基づき、洪大容の地転説はその宇宙論の一部であることを明らかにした論考を書いた。今から二〇年ほど前のことである。それが、本書第三章のもとになっている「朝鮮の実学者・洪大容の地転説について」で、朝鮮科学史に関する著者の初めての論文である。その後、本書に収録した洪大容の宇宙論と関連する計八編の論考を執筆したが、その過程について記しておきたい。

実はその論文を書くための準備として、日本における朝鮮科学史研究を概観したものを『科学史研究』一七四号（一九九〇）に発表したのだが、それを見られた韓国科学史学界の重鎮である宋相庸先生から連絡をいただいた。そして、先生が来日するたびにお会いするようになり、朝鮮科学史に関する書籍や論文をいただくようになった。それだけでなく、先生は中島秀人氏や塚原東吾氏をはじめとする同年代の日本の科学史研究者を紹介してくださったが、これらは著者が科学史研究を本格的に行う重要な契機となった。とくに、近年は日本の支配下における朝鮮の科学技術に大きな関心を持ち、「植民地期朝鮮における日本の研究機関による放射性鉱物の探査──原爆開発計画〈ニ号研究〉との関係を中心として」という論文を『韓国科学史学会誌』第三〇巻第一号(二〇〇八)に発表し、「韓国科学史学会論文賞」を受賞したが、それも彼らが主宰する研究会やシンポジウムに参加したことがきっかけとなっている。

もう一人、著者の研究の幅を広げるうえで重要な機会を与えてくださったのが、山片蟠桃の研究で知られる末中哲夫先生である。一九八八年一二月五日付『朝鮮時報』に掲載された『毉山問答』の解説記事を見られた先生は、自身が代表を務められていた実学資料研究会が刊行する『実学史研究』に朝鮮実学に関する論考を書くように勧めてくださったのである。それが本書第二章の「学としての朝鮮実学の形成について」である。洪大容の宇宙論と実学の関係を探り、その背景としての近世朝鮮科学史への問題意識を強くもったが、それが第一章「科学史における近世」へと繋がっていったというわけである。その論文は『韓国科学史学会誌』に掲載されたが、それは前年に釜山で開催された学会で行った招待講演をまとめたものだからである。著者が学会に参加できたのは宋相庸先生と当時の会長であった李成奎先生のご尽力によるものであるが、その時に全相運、朴星来、金永植先生方ともお会いすることができただけでなく、ソウル大学で科学史を学ぶ若い研究者たちともお酒を酌み交わし、本当に楽しい時間を過ごすことができた。

さらに、著者にとって忘れられない出来事は、二〇〇六年京都で開催された第六回日韓科学史セミナーに参加できたことである。中国科学史研究の第一人者として知られた藪内清生誕一〇〇周年を記念したこのセミナーには、山田慶児、吉田忠先生をはじめ藪内清の共同研究者と弟子に当たる矢野道夫、宮島一彦、川原秀城氏をはじめとする諸先生方、全相運先生をはじめとする韓国科学史学界の重鎮と文重亮、全勇勲氏ら中堅の研究者たちが一堂に会した実に意義深いセミナーであった。このセミナーに参加できるように便宜を図ってくださったのが幹事を務められた武田時昌先生であるが、先生にはその後も著者の研究全般に関して貴重なご意見を頂いている。このように振り返って見れば、一つの主題の本をまとめるのに二〇年という時間はけっして短くはないが、著者にとっては必要な時間だったのだろう。

とくに単行本として出版できるようにご配慮いただいた末中先生には感謝の言葉もない。先生は常に著者の研究に関心を持ってくださり、「今日、朝鮮時代の実学者・天文学者として学界に熟知されつつある洪大容の持論とその著『毉山問答』を軸として、日・朝・欧における当時の交流なりを解明することに努めた作品であり、各種の朝鮮科学史関係の諸著に欠けている分野を充足し前進させるもの」との思文閣出版への推薦書を書いてくださったのである。先生のご期待にそえるよう今後も研究に勤しむ決意である。

拙稿が収録された『実学史研究』を手にした時、いつか単著でこのような論文集を出せればと思ったのだが、本書によって実現した。出版を取り計らってくださった思文閣出版の原宏一氏、そして校正を担当していただいた那須木綿子氏に心からの感謝の意を表したい。同時に、本書の出版を物心両面から支援していただいた先輩、友人たちに紙面を借りて厚く御礼申し上げる次第である。

二〇一一年三月一〇日

任　正　爀

◎著者略歴◎

任　正爀（イム・ジョンヒョク）

1955年生まれ.
1978年朝鮮大学校理学部物理学科卒業.
1985年東京都立大学大学院理学研究科博士課程修了.
現在，朝鮮大学校理工学部教授．理学博士.
[主要編著書]
「学としての朝鮮実学の形成について」（『実学史研究Ⅷ』思文閣出版，1992），『朝鮮の科学と技術』（明石書店，1993），『朝鮮科学文化史へのアプローチ』（明石書店，1995），『現代朝鮮の科学者たち』（彩流社，1997），『朝鮮科学技術史研究』（皓星社，2001），『朝鮮近代科学技術史研究』（皓星社，2010）など.

朝鮮科学史における近世（ちょうせんかがくしにおけるきんせい）
——洪大容（ホンデヨン）・カント・志筑忠雄（しづきただお）の自然哲学的宇宙論（しぜんてつがくてきうちゅうろん）——

2011（平成23）年9月30日発行

定価：本体6,000円（税別）

著　者　任　正爀
発行者　田中周二
発行所　株式会社　思文閣出版
〒605-0089 京都市東山区元町355
電話 075-751-1781（代表）

印　刷
製　本　株式会社 図書印刷 同朋舎

ISBN978-4-7842-1587-4　C3010

◆既刊図書案内◆

笠谷和比古編

一八世紀日本の文化状況と国際環境

ISBN978-4-7842-1580-5

日本の18世紀の文化的状況はいかに形成され、それらは東アジア世界、また西洋世界までふくめたグローバルな環境下で、いかに影響を受けつつ独自の展開を示したか。多角的にアプローチした国際日本文化研究センターでの共同研究の成果23篇。

▶A5判・582頁／**定価8,925円**

山田慶兒編

東アジアの本草と博物学の世界　上

ISBN4-7842-0883-6

【内容】本草における分類の思想（山田慶兒）植物の属と種について（木村陽二郎）東アジア本草学における「植虫類」（西村三郎）幕府典薬頭の手記に見える本草（宗田一）日本における救荒書の成立とその淵源（白杉悦雄）清朝考証学派の博物学（小林清市）漢訳本前期密教経典にあらわれた医療関連記載（正木晃）秘伝花鏡小考（塚本洋太郎）十八世紀の植物写生（榊原吉郎）江戸時代動物図譜における転写（磯野直秀）

▶A5判・364頁／**定価7,875円**

山田慶兒編

東アジアの本草と博物学の世界　下

ISBN4-7842-0885-2

【内容】徳川吉宗の享保改革と本草（笠谷和比古）享保改革期の朝鮮薬材調査（田代和生）徳川吉宗の唐馬輸入（大庭脩）江戸時代の鳥獣とその保護（安田健）本草学と植物園芸（白幡洋三郎）海峡の植物園（川島昭夫）イスラム圏の香料薬種商（三木亘）生薬の変遷（桜井謙介）小野蘭山本草講義本編年攷（高橋達明）稲生恒軒・若水の墓誌銘について（杉立義一）『本草綱目』を読むためのコンピュータツール（小野芳彦）

▶A5判・376頁／**定価7,875円**

李　元植著

朝鮮通信史の研究

ISBN4-7842-0863-1

江戸時代、日本と朝鮮の善隣外交において、その根幹をなしていた朝鮮通信使――彼らが訪日して果した重要な役割を、政治外交と文化交流の両側面から捉える。数多くの貴重な文献・史料を検証し、交歓の実態を明らかにすると同時に、両国文化の異同・相互の認識と理解、筆談唱和のもつ意義とその影響について究明する。

▶A5判・736頁／**定価15,750円**

三谷憲正著

オンドルと畳の国

近代日本の<朝鮮観>

佛教大学鷹陵文化叢書 9

ISBN4-7842-1161-6

従来「閔妃」と言われてきた肖像写真は、実は別人である可能性がきわめて高い、という刺激的な論考をはじめ、雑誌メディアや小説にあらわれている近代日本の朝鮮観について、真摯な学問的良心をもって問い直す。明治以来の逆説に満ちた日朝関係の糸をときほぐす試み。

▶46判・232頁／**定価1,890円**

太田　修著

朝鮮近現代史を歩く

京都からソウルへ

佛教大学鷹陵文化叢書20

ISBN978-4-7842-1450-1

近現代において朝鮮半島につながる人々。彼らにとって植民地支配と戦争の歴史はどのようなものであり、どのように記憶されているのか。また民衆がどのように日常を生き、何を思ったのか。その歴史と縁（ゆかり）のある場所を訪れて、風景やモノを見たり、人に出会ったり、史資料を読み、ゆっくり考えたなかから生まれた成果。

▶46判・270頁／**定価1,995円**

思文閣出版　（表示価格は税５％込）